Ps **Photoshop** 🦏 **Rhino**

A **Alias** ◎ **KeyShot**

₃ₛ **SolidWorks** ◭ **AutoCAD**

工业设计

6合1

张雨滋·编著

U0135376

电子工业出版社

Publishing House of Electronics Industry

北京·BEIJING

内容简介

本书是一本专为希望在较短的时间内学会并掌握工业设计专业基础知识和行业技能而编写的教材。本书分别通过 Photoshop、Rhino、Alias、KeyShot、SolidWorks 及 AutoCAD 等软件全面讲解产品外观表现、外观造型、结构设计、产品渲染及产品制图等方面的知识。

本书基于多个工业设计软件的实战应用，对工业设计流程进行了全面、细致的讲解，并配以大量的制作实例。

本书从教学与自学的易用性、实用性出发，以"软件知识讲解＋上机练习＋技能实训"的教学方式，全面教授工业设计软件的基础知识和行业实战应用。

本书适合即将和已经从事机械设计、模具设计、产品设计、钣金设计等专业技术人员，以及想快速提高工业设计水平的爱好者阅读参考，还可作为本科、大中专院校和相关培训学校的工业设计专业的培训教材。

图书在版编目（CIP）数据

Photoshop Rhino Alias KeyShot SolidWorks AutoCAD工业设计6合1 / 张雨滋编著. —北京：电子工业出版社，2021.3

ISBN 978-7-121-40427-6

Ⅰ.①P… Ⅱ.①张… Ⅲ.①产品设计－计算机辅助设计－应用软件 Ⅳ.①TB472-39

中国版本图书馆CIP数据核字（2021）第012470号

责任编辑：田 蕾 特约编辑：刘红涛
印 刷：三河市双峰印刷装订有限公司
装 订：三河市双峰印刷装订有限公司
出版发行：电子工业出版社
　　　　北京市海淀区万寿路173信箱 邮编：100036
开 本：787×1092 1/16 印张：23.25 字数：599.2千字
版 次：2021年3月第1版
印 次：2021年3月第1次印刷
定 价：89.00元

凡所购买电子工业出版社图书有缺损问题，请向购买书店调换。若书店售缺，请与本社发行部联系，联系及邮购电话：（010）88254888，88258888。

质量投诉请发邮件至 zlts@phei.com.cn，盗版侵权举报请发邮件至 dbqq@phei.com.cn。

本书咨询联系方式：（010）88254161～88254167转1897。

前言
PREFACE

本书是一本专为希望在较短的时间内学会并掌握工业设计专业基础知识和行业技能而编写的教材。本书分别通过 Photoshop、Rhino、Alias、KeyShot、SolidWorks 及 AutoCAD 等软件全面讲解产品外观表现、外观造型、结构设计、产品渲染及产品制图等方面的知识，让读者通过本书轻松掌握工业产品设计所含的软件技术，让初学者学习不再盲目和烦琐。

本书内容

本书基于多个工业设计软件的实战应用，对工业设计的流程进行了全面细致的讲解，并配以大量实例。

本书共 12 章，章节内容安排如下。

第 1 章：本章主要介绍工业设计的定义和工业产品的开发流程，让大家有一个初步的了解，为今后各个章节的学习奠定基础。

第 2 章：本章主要介绍产品在规划阶段中的外观表现，了解如何利用 Photoshop 软件表现工业产品的外观材质和色彩搭配。

第 3 章：本章通过使用 Photoshop 软件制作一个完整的工业产品效果图，详解效果图的制作全流程以及在实际操作中的技巧。

第 4 章：本章主要介绍如何在产品外观造型阶段，运用著名的造型软件 Rhino 进行玩具类产品的外观造型的制作，充分讲解 Rhino 软件的设计功能和产品造型的细节设计流程。

第 5 章：本章通过两个常见的教育产品造型，加强 Rhino 软件的造型设计训练。Rhino 软件是外观造型设计中必不可少的工业设计软件，其重要性不言而喻。

第 6 章：本章详细介绍 Rhino 的珠宝设计插件 RhinoGold 在珠宝首饰设计行业中的实战应用，全面介绍了此插件的功能和珠宝造型设计的流程。

第 7 章：本章主要介绍工业造型软件 Alias 在工业产品设计中的行业实战应用。本章以常见的数码科技类产品为例，详解 Alias 软件的设计功能和产品设计流程。

第 8 章：本章以两个时尚生活类产品的外观造型设计为例，详细讲解 Alias 软件的功能、应用与使用技巧，以及工业小产品的主体设计、局部设计和细节设计的全流程。

第 9 章：本章主要介绍 Rhino 6.0 软件的渲染辅助软件 KeyShot 7，通过学习与掌握 KeyShot 相关操作命令，进一步对 Rhino 软件或 Alias 软件所构建的数字模型进行后期渲染处理，直到最终输出符合设计要求的效果图。

第 10 章：本章介绍三维结构设计软件 SolidWorks 的界面、操作及其在产品结构设计中的具体应用，包括实体结构造型和曲面外观造型设计。

第 11 章：本章主要介绍 SolidWorks 软件的产品装配设计功能。通过学习本章内容，设计者应熟练掌握装配体的设计方法和具体操作过程，能将已经设计好的零件模型按要求装配在一起，生成装配体模型，直观、逼真地表现零件之间的配合关系，并为随后生成装配体工程图做好准备。

第 12 章：机械工程制图是一门探讨绘制机械产品图样的理论、方法和技术的基础课程。本章以机械类产品为主，详细介绍机械制图的相关知识和 AutoCAD 制图软件在机械零件轴测图、机械零件图及机械装配图制作过程中的应用。

本书特色

本书从教学与自学的易用性、实用性出发，以"软件知识讲解＋上机练习＋技能实训"的教学方式，全面教授工业设计软件的基础知识和行业实战应用。

本书主要特色有如下 4 点：

➢ 行业同步训练逻辑清晰。

➢ 精美的效果图赏心悦目，极具行业设计价值。

➢ 大量的视频教学，结合书中内容介绍，读者可以更好地融会贯通。

➢ 附赠大量有价值的学习资料及练习内容，能使读者充分利用软件功能进行相关设计。

本书适合即将和已经从事机械设计、模具设计、产品设计、钣金设计等专业技术人员，以及想快速提高工业设计水平的爱好者阅读参考，还可作为本科、大中专院校和相关培训学校的工业设计专业的培训教材。

作者信息

本书由山东理工大学农业工程与食品科学学院工业设计系的张雨滋老师编著。由于时间仓促，书中难免有不足和错漏之处，还望广大读者批评和指正！

感谢您选择了本书，希望我们的努力对您的工作和学习有所帮助，也希望您把对本书的意见和建议告诉我们。

读者服务

读者在阅读本书的过程中如果遇到问题，可以关注"有艺"公众号，通过公众号中的"读者反馈"功能与我们取得联系。此外，通过关注"有艺"公众号，您还可以获取艺术教程、艺术素材、新书资讯、书单推荐、优惠活动等相关信息。

扫一扫关注"有艺"

资源下载方法：关注"有艺"公众号，在"有艺学堂"的"资源下载"中获取下载链接，如果遇到无法下载的情况，可以通过以下三种方式与我们取得联系：

1. 关注"有艺"公众号，通过"读者反馈"功能提交相关信息；

2. 请发邮件至 art@phei.com.cn，邮件标题命名方式：资源下载 + 书名；

3. 读者服务热线：（010）88254161~88254167 转 1897。

投稿、团购合作：请发邮件至 art@phei.com.cn。

视频教学

随书附赠 83 集实操教学视频，扫描下方二维码关注公众号即可在线观看全书视频（扫描每一章章首（第 1 章除外）的二维码可在线观看相应章节的视频）。

目录
CONTENTS

01

工业产品设计与开发
流程

　　通过对本章的学习，读者可以对工业设计的定义、分类、常用软件、工业产品的研发与设计阶段等有初步的了解，这将为今后各个章节的学习奠定基础。

项目分解

☑　　工业设计概述

☑　　了解工业产品的研发与设计

☑　　工业产品设计案例——机器人产品开发项目介绍

1.1 工业设计概述

在一般的从业者看来，设计与工业设计的概念是模糊不清的，下面就这个问题做简要探讨。

1.1.1 工业设计的定义

工业设计作为人类设计活动的延续和发展，有着悠久的历史渊源；作为一门独立、完整的现代学科，它经历了长期的酝酿阶段，直到 20 世纪 20 年代才开始确立。

1980 年，国际工业设计协会对工业设计做出的定义如下："就批量生产的工业产品而言，凭借训练、技术知识、经验及视觉感受，赋予材料、结构、构造、形态、色彩、表面加工、装饰以新的品质和规格，叫作工业设计。根据当时的具体情况，工业设计师应当在上述工业产品的每个方面（或其中几个方面）进行工作，而且，当需要工业设计师对包装、宣传、展示、市场开发等问题的解决，付出自己的技术知识和经验，以及视觉评价能力时，也属于工业设计的范畴。"

2001 年，国际工业设计协会（ICSID）第 22 届大会在韩国首尔（汉城）举行，大会发表了《2001 汉城工业设计家宣言》。该宣言从起草到完成历经 10 个月，集合了来自 53 个国家专业人士的经验与智慧，对现代工业设计所涉及的对象、范畴、使命等做出了详尽、较为完满的回答。

工业设计现在所处之地：

① 工业设计将不再只依赖工业上的制造方法。

② 工业设计将不再只是对物体的外观感兴趣。

③ 工业设计将不再只热衷追求材料的完善。

④ 工业设计将不再受到"新"这个观念的迷惑。

⑤ 工业设计不会将舒适的状态和运动觉模拟的缺乏两者相混淆。

⑥ 工业设计不会将身处的环境和自身隔离。

⑦ 工业设计不能成为满足无止境需求的工具或手段。

工业设计希望前进之处：

① 工业设计评价"为什么"的问题更甚于"如何做"的问题。

② 工业设计利用技术的进步去提升较佳的人类生活状态。

③ 工业设计恢复了社会中已经失去的完善意念。

④ 工业设计促进了多种文化间的对话。

⑤ 工业设计推动了滋养人类潜能及尊严的"存在科学"。

⑥ 工业设计追寻身体与心灵的完全和谐。

⑦ 工业设计同时将天然和人造的环境视为欢庆生活的伙伴。

工业设计师希望成为何种角色以达此目的：

① 工业设计师是不同生活力量间的平衡使者。

② 工业设计师鼓励使用者以独特的方式与所设计的对象进行互动。

③ 工业设计师开启使用者创造经验的大门。

④ 工业设计师需要重新接受发现日常生活意义的教育。

⑤ 工业设计师追寻可持续发展的方法。

⑥ 工业设计师在寻求企业及资本之前会先注意到人性和自然。

⑦ 工业设计师是选择未来文明发展方向的创造团队成员之一。

1.1.2　工业设计的分类

随着设计领域的不断扩展，学术界更倾向于以构成世界的 3 个要素——人、自然、社会为坐标，将整个工业设计领域分为 3 大部分，即产品设计、视觉传达设计和环境设计，如图 1-1 所示。

图 1-1　设计的分类

从图 1-1 可以看出，产品设计就是要通过制造适当的产品，作为人与自然沟通的媒介；视觉传达设计就是要生产媒体信息，作为人与所属社会的精神媒介；环境设计则是要通过对和谐空间的规划，建立自然与社会之间的物质媒介。

这 3 大类设计的每一类子项内容丰富，再进一步细分，视觉传达设计包括包装装潢、广告设计和商标标志设计等；产品设计包括手工业产品设计和工业产品设计；而环境设计包括城市规划、建筑、室内外设计和园林设计等，如表 1-1 所示，以及图 1-2～图 1-9 所示。

表 1-1　工业设计的分类

类别　　维度	二维	三维	四维
视觉传达设计	标志设计 字体设计 版面设计 海报设计 插图设计	包装设计 POP 广告设计	展示设计 影像设计 动画设计
产品设计	纺织品设计 壁纸设计	家具设计 服饰设计 交通工具设计 日用品设计 家用电器设计 机械设计	
环境设计		城市规划 建筑规划 室内设计 室外设计 公共艺术设计	

图 1-2　产品计

图 1-3　建筑设计

图 1-4　标志设计

图 1-5　服装设计

图 1-6　室外景观设计

图 1-7　室内设计

图 1-8　广告设计

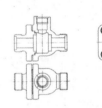

图 1-9　机械设计

1.1.3　工业设计常用软件介绍

工业设计软件的应用领域主要包括工业产品设计、CG 动漫游戏开发领域、建筑设计领域、珠宝设计领域。下面介绍一些经常用于产品设计领域的平面及三维软件。

1. Photoshop

Photoshop 主要处理由像素构成的数字图像。使用其众多的绘图工具，可以有效地进行图片编辑工作。在工业设计中，使用 Photoshop 可以制作产品、建筑与室内、园林景观等真实环境下的平面效果图。如图 1-10 所示为 Photoshop 软件的工作界面。

图 1-10　Photoshop 软件的工作界面

2. CorelDRAW

CorelDRAW 是平面图形设计和印刷领域常用的软件，具有非常强大的功能，是平面设计师经常使用的平面设计软件之一，在广告制作方面深受广大用户的欢迎。CorelDRAW X6 提供了用于图形设计、页面布局、模型绘制等的各种工具。如图 1-11 所示为 CorelDRAW 软件的工作界面。

图 1-11　CorelDRAW 软件的工作界面

3. Alias

在讨论如何在工业设计领域应用 Rhino 之初，首先要清楚 Rhino 在工业设计中属于哪一类型的软件。从目前的应用状况和厂家的开发定位来看，Rhino 属于 CAD 中的 CAID 类软件，该类型软件还有著名的 Alias、Solidthinking、Amapi 等。如图 1-12 所示为 Autodesk Alias Design 2018 的产品设计界面。

图 1-12　Alias 的产品设计界面

4. Rhino

Rhino 是第一款运行在 Windows 操作系统的 CAID 类软件。这使得 CAID 类软件逐渐平民化，为大众用户尤其是学生接触到它提供了机会。虽然之后 Alias 也从 IRIX 平台移植到了 Windows NT 平台，使更多人能接触到这款软件，但是要流畅地运行 Alias 依然需要高配置的支持。Rhino 当时在一款 200MHz 以上主频、32MB 内存（对显卡没有特殊要求）、只需要 Windows 95 或以上操作系统的计算机上就能运行，这让很多想从事或正在从事工业设计的人兴奋不已。如图 1-13 所示为在 Rhino 中进行汽车产品设计的界面。

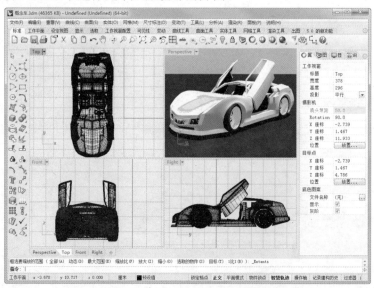

图 1-13　Rhino 产品设计界面

5. 3ds Max、Maya、C4D 等

3ds Max、Maya、C4D 等软件也是工业设计中 ID 设计师所喜爱的一种可以灵活设计造型的软件。这 3 款软件除了自身强大的造型功能，还具备强大的渲染功能，这在产品方案设计阶段尤为重要。如图 1-14 所示为 3ds Max 的产品造型设计界面。

图 1-14　3ds Max 产品造型设计界面

6. KeyShot、V-Ray、C4D 等渲染软件

当完成产品外观造型的设计之后,可以借助强大的渲染引擎,如 KeyShot、V-Ray、C4D 等,渲染出产品在真实场景下的照片级效果,并利用 Photoshop 进行后期处理制作出产品设计方案,提供给客户审核,或用于广告制作。KeyShot 与 C4D 是独立的渲染软件。而 V-Ray 是搭载到 3ds Max、SketchUp 等造型软件中使用的。如图 1-15 所示为利用 KeyShot 进行产品渲染的效果图。

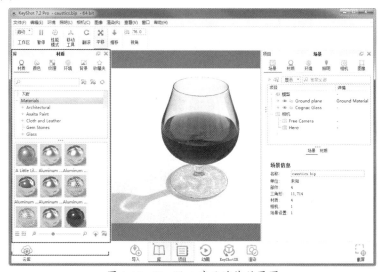

图 1-15 KeyShot 产品渲染效果图

7. Pro/E(或 Creo)工程软件

Pro/E(或 Creo)是用于产品结构设计的工程软件,具有强大的造型及结构设计功能,曲面构建功能也非常强大,其参数是可编辑的,可参数化驱动,而且设计好的 3D 外观图,结构设计师可以直接使用,省时省力。如图 1-16 所示为 Creo 产品外形及结构设计界面。

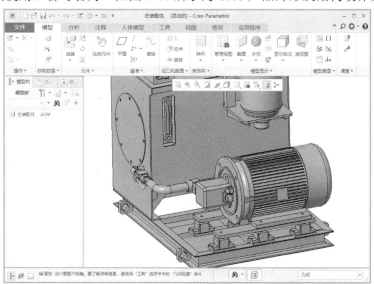

图 1-16 Creo 产品外形及结构设计界面

8. UG

UG 软件也是当今机械产品外形与结构设计的常用软件之一，其曲面造型的强大功能被 ID 设计师所喜爱，并且此软件在工业产品设计后期（产品制造阶段）能够完成模具设计和数控加工切削等工作。与 Pro/E（或 Creo）类似，在 UG 中修改产品模型参数十分方便，操作也是可逆的。如图 1-17 所示为 UG 模具结构设计界面。

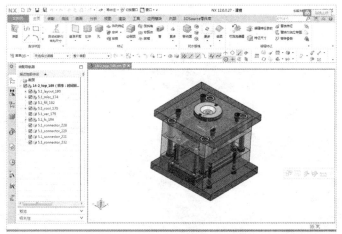

图 1-17　UG 模具结构设计界面

9. AutoCAD

AutoCAD 制图软件是 Autodesk 公司基于平面制图的一款大众软件，主要用于设计图纸的绘制和图纸打印。图纸是设计师、工程师和装配维修人员等从业者的必备图纸，根据不同的设计图纸完成各自领域的相关设计和装配。在工业产品设计流程中，完成产品结构设计后要进行 3D 出图，提供给模具设计师。模具设计师根据产品图进行模具结构设计。模具设计完成后，输出产品结构图、模具零件图和模具装配图，提供给数控加工师傅，让他们参照图纸完成最终的制造与装配。如图 1-18 所示为 AutoCAD 模具结构设计界面。

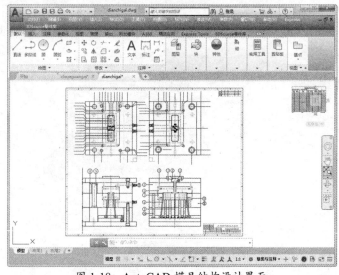

图 1-18　AutoCAD 模具结构设计界面

1.2　了解工业产品的研发与设计

　　许多人由于受所学专业限制，对整个产品的开发流程不甚了解，这也增加了数控加工编程的学习难度。许多工厂数控编程工程师不仅要掌握数控工业制造和数控编程技术，还要懂得如何进行产品设计、如何修改产品、如何制作出产品的模具结构。

　　一个合格的产品设计工程师，如果不懂得模具结构设计和数控加工理论知识，那么在设计产品时就会脱离实际，导致无法开模和加工生产出产品。同样，模具工程师也要懂得产品结构设计和数控加工知识，因为这会让他清楚地知道如何修改产品，如何节约加工成本，从而设计出结构更加简易的模具。数控编程是最后一个环节，数控编程工程师除了要掌握数控加工知识，还要明白如何有效地拆电极、拆模具镶件，以降低加工成本。总而言之，掌握多样化的知识，能在以后求职时获得更多、更适合自己的工作岗位。

　　总的说来，一个成熟的产品从开始策划到最后进入消费者手中，要经历3个重要的设计阶段：产品设计阶段、模具设计阶段和加工制造阶段。

1.2.1　产品设计阶段

　　一般产品的开发包括以下几个方面的内容。

　　（1）市场研究与产品流行趋势分析：构想，进行市场调研。

　　（2）概念设计与产品规划：外形与功能。

　　（3）3D造型设计：外观曲线和曲面、材质和色彩造型确认。

　　（4）结构设计：零件和组装。

　　（5）模型开发：简易模型、快速模型（R.P）。

1. 市场研究与产品流行趋势分析

　　任何一款新产品在开发之初，都要进行市场调研。产品设计策略必须建立在客观的调查之上，这样专业的分析推论才有正确的依据。产品设计策略不仅要适合企业自身的特点，还要适合市场的发展趋势和消费者的消费需求。同时，产品设计策略也必须与企业的品牌、营销等策略相符合。

　　下面介绍一个热水器项目。

　　该项目是由深圳市嘉兰图设计有限公司完成的，针对"润星泰"电热水器目前的情况，通过产品设计策划，完成了3套主题设计，全面提升原有产品的核心市场地位，树立了品牌形象。

　　（1）热水器行业分析。

　　热水器产品比较（表1-2）：目前市场上有4种热水器：燃气热水器、储水式电热水器、即热式电热器、太阳能热水器。各个产品具有各自的优劣势，各自拥有相应的用户群体。其中，即热式热水器凭借其安全、小巧和时尚的特点，正在越来越多地被年轻时尚（新房装修）一类群体接受。

表1-2　热水器产品比较

行业	劣势	优势
储水式电热水器	加热时间长、占用空间、有水垢	适应任何气候环境，水量大
燃气热水器	会污染空气，有安全隐患，并且能源不可再生	加热快速、占地小、不受水量控制
太阳能热水器	安装受限制、各地太阳能分布不均	安全、节能、环保、经济
即热式电热水器	安装受限制	快速、节能、时尚、小巧、方便

热水器产品市场占有率的变化：由于能源价格不断攀升，燃气热水器的竞争优势逐渐丧失，"气弱电强"已成定局，整个电热水器的市场机会增加！数据显示，近两年来即热式电热水器行业的年增长率超过100%，可称得上是家电行业增长最快的产品之一。2006年，国内即热式电热水器的市场销售总量已达60万台。预计未来3～5年内，即热式电热水器将继续保持50%以上的高速增长率。如图1-19所示为即热式热水器、储水式电热水器、燃气热水器和太阳能热水器的市场占有率分析图表。

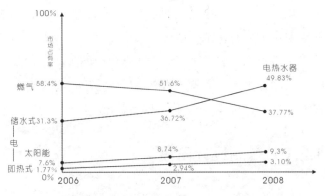

图1-19　热水器市场占有率分析图

即热式热水器发展现状（见图1-20）：除了早期介入市场已经形成一定规模的奥特朗、哈佛、斯狄沨等品牌，快速电热水器市场比较混乱，绝大部分快速电热水器生产企业不具备技术和研发优势，无一定规模且售后服务不完善，也缺乏资金实力等。

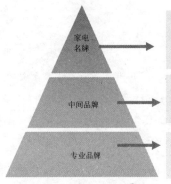

　　海尔、美的、万和等大品牌开始试探性地进入，但产品较少，一般只有几款，而且技术不成熟，因此只有部分或者个别销售。

　　蓝勋章、707、斯宝亚创等国外家电生产商相继在我国建立了快速电热水器项目，由于没有适合中国市场的销售模式，因此并没有得到快速发展，只在南方部分城市有销售。

　　以奥特朗、哈佛、太尔等为代表的专业品牌，以专业的产品和符合该行业的销售模式，进行了全国性的推广，并取得了成功，将会成为该行业在中国的主流品牌。

图1-20　即热式电热水器发展现状

分析总结：目前进入即热式热水器领域的时机较好。

① 市场培育基本成熟，目前进入市场无须推广费用，风险小。

② 行业品牌集中程度不高，没有形成垄断经营局面，基本上仍然处于完全竞争状态，对新进入者来说是个机会。

③ 行业标准尚未建立，没有技术壁垒。

④ 产品处在产品生命周期中的高速成长期，目前利润空间较大。

（2）即热式热水器竞争格局。

● 产品组合策略：凭借设计、研发实力，开发出满足不同需要、不同场所、从中档到高档五大系列共几十个品种的产品。

● 产品线策略：根据常理，在新产品上市初期应尽量降低风险，采用短而窄的产品线，奥特朗反其道而行之，采用了长而宽的产品线策略。一方面，强化快速电热水器已经是主流热水器产品的有形证据，让顾客感觉到快速电热水器已经不是边缘产品，另一方面，以强势系列产品与传统储水式和燃气热水器进行对抗，强化行业领导者形象。

2. 概念设计与产品规划

在概念设计与产品规划阶段，将有关市场机会、竞争力、技术可行性、生产需求的信息综合起来，确定新产品的框架，包括新产品的概念设计、目标市场、期望性能的水平、投资需求与财务影响。在决定开发某一新产品之前，企业还可以通过小规模实验，对概念、观点进行验证。实验可包括样品制作和征求潜在顾客意见。

（1）产品设计规划。

产品设计规划是依据企业整体发展战略目标和现有情况，结合外部动态形势，合理地制订本企业产品的全面发展方向和实施方案，以及一些关于周期、进度等的具体问题。产品设计规划在时间上要领先于产品开发阶段，并参与产品开发全过程。

产品设计规划的主要内容包括：

● 产品项目的整体开发时间和阶段任务时间计划。

● 确定各个部门和具体人员各自的工作，以及相互关系与合作要求，明确责任和义务，建立奖惩制度。

● 结合企业长期战略，确定该项目具体产品的开发特性、目标、要求等内容。

● 产品设计及生产的监控和阶段评估。

● 产品承担风险能力的预测和分布。

● 产品宣传与推广。

● 产品营销策略。

● 产品市场反馈及分析。

● 建立产品档案。

这些内容都在产品设计启动前安排，虽然这些具体工作涉及不同的专业人员，但工作的结果却是相互关联和相互影响的，最终完成一个共同的目标，体现共同的利益。在整个过程中，存在一定的标准化操作技巧，同时需要专职人员疏通各个环节，监控各个步骤，期间既包括具体事务管理，也包括具体人员管理。

（2）概念设计。

概念设计不同于现实生活中真实的产品设计，概念产品设计往往具有一定的超前性，它不考虑现有的生活水平、技术和材料，而是设计师以预见能力可达到的范围为基础，考虑人们未来所需的产品形态，是一种针对人们潜在需求的设计。

概念设计主要体现在：

- 产品的外观造型风格比较前卫。
- 比市场上现有的同类产品在技术上先进很多。

下面列举几款国外的概念产品设计。

- Sbarro Pendolauto 概念摩托车：瑞士汽车摩托改装公司的概念车。有意混淆汽车和摩托车的界限，如图 1-21 所示。

图 1-21　Sbarro Pendolauto 概念摩托车

- 概念手机：手机外形简洁，虽然看上去方方正正的，但是薄薄的身材有点像巧克力；外壳完全采用橡胶材质，在生活中能经受磕磕碰碰；它还有一个特点——键盘和屏幕有点倾斜，据说更符合人体工程学；内置 400 万像素的摄像头和一对立体声喇叭，如图 1-22 所示。

图 1-22　概念手机

- 折叠式笔记本电脑：设计师 Niels van Hoof 设计了一款全新的折叠式笔记本电脑 Feno。它除了能像普通计算机在键盘与屏幕之间折叠，柔性 OLED 屏幕的加入，使得它还可以从中间再折叠一次。这使得它更加小巧，方便携带。它还配备了一个弹出式无线鼠标，轻轻一按，即能弹出使用，如图 1-23 所示。
- MP3 播放器概念产品：这款新型的 MP3 播放器，既保持了小巧的身姿，又能够兼顾 CD 音乐媒体播放任务。大部分时候它都像普通的 MP3 播放器一样工作，但是如果想听 CD，只需要将 CD 插入插槽，通过一端的转轴将 CD 光盘固定住，就可以读取 CD 上的音乐了，如图 1-24 所示。

图 1-23　折叠式笔记本电脑

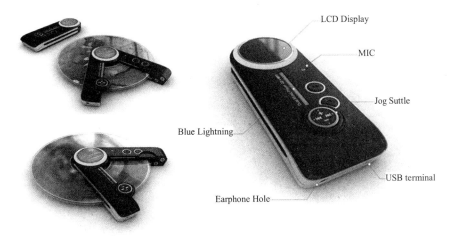

图 1-24　MP3 播放器

（3）将概念设计商业化。

当一个概念设计符合当前的设计、加工制造水平时，就可以将其商业化了，即把概念产品转变成真正能使用的产品。

在把一个概念产品变成具有市场竞争力的商品，并且大批量生产和销售之前，有很多问题需要解决，工业设计师必须与结构设计师、市场销售人员密切配合，对他们在设计中提出的一些不切实际的新创意进行修改。对于概念设计中具有可行性的设计成果，也要敢于坚持自己的意见，只有这样，才能把设计中的创新优势充分发挥出来。

例如，借助中国卷轴画的创意，设计出一款类似的画轴手机。这款手机平时像一个圆筒，当用户想看视频或者收短消息时，就可以从侧面将卷在里面的屏幕抽出来。按照设计师的理念，这块可以卷曲的屏幕还应该有触摸功能，如图 1-25 所示。

之前这款手机商业化的难题是：没有软屏幕。现在，手机厂商三星日前设计出一款软屏幕"软性液晶屏"，可以像纸一样卷起来，如图 1-26 所示。利用这个新技术，卷轴手机也就可以真正实现商业化了。

图 1-25　卷轴手机　　　　　　　　　　图 1-26　三星"软性液晶屏"

（4）概念设计的二维表现。

既然产品设计是一种创造活动，就工业产品来讲，新创意往往是没有样品可参考的，无论多么聪明，都不可能一下子完成相当成熟和完整的方案，甚至更精确的设计细节，那就必须借助书面的表达方式，或文字、或图形，随时记录想法，进而推敲确定方案。

① 手绘表现。

在诸多表达方式（如速写、快速草图、效果图、计算机设计等）中，最方便快捷的是快速表现方法，如图 1-27 所示的就是利用速写方式进行的创意表现。

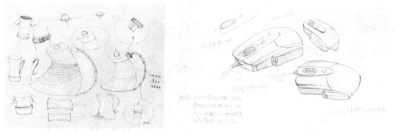

图 1-27　利用速写方式进行创意表现

通过使用不同颜色的笔，可以绘制出带有色彩、质感和光影，并且较为逼真的设计草图，如图 1-28 所示。

现在，工业设计师们越来越多地采用数字手绘方法，即利用数位板（手绘板）手绘，如图 1-29 所示。

图 1-28　较逼真的设计草图

图 1-29　利用数位板（手绘板）手绘

② 计算机二维表现。

计算机二维表现是另一种表达设计师概念设计意图的方式。计算机二维效果图（2D Rendering）介于草绘和数字模型之间，具有制作速度快、修改方便、基本能够反映产品本身材质、光影、尺度比例等诸多优点。常用的制作二维效果图的软件有 Photoshop、Illustrator、Freehand、CorelDRAW 等。效果图如图 1-30 和图 1-31 所示。

图 1-30　手机二维设计效果图

图 1-31　太阳能手电筒二维设计效果图

3. 3D 造型设计

有了产品的手绘草图，就可以利用计算机辅助设计软件，进行 3D 造型设计。3D 造型设计也就是将概念产品参数化，便于后期的修改、模具设计及数控加工等工作。

工业设计师常用的 3D 造型设计软件有 Pro/E、UG、SolidWorks、Rhino、Alias、3ds Max、Mastercam、Cinema 4D 等。

首先，产品设计师利用 Rhino 或 Alias 造型设计软件设计出不带参数的产品外观。图 1-32 所示为利用 Rhino 软件设计产品造型界面。

在产品外观造型阶段，还可以再次对方案进行论证，以达到让客户满意的效果。

然后将在 Rhino 中构建的模型导入 Pro/E、UG、SolidWorks 或 Mastercam 中，进行产品的结构设计，这样的结构设计是带有参数的，便于后期的数据存储和修改。图 1-33 所示为利用 Mastercam 软件进行产品结构设计的示意图。

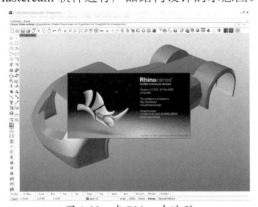
图 1-32　在 Rhino 中造型

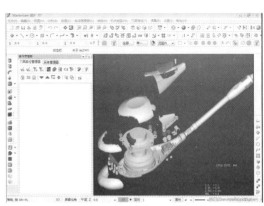
图 1-33　在 Mastercam 中进行产品结构设计

前面介绍了产品的二维表现，其实还可以用 3D 软件制作出逼真的实物效果图。图 1-34 至图 1-37 所示为利用各种 3D 软件制作的概念产品效果图。

图 1-34　利用 StudioTools 制作的电熨斗效果图

图 1-35　利用 V-Ray for Rhino 制作的消毒柜效果图

图 1-36　利用 V-Ray for Rhino 制作的食品加工机效果图

图 1-37　利用 Cinema 4D 制作的概念车效果图

4. 结构设计

完成 3D 造型后，绘制产品的零件图纸和装配图纸，这些图纸在产品的加工制造和装配过程中可以作为师傅的参考。如图 1-38 所示为利用 SolidWorks 软件绘制的某自行车产品图纸。

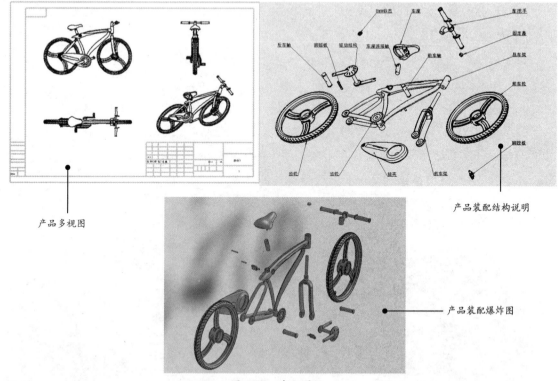

图 1-38　产品图纸

5. 模型开发

模型是一种设计的表达形式。它是接近现实的，以一种立体的形态来表达设计师的设计理念及创意的手段。同时，它也是一种方案，将设计师的意图转化为视觉和触觉的近似真实的设计方案。产品设计模型与市场上销售的商品模型是有根本区别的。产品模型的功能是设计师将自己所从事的产品设计过程中的构想与意图，通过接近或等同于设计产品的外观，直观化地体现出来。这个体现过程其实也是一种设计创意的体现。它使人们可以直观地感受设计师的创造理念、灵感、意识等诸要素，如图 1-39 所示。

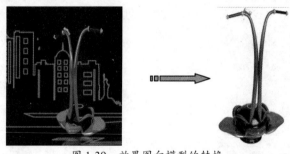

图 1-39　效果图向模型的转换

1.2.2   模具设计阶段

1. 注射成型模具

塑料注射成型是塑料加工采用的最普遍的方法。该方法适用于全部热塑性塑料和部分热固性塑料，制得的塑料制品数量之多让其他成型方法望尘莫及，作为注射成型加工主要工具之一的注塑模具，在质量精度、制造周期以及注射成型过程中的生产效率等方面的水平高低，会直接影响产品的质量、产量、成本及产品的更新，同时也决定着企业在市场竞争中的反应能力和速度。常见的注射成型模具典型结构如图 1-40 所示。

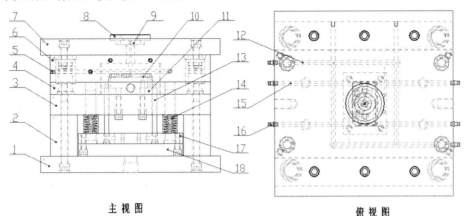

主 视 图   俯 视 图

1—动模座板 2—支撑板 3—动模垫板 4—动模板 5—管赛 6—定模板 7—定模座板
8—定位环 9—浇口衬套 10—型腔组件 11—推板 12—围绕水道 13—顶杆 11—复位弹簧
15—直水道 16—水管街头 17—顶杆固定板 18—推杆固定板
图 1-40   注射成型模具典型结构

注射成型模具主要由以下几个部分构成。

- **成型零件**：直接与塑料接触构成塑件形状的零件称为成型零件，包括型芯、型腔、螺纹型芯、螺纹型环、镶件等。其中，构成塑件外形的成型零件称为型腔，构成塑件内部形状的成型零件称为型芯，如图 1-41 所示。
- **浇注**：它是将熔融塑料由注射机喷嘴引向型腔的通道。通常，浇注由主流道、分流道、浇口和冷料穴 4 个部分组成，如图 1-42 所示。
- **分型与抽芯机构**：当塑料制品上有侧孔或侧凹时，在开模推出塑料制品以前，必须先进行侧向分型，将侧型芯从塑料制品中抽出，塑料制品才能顺利脱模。例如，斜导柱、滑块、锁紧块等，如图 1-43 所示。
- **导向零件**：引导动模和推杆固定板运动，保证各运动零件之间相互位置准确度的零件为导向零件。例如导柱、导套等，如图 1-44 所示。
- **推出机构**：在开模过程中，将塑料制品及浇注凝料推出或拉出的装置。例如，推杆、推管、推杆固定板、推件板等，如图 1-45 所示。

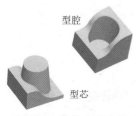

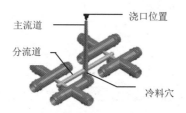

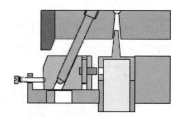

图 1-41　模具成型零件　　　　图 1-42　模具的浇注　　　　图 1-43　分型与抽芯机构

● 加热和冷却装置：为满足注射成型工艺对模具温度的要求，模具上需设有加热和冷却装置。加热时在模具内部或周围安装加热元件，冷却时在模具内部开设冷却通道，如图 1-46 所示。

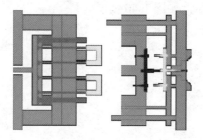

图 1-44　导向零件　　　　图 1-45　推出机构　　　　图 1-46　模具冷却通道

● 排气：在注射过程中，为将型腔内的空气及塑料制品在受热和冷凝过程中产生的气体排出而开设的气流通道。排气通常在分型面处开设排气槽，有的也可利用活动零件的配合间隙排气。图 1-47 所示为排气部件。

● 模架：主要起装配、定位和连接的作用。它们是定模板、动模板、垫块、支承板、定位环、销钉、螺钉等，如图 1-48 所示。

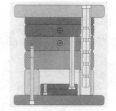

图 1-47　排气部件　　　　图 1-48　模具模架

2. 产品设计要求及修改建议

（1）肉厚要求。

在设计制件时，应注意制件的厚度应以各处均匀为原则。决定肉厚的尺寸及形状需要考虑制件的构造强度、脱模强度等因素，如图 1-49 所示。

（2）脱模斜度要求。

为了在模具开模时能够顺利地取出制件，避免其损坏，设计制件时应考虑增加脱模斜度。脱模角度一般取整数，如 0.5，1，1.5，2，…。通常，制件的外观脱模角度比较大，这便于成型后脱模，在不影响其性能的情况下，一般应取较大脱模角

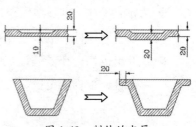

图 1-49　制件的肉厚

度，如 5°～10°，如图 1-50 所示。

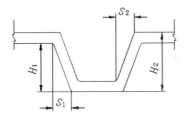

拔模比 ＼ 高度（H）	凸面	凹面
外侧 S_1/H_1	1/30	1/40
内侧 S_2/H_2	/	1/60

图 1-50　制件的脱模斜度要求

（3）BOSS 柱（支柱）处理。

支柱用于突出胶料壁厚，以及装配产品、隔开对象和支撑（承托）其他零件。空心的支柱可以用来嵌入镶件、收紧螺丝等。这些应用均要有足够强度支持压力而不致破裂。

为免在拧上螺丝时弹出打滑，支柱的出模角一般会以支柱顶部的平面为中性面，而且角度一般为 0.5º～1.0º。例如，当支柱的高度超过 15.0mm 时，为加强支柱的强度，可在支柱上连上加强筋，用于加强结构。当支柱需要穿过 PCB 时，同样在支柱上连上加强筋，而且在加强筋的顶部设计成平台形式，此可作为承托 PCB 之用，而平台的平面与丝筒项的平面之间必须要有 2.0～3.0mm 的距离，如图 1-51 所示。

为了防止制件的 BOSS 部位弹出缩水，应做防缩水结构，即"火山口"，如图 1-52 所示。

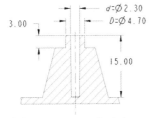

图 1-51　BOSS 柱的处理

图 1-52　做火山口防缩水

3. 模具设计注意事项

合理的模具设计主要体现在以下几个方面：成型的塑料制品的质量；外观质量与尺寸的稳定性；加工制造时方便、迅速、简练，节省资金、人力，留有更正、改良的余地；使用时安全、可靠、便于维修；在注射成型时有较短的成型周期；使用寿命较长；具有合理的模具制造工艺性等。

设计人员在设计模具时应注意以下重要事项：

- 开始设计模具时，应多考虑几种方案，衡量每种方案的优缺点，并从中优选一种最佳设计方案。对于 T 形模，亦应认真对待。由于时间与认识上的原因，当时认为合理的设计，经过生产实践也一定会有可改进之处。
- 在交出设计方案后，要多与工厂沟通，了解加工过程及制造使用中的情况。每套模具都应有一个分析经验、总结得失的过程，这样才能不断地提高模具的设计水平。
- 设计时多参考过去类似的设计图纸，吸取经验与教训。
- 应视模具设计部门为一个整体，不允许设计成员各自为政，特别是在模具设计总体结构方面，一定要统一风格。

4. 利用 CAD 软件设计模具

常见的用于模具结构设计的计算机辅助设计软件有 Pro/E、UG、SolidWorks、Mastercam、CATIA 等。模具设计的步骤如下：

① 分析产品。主要是分析产品的结构、脱模性、厚度、最佳浇口位置、填充分析、冷却分析等，若发现产品有不利于模具设计的地方，与产品结构设计师商量后要进行修改。如图 1-53 所示为利用 Mastercam 软件对产品进行的脱模性分析。

② 分型线设计。分型线是型腔与型芯的分隔线，它在模具设计初期阶段有着非常重要的指导作用——只有合理地找出分型线，才能正确地分模乃至保持模具的完整。产品的模具分型线如图 1-54 所示。

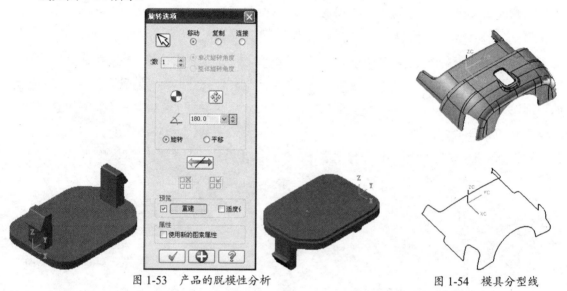

图 1-53　产品的脱模性分析　　　　　　　　　　　图 1-54　模具分型线

③ 分型面设计。模具上用于取出制品与浇注凝料、分离型腔与型芯的接触表面称为分型面。在产品设计阶段，应考虑成型时分型面的形状和位置。模具分型面如图 1-55 所示。

④ 成型零件设计。构成模具模腔的零件统称为成型零件，主要包括型腔、型芯、各种镶块、成型杆和成型环。图 1-56 所示为模具的整体式成型零件。

⑤ 模架设计。模架（沿海地区称为"模胚"）一般采用标准模架和标准配件，这对缩短制造周期、降低制造成本是有利的。模架有国际标准和国家标准。符合国家标准的龙记模架结构如图 1-57 所示。

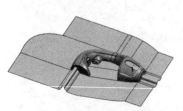 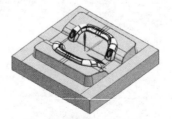 

图 1-55　模具分型面　　　　图 1-56　整体式成型零件　　　　图 1-57　模架

⑥ 浇注设计。浇注是指塑料熔体从注塑机喷嘴出来后到达模腔前在模具中流经的通道。普通浇注由主流道、分流道、浇口、冷料穴等部分组成，如图 1-58 所示是卧式注塑模的普通浇注。

⑦ 侧向分型机构设计。由于某些特殊要求，当塑件无法避免其侧壁内外表面弹出凸凹形状时，就需要采取特殊的手段对成型的制品进行脱模。因为这些侧孔、侧凹或凸台与开模方向不一致，所以在脱模之前必须先抽出侧向成型零件，否则将不能脱模。这种带有侧向成型零件移动的机构称为侧向分型与抽芯机构。图 1-59 所示为模具四面侧向分型的滑块机构设计。

⑧ 冷却设计。模具冷却设计与使用的冷却介质、冷却方法有关。注塑模可用水、压缩空气和冷凝水冷却，其中冷凝水冷却使用最为广泛，因为水的热容量大，传热系数大，成本低。冷却组件包括冷却水路、水管接头、分流片、堵头等。图 1-60 所示为模具冷却设计图。

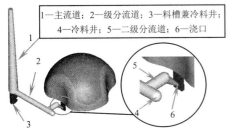

1—主流道；2—级分流道；3—料槽兼冷料井；
4—冷料井；5—二级分流道；6—浇口

图 1-58 普通浇注

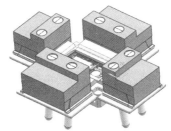

图 1-59 四面滑块机构

图 1-60 模具冷却

⑨ 顶出。成型模具必须有一套准确、可靠的脱模机构，以便在每个循环中将制件从型腔内或型芯上自动脱出模具外，脱出制件的机构称为脱模机构或顶出机构（也叫模具顶出）。常见的顶出形式有顶杆顶出和斜向顶出，如图 1-61 所示。

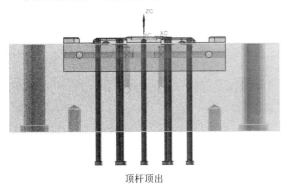

顶杆顶出

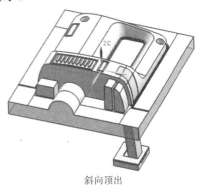

斜向顶出

图 1-61 顶出

⑩ 拆电极。

作为数控编程师，一定要懂得拆镶块和拆电极。拆镶块可以降低模具数控加工的成本。拆出来的镶块用普通机床、线切割机床就可以完成加工。如果不拆，那么就需要利用电极加工方式，而电极加工成本是很高的。即使不用电极加工，对于数控机床也会增加加工时间。图 1-62 所示为拆镶块示意图。

有的产品为了保证产品的外观质量，例如手机外壳，是不允许有接缝产生的。因此必须利用电极加工，那么就需要拆电极。图 1-63 所示为模具的型芯零件与型芯电极。

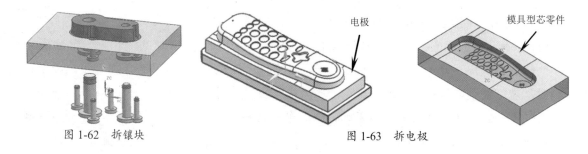

图 1-62　拆镶块　　　　　　　　　　　　图 1-63　拆电极

1.2.3　加工制造阶段

在模具加工制造阶段，新手除了要掌握前面介绍的知识，还应掌握以下重要内容。

1. 数控加工中常见的模具零件结构

编程者必须对模具零件结构有一定的了解，如模具中的前模（型腔）、后模（型芯）、行位（滑块）、斜顶、枕位、碰穿面、擦穿面和流道等。

一般情况下，前模的加工要求比后模的加工要求高，所以前模面必须加工得非常准确和光亮，该清的角一定要清；但后模的加工有所不同，有时有些角不需要清得很干净，表面也不需要很光亮。另外，模具中一些特殊部位的加工工艺要求不相同，如模具中的角位需要留 0.02mm 的余量待打磨师傅打磨；前模中的碰穿面、擦穿面需要留 0.05mm 的余量用于试模。

图 1-64 所示列出了一些常见的模具零件。

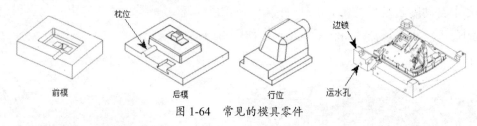

图 1-64　常见的模具零件

2. 模具加工的刀具选择

在模具型腔数控铣削加工中，刀具的选择直接影响着模具零件的加工质量、加工效率和加工成本，因此正确选择刀具有着十分重要的意义。在模具铣削加工中，常用的刀具有平端立铣刀、圆角立铣刀、球头刀和锥度铣刀等，如图 1-65 所示。

（1）刀具选择的原则。

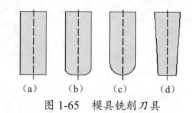

图 1-65　模具铣削刀具

加工模具型腔刀具的选择应遵循以下原则。

- 根据被加工型面形状选择刀具类型：对于凹形表面，半精加工和精加工应选择球头刀，以得到好的表面质量，但粗加工宜选择平端立铣刀或圆角立铣刀，这是因为球头刀切削条件较差；对于凸形表面，粗加工时一般选择平端立铣刀或圆角立铣刀，但精加工宜选择圆角立铣刀，这是因为圆角铣刀的几何条件比平端立铣刀好；对于带脱模斜度的侧面，宜选用锥度铣刀，虽然采用平端立铣刀通过插值也可以加工斜面，但会使加工路径变长而影响加工效率，并且还会加大刀具的磨损而影响加工的精度。

- 根据从大到小的原则选择刀具：模具型腔一般包含多个类型的曲面，因此在加工时一般不可能仅选择一把刀具就完成整个零件的加工。无论是粗加工还是精加工，应尽可能选择大直径的刀具，因为刀具直径越小，加工路径越长，导致加工效率降低，同时刀具的磨损会造成加工质量的明显差异。

- 根据型面曲率的大小选择刀具。

- 在精加工时，所用最小刀具的半径应小于或等于被加工零件上的内轮廓圆角半径，尤其是在加工拐角时，应选用半径小于拐角处圆角半径的刀具，并以圆弧插补的方式进行加工，这样可以避免采用直线插补而弹出过切的现象。

- 在粗加工时，考虑到尽可能采用大直径刀具的原则，一般选择的刀具半径较大。这时需要考虑的是粗加工后所留余量是否会给半精加工或精加工刀具造成过大的切削负荷，因为较大直径的刀具在零件轮廓拐角处会留下更多的余量，这往往是精加工过程中，弹出切削力的急剧变化导致刀具损坏或裁刀的直接原因。

- 粗加工时尽可能选择圆角铣刀：一方面，圆角铣刀在切削中可以在刀刃与工件接触的 0～90°范围内给出比较连续的切削力变化，这不仅对加工质量有利，而且会使刀具寿命大大延长；另一方面，在粗加工时选用圆角铣刀，与球头刀相比具有良好的切削条件，与平端立铣刀相比可以留下较为均匀的精加工余量，如图1-66所示，这对后续加工是十分有利的。

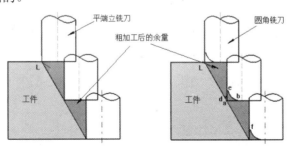

图 1-66　圆角铣刀与平端铣刀粗加工后余量比较

（2）刀具的切入与切出。

一般的 UG CAM 模块提供的切入/切出方式有：刀具垂直切入/切出工件、刀具以斜线切入工件、刀具以螺旋轨迹下降切入工件、刀具通过预加工工艺孔切入工件以及圆弧切入/切出工件。

其中，刀具垂直切入/切出工件是最简单、最常用的方式，适用于可以从工件外部切入的凸模类工件的粗加工和精加工，以及模具型腔侧壁的精加工，如图1-67所示。

刀具以斜线或螺旋线切入工件常用于较软材料的粗加工，如图1-68所示。通过预加工工艺孔切入工件是凹模粗加工常用的下刀方式，如图1-69所示。圆弧切入/切出工件这一方式由于可以消除接刀痕，因此常用于曲面的精加工，如图1-70所示。

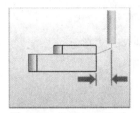
图 1-67　垂直切入/切出

图 1-68　螺旋切入/切出

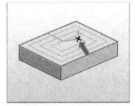
图 1-69　预钻孔切入

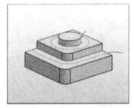
图 1-70　圆弧切入/切出

> **技术要点**
>
> 　　需要说明的是，在粗加工型腔时，如果采用单向走刀方式，一般 CAD/CAM 提供的切入方式是一个加工操作开始时的切入方式，并不定义在加工过程中每次的切入方式，这个问题有时是造成刀具或工件损坏的主要原因，解决这一问题的一种方法是采用环切走刀方式或双向走刀方式，另一种方法是减小加工的步距，使背吃刀量小于铣刀半径。

3. 模具前后模编程注意事项

在编写刀路之前，先将图形导入编程软件，再将图形中心移动到默认坐标原点，最高点移动到 Z 原点，并将长边放在 X 轴方向，将短边放在 Y 轴方向，基准位置的长边朝向自己，如图 1-71 所示。

> **技术要点**
>
> 　　工件最高点移动到 Z 原点有两个目的，一是防止程式中忘记设置安全高度造成撞机，二是反映刀具保守的加工深度。

（1）前模（定模仁）编程注意事项。

编程技术人员在编写前模加工刀路时，应注意以下事项。

- 前模加工的刀路排序：大刀开粗→小刀开粗和清角→大刀光刀→小刀清角和光刀。
- 应尽量用大刀加工，不要用太小的刀，小刀容易弹刀，开粗通常先用刀把（圆鼻刀）开粗，光刀时尽量用圆鼻刀或球刀，因圆鼻刀足够大，且有力，而球刀主要用于曲面加工。
- 有 PL 面（分型面）的前模加工，通常会碰到一个问题，当光刀时，PL 面因碰穿需要加工到数，而型腔要留 0.2～0.5mm 的加工余量（留出来打火花）。这时可以将模具型腔表面朝正向补正 0.2～0.5 mm，PL 面在写刀路时将加工余量设为 0。
- 前模开粗或光刀时通常要限定刀路范围，一般默认从刀具中心开始产生刀具路径，而不是从刀具边界范围开始，所以实际加工区域比所选刀路范围单边大一个刀具半径。因此，合理地设置刀路范围，可以优化刀路，避免加工范围超出实际加工需要。
- 前模开粗常用的刀路方法是曲面挖槽，平行式光刀。当进行前模加工时，分型面、枕位面一般要加工到数，而碰穿面可以留余量 0.1 mm，以备配模。
- 前模材料比较硬，加工前要仔细检查，减少错误，不可轻易烧焊。

（2）后模（动模）编程注意事项如下。

- 后模加工的刀路排序：大刀开粗→小刀开粗和清角→大刀光刀→小刀清角和光刀。
- 后模同前模所用材料相同，尽量用圆鼻刀（刀把）加工。当分型面为平面时，可用圆鼻刀精加工。如果是镶拼结构，则后模分为镶块固定板和镶块，需要分开加工。当加工镶块固定板内腔时，要多走几遍空刀，否则会有斜度，出现上面加工到位，下面加工不到位的现象，造成难以配模，深腔更明显。当光刀内腔时，尽量用大直径的新刀。

- 当内腔较高、较大时，可翻转过来首先加工腔部位，装配入腔后，再加工外形。如果有止口台阶，使用球刀光刀需控制加工深度，防止过切。内腔的尺寸可比镶块单边小0.02mm，以便配模。镶块光刀公差为0.01～0.03mm，步距值为0.2～0.5mm。
- 塑件产品上下壳配合处凸起的边缘称为止口，止口结构在镶块上加工或在镶块固定板上用外形刀路加工。止口结构如图 1-72 所示。

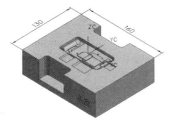

图 1-71　加工模型的位置确定

镶块止口　　　　　　镶块固定板止口

图 1-72　止口结构

1.3　工业产品设计案例——机器人产品开发项目介绍

产品开发就是从产品研发的立项、市场需求分析、产品设计、制造工艺设计，再到投入正常生产的一系列决策过程。新产品的开发不仅仅是创新开发，还包括老产品的改良升级。

本节将以一个迎宾机器人产品（图 1-73）的开发项目为例，详解工业产品从提出概念、开发设计到制造的全流程。

1.3.1　设计调研：迎宾机器人的发展与趋势

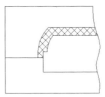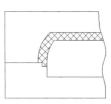

图 1-73　迎宾机器人

下面介绍对迎宾机器人的发展方向进行的设计调研，是以 2010 年上海世博会山东展馆的迎宾机器人为例进行介绍的。

世界工业博览会是人类先进科技成果展示的重要平台，机器人作为人类先进科技成果的杰出代表，自诞生以来就经历了各种"洗礼"。纵观历届世博会，机器人多用于技术展示，而在 2010 年上海世博会上，许多国家馆甚至地方馆都使用机器人代替人类担任导游。世博会作为人类科技发展的风向标，也预示着迎宾机器人将迎来广阔的使用前景。

2010 年，上海世博会在 184 天里共接纳了国内外游客 7308 万人，成为史上参与人数最多的一届世博会（图1-74 所示为世博会官方网站页面截图）。山东省作为中国的经济大省，也是科技大省，其展馆在展示齐鲁传统文化和现代文明方面，应以什么样的方式展开？如何带给国内外游客全新的科技体验？设计师们经过多次研讨，最终确定用迎宾机器人做导游去引领游客解读"智慧开启美好家园"的设计理念。笔者参与并在导师的指导下完成了上海世博会山东馆迎宾机器人的人机界面设计、加工制作和评审等工作。本项目也正是在此背景下提出的。

图 1-74　中国 2010 年上海世博会官方网站页面截图

迎宾机器人，又称导引机器人或导游机器人，是服务机器人的一种，人们经常可以在博物馆、科技馆、参展厅等场馆内看到其身影。迎宾机器人与工业机器人相比，具有较好的智能性和人机交互能力，因此越来越受到游客的喜爱。有专家指出，未来 10 年内，迎宾机器人的产业化前景相当乐观。

在日常生活中，人们常见的服务机器人有餐饮服务机器人、银行服务机器人、互联网服务机器人、汽车服务机器人、迎宾服务机器人等，如图 1-75 所示。

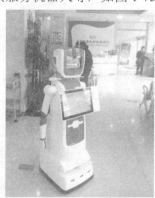

餐饮服务机器人　　　　　银行服务机器人　　　　　互联网机器人

汽车焊接服务机器人　　　　　迎宾机器人

图 1-75　日常生活中常见的服务机器人

1.3.2　人机界面设计定位

迎宾机器人人机界面与其他产品的人机界面是两个不同的概念。机器人的界面设计在满足界面设计一般性原则的同时，更需要尊重机器人界面设计的特殊性。机器人的界面设计不同于其他单一功能的产品界面设计，因为机器人本身包含了"人"的概念，更加强调它所具有的类人的情感属性。由于迎宾机器人的用途与其他机器人不同，因此其界面设计也有别于其他机器人。

1. 迎宾机器人界面设计定位

世博会山东馆迎宾机器人是山东馆的有机组成部分，是策划团队在原场馆设计蓝图完成后加入的点睛之笔。设计师们经过多次研讨，最终确定让机器人做导游去引领游客解读"智慧开启美好家园"的设计理念。

（1）功能性界面设计定位。

世博会山东馆的展示内容注重将文化的、科技的创新成果与现实的城市生活紧密结合。迎宾机器人作为山东馆展示内容之一，其功能设计要最大限度地实现机器人设计的趣味性、互动参与性和娱乐性，达到"好看、好玩、好懂"的展示效果。迎宾机器人应具有简单的人体功能，能完成简单的舞蹈动作；机器人可以前后摆动手臂、前进后退、左右侧行、左右转弯；具备语音功能；通过语音识别技术，可以对小机器人进行语音控制，通过发出语音命令，控制机器人的行为；配备显示屏，提供信息显示或查询服务等功能。

（2）情感性界面设计定位。

迎宾机器人的视觉形象作为游客与机器人交互的第一媒介，主要包括机器人的形态、色彩和材质。这个视觉形象在传递情感信息的同时，又可向游客提示功能表征，最先体现人与机器人的关系。"小鲁班"机器人作为山东馆展示的产品，是注重功能性还是注重艺术性一直是设计师们争论的焦点。

设计师运用二维坐标的形式对前期国内外机器人资料进行系统分析，根据属性的不同，用坐标轴进行分类，通过比较找出国内外机器人形态设计的差距，以此作为山东馆机器人形态设计的依据。

（3）环境性界面设计定位。

如图 1-76 所示，山东馆按照"过去、现在、未来"的时间线索，将内部空间设计为序厅"城市智慧"、主展厅"城市家园"和尾厅"城市畅想"3个板块。由"鲁班锁营造的东方智慧开启美好家园"开始，以"孔子厚德仁爱的文化胸怀铸造城市灵魂"

图 1-76　山东馆内部空间设计

提升，以"花如意的和谐理念畅想美好生活"收尾。山东馆机器人作为山东馆接待游客的第一个小导游，在序厅"城市智慧"区担任迎宾接待、舞蹈表演等工作，向游客讲解山东馆的标志性符号——鲁班锁，随后带领游客参观山东馆的文化象征——孔子像。

1.3.3　产品方案的确定与深化

山东馆迎宾机器人的界面设计流程如图 1-77 所示。

1. 方案一：中国传统风格

在前期明确了机器人形态设计定位的基础上，设计师迅速捕捉头脑中的灵感符号和思维路径，并把它转化为可视形态记录下来。方案草图阶段结束后，设计师综合考虑各个草图的可行性，对产品各个部分的比例尺度、功能特点、结构、材料工艺等进行更细致精准的表达，通过三维建模对机器人设计草图进行更具体的深入展现，如图 1-78 所示。

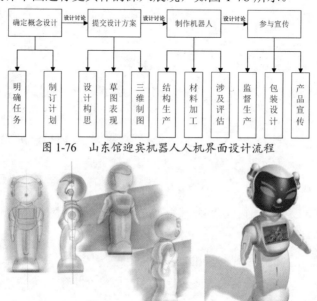

图 1-76　山东馆迎宾机器人人机界面设计流程

图 1-78　"小鲁班"机器人设计方案

在设计思想上，强调了人与机器和谐相处的"人机合一"的理念；在设计手法上，把山东元素融入机器人形态中，如机器人外形创意来源于我国传统人物——"善财童子"和山东潍坊杨家埠年画中"金童子"的基本造型，承载着国人的祈福、吉祥的祝福和愿望；在设计应用上，突出使用上的个性化，如耳廓内装置音响，使音响设备的放置体现个性化，如图 1-79 所示。

图 1-79　机器人设计元素的辐射组合图示

2. 方案二：现代简约风格

在本方案设计过程中，设计师运用头脑风暴，通过手绘草图和计算机草图快速记录下脑中浮现的设计灵感，为正式设计方案的设计储备素材。

如图1-80所示，机器人采用孩童造型，头发为山东的"山"字，底部为荷花抽象凹陷纹样，体现山东独特的地域文化元素。

如图1-81所示，头发为山东"山"字造型，寓意山东泰山拔地而起的恢宏气势。机器人流线型的衣服与圆盘搭配，寓意黄河奔腾入海的气势。领结的设计寓意山东为礼仪之邦，充分体现出山东"山—水—礼仪之邦"的独特文化氛围。

图 1-80　机器人草图一　　　　　　　　　　　图 1-81　机器人草图二

如图1-81所示，头部和躯体处叠加圆形图案，与"海岱交融"的山东馆造型相呼应，寓意文化的融会与和谐。

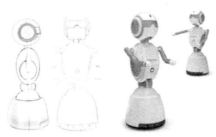

图 1-82　机器人草图三

通过以上草图的表现，将头脑中的灵感符号和思维路径迅速转化为可视图形，完成对机器人界面设计创意的设想。在机器人前期设计定位的基础上，对各种草图中设计方向进行重新组合，完成机器人的设计方案，效果如图1-83所示。

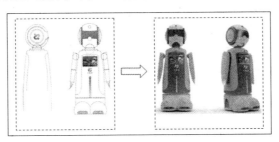

（a）设计方案平面效果图　　　　（b）设计方案三维效果图

图 1-83　机器人平面、三维效果图

3. 优化方案

发现要解决的问题，是迎宾机器人界面设计工作的起点。设计师通过机器人公司已有案例（图 1-84），发现其不足，通过分析问题的症结所在，确定解决方案并用新的方法、材料、结构来克服改进。

在满足内部部件安装要求、整体功能要求的前提下，进行机器人界面的再设计。根据迎宾机器人的内部骨架（图 1-85），设计师确定出了各个主要部件的安装位置、机器人的整体高度、最大直径等设计数据。

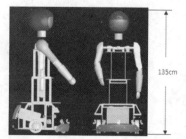

图 1-84　机器人公司已有的迎宾机器人模型　　　　图 1-85　机器人内部骨架的初步设计

根据内部部件安装及整体功能要求，确定机器人整机高度。山东馆迎宾机器人的高度参考我国学龄期儿童的身高确定为 135cm。根据这些基本特征，按照骨架的走势及内部部件的位置和体积绘制草图，如图 1-86 所示。

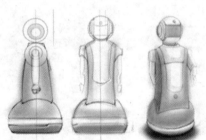

图 1-86　迎宾机器人"小鲁班"草图

02

Photoshop 质感表现 与色彩配置

材料的质感又称为感觉特性，是人们对物体材质的生理和心理感觉。本章将以 Photoshop 软件的应用为基础，分析产品质感和色彩的搭配。

 项目分解

- ☑ Photoshop CS6 简介
- ☑ 产品效果图中材质的应用
- ☑ 产品视觉表现的色彩配置

扫码看视频

Photoshop

2.1 Photoshop CS6 简介

　　Photoshop是非常强大的图像编辑软件之一，它不仅可以完美地修饰现有的图像，在数字模拟手绘效果方面也不亚于其他仿真绘画软件，Photoshop CS6 甚至将这款在二维图像编辑领域独占鳌头的软件带入了三维世界，这是任何其他同类软件所不能比拟的。

　　Photoshop 集图像扫描、编辑修改、图像制作、广告创意于一体，具备先进的图像处理技术、全新的创意选项和极快的性能，修饰图像具有更高的精确度。图 2-1 所示为 Photoshop CS6 主界面。

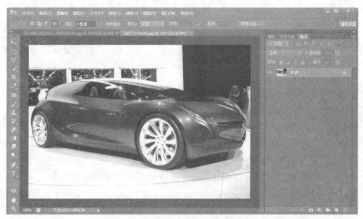

图 2-1　Photoshop CS6 主界面

　　全新的【裁剪工具】提供交互式的预览功能，能够获得更好的视觉对比效果。一组简化选项包含拉直工具和长宽比控件，可以更好地选择想要的裁剪方式，如图 2-2 所示。

图 2-2　可以拖动的裁剪窗口

　　新的滤镜样式【自适应广角】可将全景图或使用鱼眼和广角镜头拍摄的照片中的弯曲线条迅速拉直。该滤镜利用各种镜头的物理特性来自动校正图像，也可以用来制作图形特效，如图 2-3 所示。

　　新增的模糊和【油画】滤镜可以用于制作特效。选择【滤镜】|【场景模糊】|【光圈模糊】|【倾斜偏移】或【油画】命令，可以创建不同的照片模糊效果或者油画效果，如图 2-4 所示。

图 2-3 【自适应广角】效果

原图　　　　　　　　　　　模糊　　　　　　　　　　　油画

图 2-4 模糊和【油画】效果

　　重新设计的【时间轴】面板包含专业的视频效果和特效，可以更改剪辑持续时间和速度，并将动态效果应用到文字、静态图像和智能对象上。【视频组】还可以将多个视频剪辑和文本、图像及形状合并。单独的音轨可对音频进行编辑和调整，如图 2-5 所示。视频引擎还支持更广泛的导入格式。

图 2-5 【时间轴】面板

　　在默认情况下，选中【画笔预设】面板中的【颜色动态】复选框，会保持每次描边的一致性。在绘画时，颜色动态设置会自动变化颜色。在早期版本的 Photoshop 中，动态设置可为描边时每个不同的画笔更改颜色。在 Photoshop CS6 中，动态更改在每个描边开始时即可进行。使用此功能可以更改不同描边的颜色，而不是对每个描边内部更改颜色，如图 2-6 所示。

图 2-6 颜色动态

　　简化的界面可直观地创建 3D 图稿，轻松地将阴影拖动到所需位置、制作成动画、提供素描或卡通外观等，如图 2-7 所示。

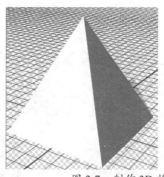

图 2-7　制作 3D 物体与环境色

💡 要点提示

　　新的【3D 工具】使用便捷，但毕竟是基于二维的图像引擎，因此无法制作过于复杂的 3D 效果，否则很容易造成软件崩溃，新手制作时不要一味地追求繁杂的效果，要对软件使用进行理性权衡。

2.2　产品效果图中材质的应用

图 2-8　不同材质和样式的手机壳

　　不同的材质之所以给人带来不同的视觉感受，归根结底是因为不同材质对光线的吸收和反射的不同，如图 2-8 所示。

　　由此可以将各种材质归结为以下几类：不透明高反光材质、不透明亚光材质、不透明低反光材质、透明材质、半透明材质和自发光材质六大类。

2.2.1　高反光材质

　　无论是金属、塑料，还是木材、陶瓷等不透明材质，都可以通过不同的加工工艺使其达到高反光的效果，如电镀、抛光、打磨、上釉和打蜡等。制作高反光效果目的是为了突出产品外观坚硬、光洁的特点，一般应用于厨房用品、洁具、家电和交通工具等。在这类产品中，尤以金属制品最为常见，它们具有很强的反射光线的能力，而且会在表面映射出周围的环境。根据产品表面曲率的不同，映射图像的扭曲程度也会有所不同。下面来看几个应用实例。

　　图 2-9 所示为轿车车身表面珍珠漆的反射效果，这种材质主要有两层——底漆和表面的无色釉层（经过喷漆和烧漆而成）。底漆反映出了车身的固有色银灰色，而表面的釉层则形成了反光，因此形成了极其强烈的视觉效果，给人以前卫的豪华感。

　　图 2-10 所示的不锈钢水壶，人们通过电镀或者抛光的工艺处理方式，使其呈现出了高度反光的效果。而图2-11 所示的塑料手电筒，人们通过表面喷涂的工艺，使其表面反射能力大大增强，好似烧制过的上釉瓷器一般。

图 2-9　车漆的高反光效果

图 2-10　不锈钢水壶的高反光效果

图 2-11　塑料手电筒的高反光效果

　　高反光但不透明的材质种类比较多，而且每种材质都有自己的特点。在表现这类产品时，应该注意的是，产品表面的高光反射都源于周围环境的作用，因此不能把产品和环境割裂开来。然而过多的考虑很可能会降低效率，甚至得不偿失，因此在表现这种反射时也有一定的程式化做法——利用无缝背景配合反光板来简化反射环境的复杂程度，一般用此种方法来表现的对象多以金属制品为主，如图2-12 所示。由于表面光滑坚硬，因此适合使用柔光箱来照射产品，由于产品本身会受到周边环境的影响，因此可以假想一个中性色调的无缝场景被物体反射出来，通过对影像的概括，用黑色和白色分别表现暗的环境与反光板的光影效果，来提升材质的感觉和画面的情趣，图 2-13 所示就是按照这种原则来表现的产品二维效果图，即便周边环境非常简单，在平面设计软件中确定产品表面高光的形态和位置仍然是一件挑战想象力的事情，需要读者细心地观察、总结与实践。

图 2-12　利用无缝背景配合反光板简化环境反射

图 2-13　遵循简化反射原理制作的产品效果图

案例 ——制作徽章

　　制作徽章的过程如图 2-14 所示。

图 2-14　制作徽章的流程图

① 启动 Photoshop CS6 软件。

② 选择【文件】|【新建】命令，弹出【新建】对话框，具体设置如图 2-15 所示。

③ 在【图层】面板中单击【新建图层】按钮 ，新建【图层 1】，如图 2-16 所示。

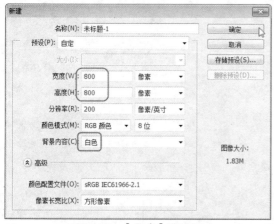

图 2-15　【新建】对话框　　　　　　　　　　　图 2-16　新建图层

④ 将【前景色】设置为黑色，按 Ctrl+A 组合键全选，选择【编辑】|【填充】命令，弹出
【填充】对话框，如图 2-17 所示，单击【确定】按钮对图层进行填充，如图 2-18 所示。

图 2-17　【填充】对话框　　　　　　　　　　　图 2-18　填充图层

⑤ 在【图层】面板中单击【创建图层样式】按钮 fx，选择【渐变叠加】样式，如图 2-19 所示。

⑥ 在弹出的【图层样式】对话框中设置渐变叠加参数，如图 2-20 所示。

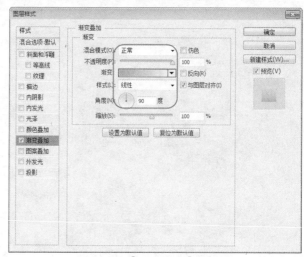

图 2-19　添加样式　　　　　　　　　　　图 2-20　【图层样式】对话框

⑦ 单击【确定】按钮，效果如图 2-21 所示。

⑧ 在【图层】面板中新建【图层 2】，在工具箱中单击【椭圆选框工具】按钮 ⬭，绘制一个圆形，如图 2-22 所示。此时的【图层】面板如图 2-23 所示。

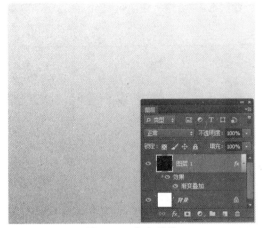

图 2-21　渐变效果

图 2-22　创建圆形选区

⑨ 选择【编辑】|【填充】命令，将圆形选区填充为白色，如图 2-24 所示。

⑩ 单击【图层】面板上的【创建新的填充或调整图层】按钮，选择【图案填充】选项，【图层】面板如图 2-25 所示。

图 2-23　【图层】面板

图 2-24　填充选区

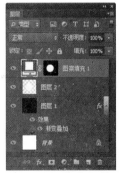

图 2-25　创建图案填充

⑪ 单击【图层】面板中的【添加图层样式】按钮，给图层添加样式，如图 2-26 至图 2-30 所示。单击【确定】按钮，样式设置完成的效果如图 2-31 所示。

⑫ 在【图层】面板中新建【图层 3】，如图 2-32 所示。在画面中建立两条辅助线，如图 2-33 所示。

> 💡 要点提示
>
> 　　选择【视图】|【标尺】命令，或按 Ctrl+R 组合键显示标尺，在标尺线上按住鼠标左键可拖动标尺线，将其移动至合适位置。

⑬ 在工具箱中单击【椭圆选区工具】按钮 ⬭，按下 Alt+Shift 组合键在图像中创建一个正圆形选区，如图 2-34 所示。

⑭ 在属性栏上单击【从选区减去】按钮 ▣，或按住 Alt 键绘制一个小一点的正圆，填充任意颜色，如图 2-35 所示。

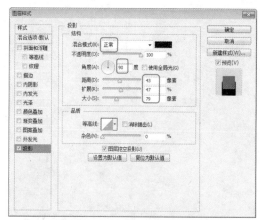

图 2-26　设置【投影】图层样式

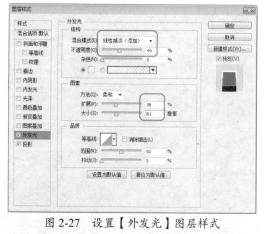

图 2-27　设置【外发光】图层样式

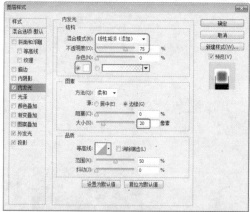

图 2-28　设置【内发光】图层样式

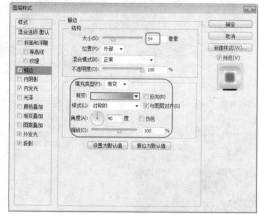

图 2-29　设置【描边】图层样式

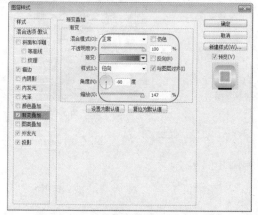

图 2-30　设置【渐变叠加】图层样式

图 2-31　完成图层样式
设置的效果

图 2-32　新建图层

图 2-33　建立辅助线

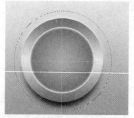

图 2-34　创建选区

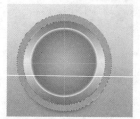

图 2-35　填充颜色

⑮ 双击【图层 3】缩览图，调出【图层样式】对话框，给该图层设置图层样式，如图2-36和图 2-37 所示。

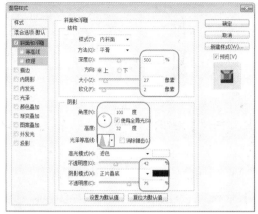

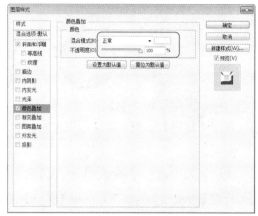

图 2-36 设置【斜面和浮雕】图层样式　　　图 2-37 设置【颜色叠加】图层样式

⑯ 单击【确定】按钮，完成图层样式设置，效果如图 2-38 所示，【图层】面板如图 2-39 所示。

小贴士

选择【视图】|【显示额外内容】命令，或按 Ctrl+H 组合键可以清除辅助线，选择【视图】|【标尺】命令，或按 Ctrl+R 组合键可以隐藏标尺。

⑰ 选择【文件】|【打开】命令，打开本例素材文件，选取图像，如图 2-40 所示。

⑱ 使用【移动工具】将选中的图像直接拖入图标文档中，按 Ctrl+T 组合键调整图像大小，并将其放置在合适的位置，最终效果如图 2-41 所示。

图 2-38 完成图层样式　图 2-39 【图层】面板　图 2-40 素材文件　图 2-41 最终效果图
　设置的效果

案例 ——制作放大镜

制作放大镜的过程如图 2-42 所示。

① 选择【文件】|【新建】命令，弹出【新建】对话框，创建 600×800 的白色背景，如图 2-43 所示。

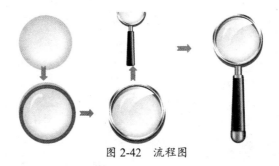

图 2-42　流程图

② 单击【确定】按钮，在【图层】面板中单击【新建图层】按钮，新建【图层 1】，如图 2-44 所示。

③ 在工具箱中单击【椭圆选框工具】按钮，绘制一个正圆形选区，如图 2-45 所示。

④ 设置【前景色】为黑色，选择【编辑】|【填充】命令，将选区填充为黑色，如图 2-46 所示。

图 2-43　【新建】对话框　　　　图 2-44　创建新图层　　　图 2-45　　　　图 2-46
　　　　　　　　　　　　　　　　　　　　　　　　　　创建选区　　　填充颜色

⑤ 在【图层】面板中单击【添加图层样式】按钮fx，或直接双击【图层 1】缩览图，弹出【图层样式】对话框，给图层添加【内阴影】和【渐变叠加】样式，如图 2-47 和图 2-48 所示。

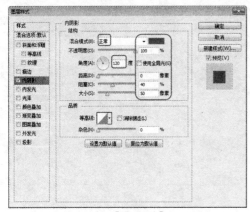

图 2-47　设置【内阴影】图层样式　　　　　　图 2-48　设置【渐变叠加】图层样式

⑥ 单击【确定】按钮，在【图层】面板中设置【不透明度】值为 35%，如图 2-49 所示，添加图层样式后的效果如图 2-50 所示。

⑦ 在【图层】面板中新建【图层 2】，选择【钢笔工具】，在图像中绘制如图 2-51 所示的形状。

图 2-49 设置【不透明度】值

图 2-50 添加图层样式后的效果图

图 2-51 绘制形状

⑧ 按 Ctrl+Enter 组合键将上一步绘制的形状转换为选区，为选区填充白色，并将图层的【不透明度】值设置为 80%，如图 2-52 所示。

⑨ 新建【图层 3】，在工具箱中单击【椭圆选框工具】按钮，在属性栏中选择【形状】，将【描边】大小设置为 15 点，如图 2-53 所示。

图 2-52 填充颜色

图 2-53 属性栏

⑩ 在图像中绘制如图 2-54 所示的圆形。

⑪ 新建【图层 3】，用【椭圆选框工具】绘制出一个月牙形状的选区，如图 2-55 所示。

⑫ 选择【编辑】|【填充】命令，为选区填充黑色，如图 2-56 所示。

图 2-54 绘制圆形

图 2-55 绘制月牙形状的选区

图 2-56 填充颜色

⑬ 在【图层】面板中单击【添加图层样式】按钮，选择【渐变叠加】选项，或双击【图层 4】的缩览图，弹出【图层样式】对话框，如图 2-57 所示。

⑭ 在【渐变叠加】设置界面中单击【点按可编辑渐变】选项，弹出【渐变编辑器】对话框，具体设置如图 2-58 所示。

⑮ 单击【确定】按钮，【渐变叠加】图层样式设置如图 2-59 所示。

⑯ 单击【确定】按钮，在【图层】面板中设置【填充】值为 0，如图 2-60 所示，图像效果如图 2-61 所示。

⑰ 新建【图层 4】，在工具箱中选择【椭圆选框工具】，绘制如图 2-62 所示的圆形。

⑱ 在【图层】面板中单击【添加图层样式】按钮，选择【斜面和浮雕】选项，在弹出的【图层样式】对话框中按如图 2-63 所示的设置相关参数。

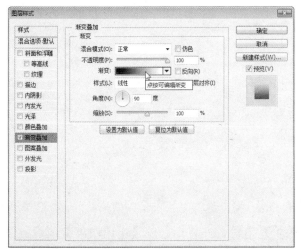

图 2-57　设置【渐变叠加】图层样式

图 2-58　【渐变编辑器】对话框

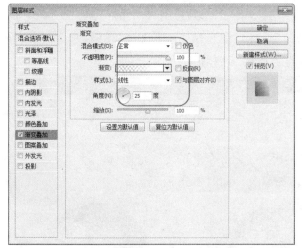

图 2-59　设置【渐变叠加】图层样式

图 2-60　设置【填充】值

图 2-61　图像效果

图 2-62　绘制圆形

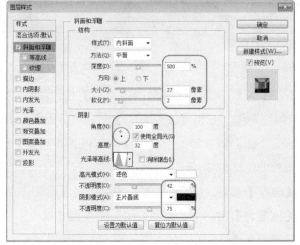

图 2-63　设置【斜面和浮雕】图层样式

⑲ 在【图层样式】对话框中选中【颜色叠加】复选框，按如图 2-64 所示设置相关参数，单击【确定】按钮，图像效果如图 2-65 所示。

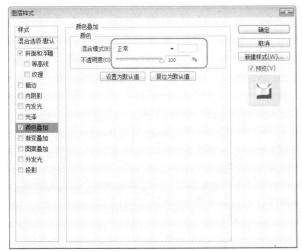

图 2-64　设置【颜色叠加】图层样式

图 2-65　图像效果

⑳ 新建【图层 4】，在工具箱中选择【圆角矩形工具】 ，在属性栏中选择【路径】选项，设置【半径】为 5 像素，如图 2-66 所示。

图 2-66　属性设置

㉑ 在图像中画出如图 2-67 所示的圆角矩形，并填充红色。

㉒ 双击【图层 4】缩览图，弹出【图层样式】对话框，选中【渐变叠加】复选框，单击【点按可编辑渐变】选项，按如图 2-68 所示设置渐变颜色。

图 2-67　绘制圆角矩形并填充红色

图 2-68　设置渐变颜色

㉓ 单击【确定】按钮，【渐变叠加】的参数设置如图 2-69 所示，图像效果如图 2-70 所示。

㉔ 新建【图层 5】，在工具箱中选择【圆角矩形工具】 ，在属性栏中选择【路径】选项，设置【半径】为 10 像素，绘制一个圆角矩形，如图 2-71 所示。

㉕ 按 Ctrl+Enter 组合键将形状转换为选区，选择【编辑】|【填充】命令，将选区填充为黑色，如图 2-72 所示。

㉖ 按 Ctrl+T 组合键把底端拉大，形成一定的锥度，如图 2-73 所示。

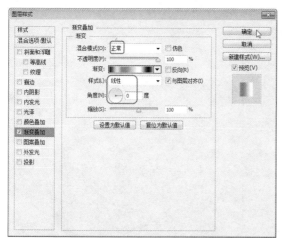

图 2-69 设置【渐变叠加】图层样式　　　图 2-70 图像效果　　图 2-71 绘制圆角矩形

㉗ 双击【图层 5】缩览图，弹出【图层样式】对话框，给图层设置【内阴影】和【渐变叠加】图层样式，如图 2-74 和图 2-75 所示。设置完图层样式的效果如图 2-76 所示。

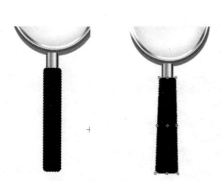
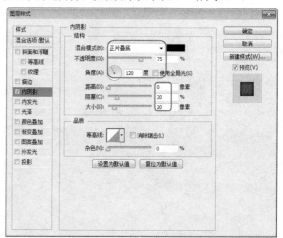

图 2-72 填充颜色　　图 2-73 调整底端　　　　图 2-74 设置【内阴影】图层样式

㉘ 新建【图层 6】，使用【圆角矩形工具】绘制一个圆角矩形，并填充为红色，如图 2-77 所示。

㉙ 双击【图层 6】缩览图，为图层添加【渐变叠加】样式，颜色设置如图 2-78 所示。

㉚ 单击【确定】按钮，添加渐变叠加图层样式的效果如图 2-79 所示。

㉛ 新建【图层 7】，选择【圆角矩形工具】 ，在属性栏中选择【路径】选项，设置【半径】值为 50 像素，绘制如图 2-80 所示的圆角矩形。

㉜ 在属性栏中选择【减去顶层形状】 ，如图 2-81 所示，用【矩形工具】绘制一个矩形，如图 2-82 所示。

㉝ 按 Ctrl+Enter 组合键将形状转换为选区，使用【移动工具】 将选区移动至合适的位置，如图 2-83 所示。

㉞ 将【前景色】设置为黑色，选择【编辑】|【填充】命令，将选区填充为黑色，如图 2-84 所示。

㉟ 双击【图层 7】缩览图，为图层添加【渐变叠加】样式，参数设置如图 2-85 所示，在【图层】面板中设置【不透明度】值为 80%，设置完图层样式的效果如图 2-86 所示。

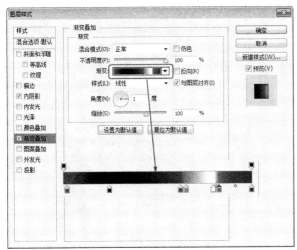

图 2-75 设置【渐变叠加】图层样式

图 2-76 图像效果

图 2-77 绘制矩形

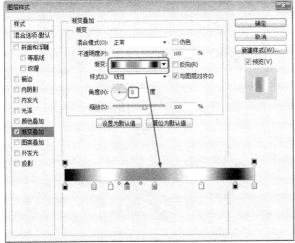

图 2-78 设置【渐变叠加】图层样式

图 2-79 图像效果

图 2-80 绘制圆角矩形

图 2-81 选择【减去图层形状】

图 2-82 绘制矩形

图 2-83 创建选区

㊱ 新建【图层 8】，按住 Ctrl 键单击【图层 7】缩览图，调出【图层 7】的选区，选择【选择】|【修改】|【收缩】命令，设置【收缩量】为 5，如图 2-87 所示，收缩选区效果如图 2-88 所示。

㊲ 为选区填充红色，双击【图层 8】的缩览图，为图层添加【渐变叠加】图层样式，渐变颜色设置如图 2-89 所示，单击【确定】按钮。

㊳ 在菜单栏中选择【滤镜】|【模糊】|【高斯模糊】命令，设置【半径】值为 2，如图 2-90 所示，单击【确定】按钮。

㊴ 放大镜最终效果如图 2-91 所示。

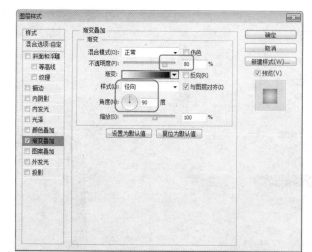

图 2-84　填充选区

图 2-85　设置【渐变叠加】图层样式

图 2-86　图像效果

图 2-87　【收缩选区】对话框

图 2-88　收缩选区效果

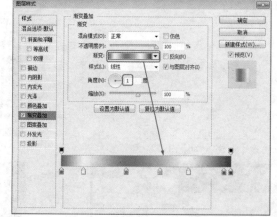

图 2-89　设置【渐变叠加】图层样式

图 2-90　设置高斯模糊半径

图 2-91　最终效果图

2.2.2　亚光材质

亚光材质其实就是在不透明高反光材质的基础上增加了"反射模糊"这一属性。前面已经讲到，反射与物体表面的粗糙程度息息相关，物体表面越光滑，反射越清晰；反之，反射越模糊。虽然亚光材质不能像高反光材质那样清晰地反射出周边环境，但对光源的反射还是比木材、陶土等低反光材质的要强。

目前，不透明亚光材质在以塑料为基本材质的电子产品领域有着广泛的应用。使用这种效果，既可以增加产品本身的亲和力，不像金属那样给人坚硬冰冷的感觉，同时还能起到防滑的作用，与此同时，亚光表面在与手接触后也不容易留下指痕。

要使产品表面产生这种亚光效果，可以在模具阶段就将这些粗糙的表面肌理加工到模具内表面上去，这样生产出来的制件不用经过二次加工，就能够产生很好的亚光效果，这主要是针对塑料产品而言的。对于金属材质，可以利用喷砂、拉丝、旋光和喷涂亚光等工艺手段实现亚光效果。

图 2-92 所示的数码相机，是通过在产品表面喷涂亚光金属漆实现亚光效果的，图 2-93 所示的手机则没有经过任何二次加工，完全是磨砂金属的本色。

如图 2-94 和图 2-95 所示，在设计领域，材质与工艺的运用是非常丰富的，为了提升产品高档的质感和精湛的工艺，金属拉丝工艺和旋光工艺的运用是非常普遍的。

图 2-92　亚光金属漆的亚光反射效果　　图 2-93　磨砂金属的亚光反射效果　　图 2-94　金属拉丝效果

此类材质虽然受周边环境的影响较小，但仍然对布光有一定的要求。利用面光源在曲面的转折处形成细长的高光反射，这是基本的要求，而且在多数情况下与高光区域紧挨着的就是一块黑色反光板形成的暗色反光区域。由于喷涂或者磨砂颗粒具有细密的凹凸纹理，两个反射区域是自然过渡的，这就很好地表现了这类金属的亚光反射特性，而且黑白过渡区域的肌理表现是最到位的，如图 2-96 所示。如图 2-97 所示则是以亚光材质为主制作的产品效果图。

那么，具体到平面设计中应当如何表现这些材质的效果呢？下面以图示法简要地向读者说明一下，在后面的实例制作会比较详尽地介绍制作流程。

1. 磨砂效果

金属磨砂与塑料磨砂效果的做法比较相似，只不过金属磨砂的黑白对比略显强烈，颜色偏冷，图 2-98 所示是在 Photoshop 中制作磨砂金属材质的思路；图 2-99 所示是在 Photoshop 中制作磨砂塑料材质的思路。

图 2-95 旋光工艺效果

图 2-96 表现磨砂材质的
布光实例

图 2-97 以亚光材质为主的
产品效果图

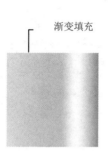

渐变填充

复制图层
添加杂色

颜色加深及
不透明度设置

图 2-98 磨砂金属材质制作思路

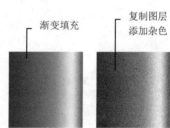

渐变填充 复制图层
添加杂色

高斯模糊

减去及不
透明度设置

图 2-99 磨砂塑料材质制作思路

2. 拉丝效果

这种表面处理工艺在厨房家电产品中应用较广，在 Photoshop 中制作拉丝效果的思路也很简单，如图 2-100 所示。

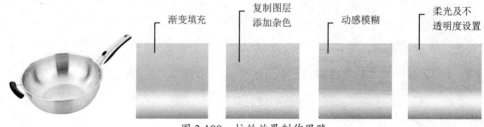

渐变填充　复制图层　动感模糊　柔光及不
添加杂色　　　　　　透明度设置

图 2-100 拉丝效果制作思路

3. 眩光效果

这种表面处理工艺在手机、音响按钮等产品中应用较广，在 Photoshop 中制作眩光效果也比较轻松，如图 2-101 所示。

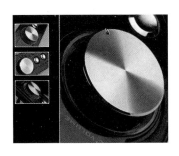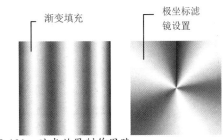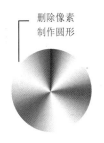

渐变填充　　极坐标滤镜设置　　删除像素制作圆形

图 2-101　眩光效果制作思路

案例——制作珍珠项链

下面以制作珍珠项链金属效果为例，解析利用 Photoshop 制作亚光材质的方法，制作流程图如图 2-102 所示。

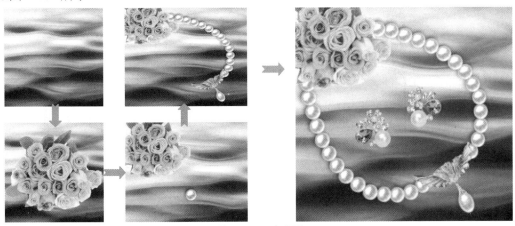

图 2-102　流程图

① 选择【文件】|【打开】命令，打开本例的背景素材文件，如图 2-103 所示。

② 再选择以上命令，打开本例的玫瑰花素材，用选区工具将玫瑰花选中，如图 2-104 所示。

③ 使用【移动工具】命令▶✛将玫瑰花拖入到背景文档中，如图 2-105 所示。

图 2-103　背景素材　　　　　　图 2-104　选中素材　　　　　　图 2-105　拖入素材

④ 按 Ctrl+T 组合键为玫瑰花添加自由变形框，修改玫瑰花大小并移至合适的位置，如图 2-106 所示。

⑤ 在【图层】面板中单击【新建图层】按钮▣，新建【图层 2】，如图 2-107 所示。

⑥ 在工具箱中选择【椭圆选框工具】◯，按住 Shift 键在图层中绘制一个正圆，选择【编辑】|【填充】命令，将选区填充为白色，如图 2-108 所示。

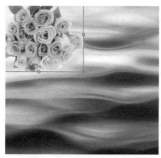

图 2-106　调整位置和大小　　　　图 2-107　新建图层　　　　图 2-108　绘制填充选区

⑦　单击【图层】面板中的【添加图层样式】按钮 fx.，或双击【图层 2】的缩览图，弹出【图层样式】对话框，选中【投影】复选框，设置【角度】值为-60、【距离】值为 3、【大小】值为 9，其余保持默认，如图 2-109 所示。

⑧　选中【内发光】复选框，设置【混合模式】为【滤色】、【不透明度】值为 40%、【大小】值为 1，其余保持默认，如图 2-110 所示。

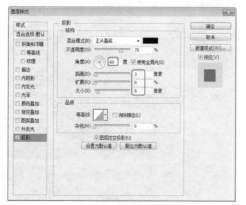
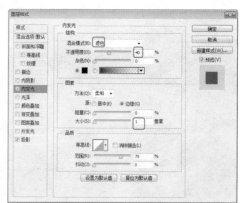

图 2-109　设置【投影】图层样式　　　　图 2-110　设置【内发光】图层样式

⑨　选中【斜面和浮雕】复选框，设置【方法】为【雕刻清晰】、【深度】值为 615、【大小】值为 27、【软化】值为 3、【角度】值为-60、【高度】值为 60，并设置【光泽等高线】，设置【高光模式】为【滤色】、【不透明度】值为 90，暗调模式的【不透明度】值为 50，其余保持默认，如图 2-111 所示。

⑩　选中【等高线】复选框，设置【范围】值为 100%，其他设置如图 2-112 所示。

⑪　选中【颜色叠加】复选框，设置【混合模式】为【变亮】、【不透明度】值为 100%，如图 2-113 所示。添加图层样式的效果如图 2-114 所示。

⑫　新建【图层 3】，选择工具箱中的【椭圆选框工具】，在【图层 3】中绘制椭圆，并为其填充白色，如图 2-115 所示。

⑬　在【图层 2】上单击鼠标右键，在弹出的快捷菜单中选择【拷贝图层样式】命令，如图 2-116 所示。

⑭　再在【图层 3】上单击鼠标右键，在弹出的快捷菜单中选择【粘贴图层样式】命令，【图层】面板如图 2-117 所示。

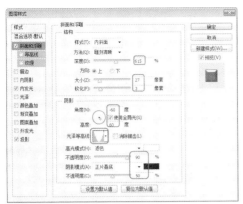

图 2-111　设置【斜面和浮雕】图层样式

图 2-112　设置【等高线】图层样式

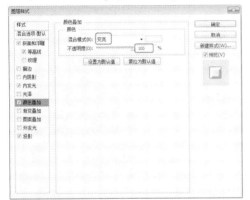

图 2-113　设置【颜色叠加】图层样式

图 2-114　添加图层样式的效果

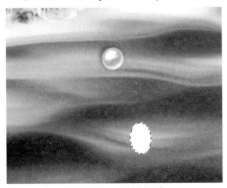

图 2-115　绘制椭圆

图 2-116　复制图层样式

⑮ 按 Ctrl+T 组合键为椭圆添加自由变形框，适当旋转椭圆，如图 2-118 所示。

⑯ 选择【文件】|【打开】命令，打开本例吊坠素材文件，如图 2-119 所示。

⑰ 利用选区工具将吊坠选中，使用【移动工具】 将选中的吊坠拖入背景文档，按 Ctrl+T 组合键为吊坠添加自由变形框，适当旋转并调整吊坠的大小，如图 2-120 所示。

⑱ 将【图层 2】、【图层 3】移至合适的位置，如图 2-121 所示。

⑲ 按Ctrl+J组合键，或将【图层 2】直接拖到【新建图层】按钮上，对【图层 2】进行多次复制，并调整各个复制图层的位置，如图 2-122 所示。

⑳ 单击【图层 2】，按住 Shift 键单击【图层 2 副本 13】，同时选择【图层 2】至【图层 2 副本 13】的所有图层，如图 2-123 所示。

图 2-117　粘贴图层样式

图 2-118　旋转椭圆

图 2-119　素材文件

图 2-120　拖入素材

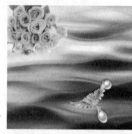

图 2-121　调整图层位置

图 2-122　复制图层

㉑　单击【图层】面板中的 ▼≡ 按钮，或单击鼠标右键，选择【合并图层】命令，如图 2-124 所示。

图 2-123　选中图层

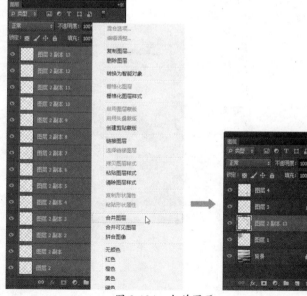

图 2-124　合并图层

㉒　选择【图层 2 副本 13】为当前编辑图层，按 Ctrl+J 组合键复制【图层 2 副本 13】，如图 2-125 所示。

㉓　按 Ctrl+T 组合键为珍珠添加自由变形框，将其水平翻转，移至另一边，并调整到合适的位置，如图 2-126 所示。

㉔　将【图层 1】拖到【图层 3】的下方，使珍珠在玫瑰花的下方，如图 2-127 所示。

图 2-125　复制图层　　　　　图 2-126　移动图层　　　　　图 2-127　调整图层

㉕　参照前面的步骤，将耳环拖入文档中，最终效果如图
　　2-128 所示。

2.2.3　不透明材质

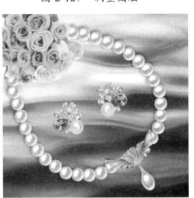

　　诸如橡胶、木材、砖石、织物和皮革等材质属于不透明且
低反光的材质，本身不透光且少光泽，光线在其表面多被吸收
和漫反射，因此各表面的固有色之间过渡均匀，受到外部环境
的影响较少。这类材质的产品是最容易表现的，在布光与场景

图 2-128　最终效果

设定方面有着很大的自由度，多以泛光源来突出产品表面柔和的感觉，如图 2-129 所示。

　　这类产品表现起来比较自由，因此在布光方面也没有特别的讲究，对于熟练掌握了前面两
种材质表现方法的读者来说也不是什么难事，但要遵循以下原则：

　　第一，重点应当放在材质纹路与肌理的刻画上。

　　第二，当表现橡胶、木材和石材等硬质材料时，线条应当挺拔、硬朗，结构、块面处理要
清晰、分明，目的是突出材料的纹理特性，弱化光影表现。

　　第三，当表现织物、皮革等软质材料时，明暗对比应当柔和，弱化高光的处理，同时避免
生硬线条的出现，如图 2-130 所示为此类材质的表现效果。

图 2-129　不透明低反光材质效果　　　　图 2-130　使用二维软件表现的不透明低反光材质效果

　　下面通过一个案例介绍不透明材质的应用。制作篮球的过程如图 2-131 所示。

①　选择【文件】|【新建】命令，新建一个 800mm×800mm 的文档，如图 2-132 所示。

② 在【图层】面板中单击【创建新组】按钮，创建【组 1】，在工具箱中选择【椭圆选框工具】◯，绘制一个正圆，如图 2-133 所示。

③ 在【图层】面板中单击【添加矢量蒙版】按钮◻，给组添加蒙版，如图 2-134 所示。

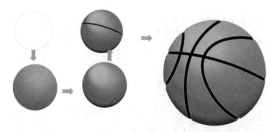

图 2-131　流程图

图 2-132　新建文档

图 2-133　绘制正圆

图 2-134　添加蒙版

④ 在【图层】面板中单击【新建图层】按钮，在【组 1】中新建【图层 1】，如图 2-135 所示。

⑤ 在工具箱中单击【渐变填充工具】按钮◼，单击属性栏上的【点按可编辑渐变】按钮，弹出【渐变编辑器】对话框，渐变颜色设置如图 2-136 所示。

⑥ 选择【图层 1】为当前编辑图层，在选区中从上至下拉出如图 2-137 所示的径向渐变。

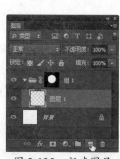

图 2-135　新建图层

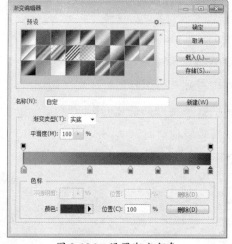

图 2-136　设置渐变颜色

图 2-137　渐变填充

⑦ 在【组 1】中新建【图层 2】，选择【椭圆选框工具】，绘制如图 2-138 所示的椭圆。

⑧ 选择【选择】|【反向】命令，或按 Ctrl+Shift+I 组合键反选选区，再按 Shift+F6 组合键，弹出【羽化选区】对话框，输入【羽化半径】值 30，如图 2-139 所示。

⑨ 设置【前景色】为#a12905，选择【编辑】|【填充】命令，填充效果如图 2-140 所示。

⑩ 在【组 1】中新建【图层 3】，选择【椭圆选框工具】，绘制如图 2-141 所示的椭圆。

图 2-138　绘制椭圆

图 2-139　设置羽化半径

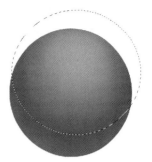
图 2-140　填充效果

⑪　选择【选择】|【反向】命令，或按 Ctrl+Shift+I 组合键反选选区，再按 Shift+F6 组合键，弹出【羽化选区】对话框，输入【羽化半径】值 50，如图 2-142 所示。

⑫　设置【前景色】为#2f0901，选择【编辑】|【填充】命令，填充效果如图 2-143 所示。

图 2-141　绘制椭圆

图 2-142　设置羽化半径

图 2-143　填充效果

⑬　在【组 1】中新建【图层 4】，选择【椭圆选框工具】，绘制如图 2-144 所示的椭圆。

⑭　双击【图层 4】的缩览图，弹出【图层样式】对话框，选中【渐变叠加】复选框，设置渐变颜色，如图 2-145 所示。

⑮　单击【确定】按钮，渐变叠加效果如图 2-146 所示，【图层】面板如图 2-147 所示。

图 2-144　绘制椭圆

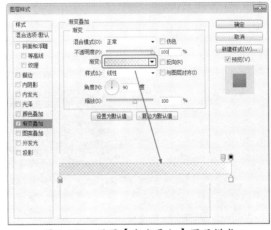
图 2-145　设置【渐变叠加】图层样式

图 2-146　【渐变叠加】图层样式效果

⑯　选择【文件】|【打开】命令，打开本例素材文件，如图 2-148 所示。

⑰　在工具箱中选择【魔棒工具】，选中图像中的小点，如图 2-149 所示。

图 2-147 【图层】面板

图 2-148 素材文件

图 2-149 选中小点

⑱ 使用工具箱中的【移动工具】，将创建的选区拖入篮球文档，如图 2-150 所示。

⑲ 按 Ctrl+T 组合键添加自由变形框，调整图像的大小和位置，在【图层】面板中设置【不透明度】值为 30%，效果如图 2-151 所示。在【图层】面板中设置【混合模式】为【叠加】，如图 2-152 所示。

图 2-150 拖入选区

图 2-151 设置大小及不透明度的效果

图 2-152 【叠加】混合模式效果

图 2-153 属性栏

⑳ 新建【图层 6】，在工具箱中选择【钢笔工具】，在属性栏中选择【形状】选项，设置【描边】宽度为 55 点，如图 2-153 所示。

㉑ 绘制如图 2-154 所示的形状。如果不能一次绘制到位，可以通过变形操作进行调整。

㉒ 新建图层，用同样的方法绘制其余的条纹，如图 2-155 所示。

㉓ 选中【形状 1】至【形状 4】图层，将其合并，如图 2-156 所示。

图 2-154 绘制第一条条纹

图 2-155 绘制完成的条纹

图 2-155 绘制完成的条纹

图 2-156 合并图层

㉔ 双击【形状 4】图层，弹出【图层样式】对话框，选中【外发光】复选框，具体设置如图 2-157 所示。

㉕ 使用【椭圆选框工具】 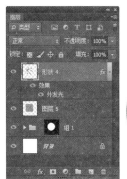，在每个图层上调整条纹边缘，使其看上去有凹凸感。至此，篮球的制作就完成了，最终效果如图 2-158 所示。

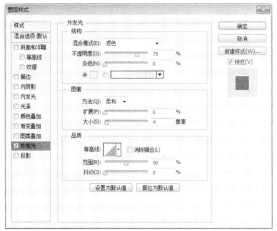

图 2-157　设置【外发光】图层样式

图 2-158　最终效果图

2.2.4　透明材质

透明材质的透射率极高，如果表面光滑平整，人们便可以直接透过其本身看到后面的物体；如果产品是曲面形态，那么由于折射现象在曲面转折的地方会扭曲后面物体的影像。因此如果透明材质产品的形态过于复杂，光线在其中的折射也就会捉摸不定，因此透明材质既是一种富有表现力的材质，又是一种表现难度较高的材质。表现时仍然要从材质的本质属性入手，反射、折射和环境背景是表现透明材质的关键，将这 3 个要素有机地结合在一起就能表现出晶莹剔透的效果。

透明材质有一个极为重要的特点——遵循菲涅耳原理（Fresnel），这个原理主要阐述了折射、反射和视线与透明体平面之间的夹角，物体的法线与视线的夹角越大，物体表面出现反射的情况就越强烈。相信读者都有这样的经验，当站在一堵无色玻璃幕墙前时，直视墙体能够不费力地看清墙后面的事物，而当视线与墙体法线的夹角逐渐增大时，要看清墙后面的事物就变得越来越不容易，反射现象越来越强烈了，周围环境也清晰可辨，如图 2-159 所示。

透明材质在产品设计领域有着广泛的应用，由于它们具有既能反光又能透光的作用，所以经过透明件修饰的产品往往具有很强的生命力和冷静的美，人们也常常将它们与钻石、水晶等透明而珍贵的宝石联系起来，因此对于提升产品档次也起到了一定的作用，如图 2-160 所示。无论是电话按键、冰箱把手，还是玻璃器皿等，大多是透明材质。

玻璃、透明亚克力这类材料通常光洁度较高，亮部会形成明亮的高光区域，而投影也由于受到透射的光线影响而变得比较通透，甚至会产生"焦散"效果——在投影区域出现一个透射光线汇聚成的亮点。要表现这类材质，比较常用的布光方式是以底光、顶光或逆光为主，而背景多以白色和黑色为主。白色背景不仅可以很好地体现出透明材质的晶莹剔透，也非常便于进行后期处理；而黑色背景则可以使主体给人一种深沉、高贵、冷峻的感觉，苹果系列产品是运用白色和黑色塑造产品性格的典范，如图 2-161 所示。

图 2-159　玻璃的菲涅耳效应　　　　　　　　图 2-160　透明材质的应用效果

此类材质虽然光影变化复杂，但仍然有规律可以遵循。

第一，此类材质反射性强，亮部存在反射与眩光，因此不易看清内部结构，而暗部反射较少，可以看清内部结构及其后面的环境。

第二，表现透明材质的产品应当先从暗部入手，表现其内部结构、背景色彩及反射的环境，然后再表现亮部的高光和暗部的反光，以突出其形体结构和轮廓。

第三，材料较厚或表现透明的侧面时，应注意此时的光线会发生反射和折射。这时应重点表现材料自身的反射及环境色。

第四，大多数无色透明材质呈冷色调，一般为蓝色，而透明材质的亮色和暗色均接近中间调。

遵循这几条规律，无论是手机屏幕、透明锅盖，还是各种玻璃器皿，都可以较为真实地表现透明材质产品的特点，如图 2-162 所示。

图 2-161　苹果系列产品的布光效果　　　　图 2-162　根据反射和折射规律表现的透明材质效果

图 2-163　亚克力 CD 盒效果

亚克力是英文"Acryl"的音译，学名为聚甲基丙烯酸甲酯（PMMA），也就是人们常说的有机玻璃。这是一种高度透明、无毒、无味的热塑性树脂。由于亚克力优异的光学特性，因此被广泛应用于产品设计领域，它可以用于 LCD 饰片（同时起到保护 LCD 表面的作用）、按键或透明外壳等，如图 2-163 所示。

案例 ——玻璃香水瓶包装设计

玻璃香水瓶包装设计的过程如图 2-164 所示。

图 2-164　流程图

① 打开 Photoshop，选择【文件】|【新建】命令，弹出【新建】对话框，文档大小为 600×800，【分辨率】为【300】，【颜色模式】为【RGB 颜色】，【背景内容】为【白色】，设置完成后单击【确定】按钮，如图 2-165 所示。

② 在【图层】面板中单击【新建图层】按钮 ，新建【图层 1】，如图 2-166 所示。

③ 在工具箱中选择【多边形套索工具】 ，绘制如图 2-167 所示的选区。

图 2-165　新建文档

图 2-166　新建图层

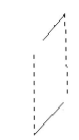

图 2-167　建立选区

④ 在工具箱中选择【渐变填充工具】 ，在属性栏中单击【点按可编辑渐变】，弹出【渐变编辑器】对话框，设置渐变颜色，如图 2-168 所示。

⑤ 单击【确定】按钮，选择【线性渐变】填充，按住 Shift 键可保持垂直填充，填充后效果如图 2-169 所示。

⑥ 新建【图层 2】，选择【多边形套索工具】 ，绘制如图 2-170 所示的选区。

图 2-168　设置渐变颜色

图 2-169　渐变填充效果

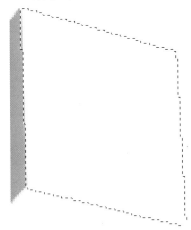

图 2-170　建立选区

⑦ 在工具箱中选择【渐变填充工具】 ，在属性栏中单击【点按可编辑渐变】，设置渐变颜色，如图 2-171 所示。

⑧ 按住 Shift 键，在选区中从上往下拉出如图 2-172 所示的渐变。

⑨ 新建【图层 3】，选择【多边形套索工具】 ，绘制如图 2-173 所示的选区。

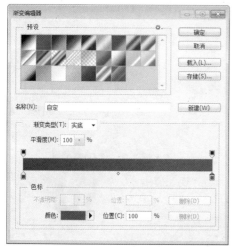

图 2-171　设置渐变颜色　　　　　图 2-172　渐变填充效果　　　　　图 2-173　建立选区

⑩　保留选区，选择【编辑】|【描边】命令，如图 2-174 所示，弹出【描边】对话框，参数
　　设置如图 2-175 所示。描边后的效果如图 2-176 所示。

图 2-174　选择【描边】命令　　　图 2-175　【描边】对话框　　　　图 2-176　描边后的效果

⑪　新建【图层 4】，选择【多边形套索工具】 ，绘制如图 2-177 所示的选区。

⑫　为绘制的选区填充颜色，设置【前景色】为#cdbdae，如图 2-178 所示。选择【编辑】|【填
　　充】命令，对选区进行填充，效果如图 2-179 所示。

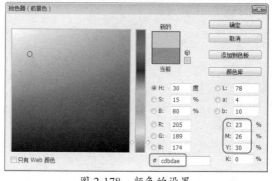

图 2-177　建立选区　　　　　　　图 2-178　颜色的设置　　　　　　图 2-179　填充选区

⑬　新建【图层 5】，选择【画笔工具】 ，在属性栏中设置画笔大小为 3 像素，调整画笔的
　　【不透明度】值为 30%，如图 2-180 所示。

⑭　将画笔颜色设置为黑色，单击确定起点，移动鼠标，按住 Shift 键在终点再单击一下，即完

成直线的绘制，如图 2-181 所示。

图 2-180　【画笔工具】的属性设置

⑮　新建【图层 6】，选择【钢笔工具】 ，绘制新路径，绘制完成后按 Ctrl+Enter 组合键将其转换为选区，如图 2-182 所示。

⑯　在工具箱中选择【渐变填充工具】 ，单击属性栏中的【点按可编辑渐变】选项，在弹出的对话框中设置渐变颜色，如图 2-183 所示。

⑰　在属性栏中单击【线性渐变】按钮 ，按住 Shift 键，对选区进行填充，效果如图 2-184 所示。

图 2-181　绘制直线　　图 2-182　建立　　　　图 2-183　设置渐变颜色　　　　图 2-184　线性渐变
　　　　　　　　　　　　　　　　新选区　　　　　　　　　　　　　　　　　　　　　　　　　　填充

⑱　新建【图层 7】，在工具箱中选择【钢笔工具】 ，绘制新路径，绘制完成后按 Ctrl+Enter 组合键将其转换为选区，如图 2-185 所示。

⑲　设置【前景色】为#414852，如图2-186 所示。选择【编辑】|【填充】命令，对所建立的选区进行填充，填充后的效果如图 2-187 所示。

⑳　新建【图层 8】，在工具箱中选择【钢笔工具】 ，绘制新路径，绘制完成后按 Ctrl+Enter 组合键将其转换为选区，如图 2-188 所示，为所建立的选区填充白色。填充后的效果如图 2-189 所示。

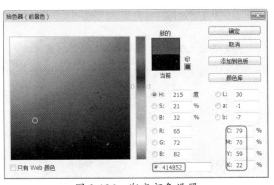

图 2-185　建立新　　　　图 2-186　渐变颜色设置　　　　　图 2-187　填充　　图 2-188　建
　　　选区　　　　　　　　　　　　　　　　　　　　　　　颜色后的效果　　　立新选区

㉑ 新建【图层 9】，在工具箱中选择【画笔工具】 🖌，适当调整画笔属性，将画笔颜色设置为#663861，如图 2-190 所示。

㉒ 按住 Ctrl 键单击【图层 7】调出选区，如图 2-191 所示。

图 2-189　填充颜色后的效果　　　　　图 2-190　设置画笔颜色　　　　　图 2-191　调出选区

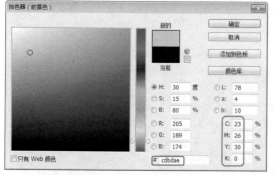

㉓ 新建【图层 10】，在工具箱中选择【画笔工具】 🖌，调整画笔工具的【不透明度】值为 30%，将画笔颜色设置为#cdbdae，如图 2-192 所示。按住 Ctrl 键单击【图层 3】调出选区，如图 2-193 所示。

㉔ 按住 Ctrl 键单击【图层 4】，调出如图 2-194 所示的选区，在工具箱中选择【橡皮工具】 🩹进行涂抹，如图 2-195 所示。

图 2-192　设置画笔颜色

图 2-193　调出选区　　　　　图 2-194　调出选区　　　　　图 2-195　涂抹效果

㉕ 新建【图层 11】，保留上述选区，在工具箱中选择【画笔工具】 🖌，将画笔颜色设置为#725742，如图 2-196 所示，效果如图 2-197 所示。

㉖ 新建【图层 12】，保留上述选区，在工具箱中选择【画笔工具】 🖌，调整画笔属性，调整画笔工具的【不透明度】值为 10%，将画笔颜色设置为#891f7e，如图 2-198 所示，效果如图 2-199 所示。

㉗ 新建【图层 13】，按住 Ctrl 键单击【图层 6】，调出如图 2-200 所示的选区。选择【编辑】|【描边】命令，弹出【描边】对话框，描边设置如图 2-201 所示。单击【确定】按钮，描边效果如图 2-202 所示。

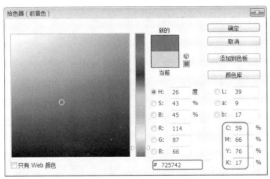

图 2-196 设置画笔颜色

图 2-197 效果图

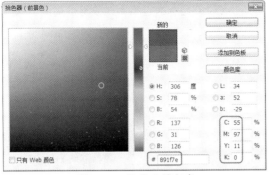

图 2-198 设置画笔颜色

图 2-199 效果图

㉘ 新建【图层 14】，保留上述选区，选择【画笔工具】 ，调整画笔属性，将【不透明度】值调整为 30%，将画笔颜色设置为黑色，效果如图 2-203 所示。

图 2-200
调出选区

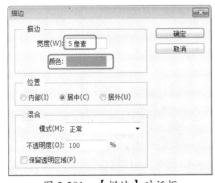

图 2-201 【描边】对话框

图 2-202 描边后的效果

图 2-203 效果图

㉙ 新建【图层 15】，选择【画笔工具】 ，调整画笔属性，将【不透明度】值调整为 90%，将画笔颜色设置白色，效果如图 2-204 所示。

㉚ 新建【图层 16】，调出最外面轮廓的选区，选择【画笔工具】 ，调整画笔属性，将【不透明度】值调整为 10%，将画笔颜色设置为#891f7e，如图 2-205 所示，效果如图 2-206 所示。

㉛ 新建【图层 17】，选择【文字工具】 ，选择一种合适的字体，输入文字后，调整文字形状，在【选择工具】状态下，按 Ctrl+T 组合键，调出自由控制框，按住 Shift 键可将文字旋转为垂直状态，放置在瓶身上，效果如图 2-207 所示。再输入水平文字，如图 2-208 所示。整理后将所有图层合并，效果如图 2-209 所示。

图 2-204　效果图

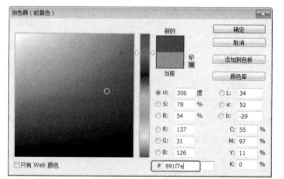

图 2-205　设置画笔颜色

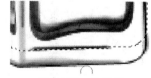

图 2-206　效果图

㉜　使用上述方法可绘制其他不同颜色不同视角的香水玻璃瓶,这里将不再赘述,最终效果如图 2-210 所示。

图 2-207　垂直放置文字

图 2-208　输入水平方向的文字

图 2-209　整理后的效果

图 2-210　最终效果图

2.2.5　半透明材质

半透明材质是比较常见的一种材质,皮肤、玉石、石蜡等都属于天然的半透明材质,而以人工合成的半透明塑料为基础制成的各式产品就更多了,如图 2-211 所示的产品等。除了半透明塑料,人们也通过雾化侵蚀的手段将透明玻璃转化为磨砂玻璃,使其表现出半透明的效果,如图 2-212 所示。

图 2-211　半透明塑料的材质效果

图 2-212　半透明磨砂玻璃的材质效果

半透明材质在三维软件中统称为 3S 材质,即次表面散射材质(Subsurface Scattering Shaders),三维软件中有一套专门的参数用来控制这种材质效果。而在二维软件中表现这类材质则比较复杂,因为相当于在透明材质的基础上增加了散射属性,所以读者一定要考虑好光线的入射效果和物体透光的情况再着手制作。具体方法：可以延用制作透明材质时所遵循的规律，适当减弱高光和反射强度，而在对待半透明材质背后的物体时，应当采取添加模糊效果（或滤镜）的方法，如图 2-213 所示。

图 2-213　半透明的 3S 效果

2.2.6　自发光材质

自发光材质是人造物所特有的一种材质，种类也比较多，就目前在电气、电子产品中的应用情况来看，主要以 LED（发光二极管）为主，兼有 VFD（真空荧光动态显示）、电致发光玻璃和各种显示屏等其他产生自发光效果的媒介。

1. LED

这种自发光技术最初仅用于产品的指示功能，随着技术的不断进步，LED 也被大量地用于产品外观的装饰领域。通过各种颜色、各种形态排列的 LED 发光体，着实为产品增色不少，如图 2-214 所示。

2. VFD

这是一种从真空电子管发展而来的自发光显示技术，它的基础特性与电子管的工作特点基本相同，通过电子激发荧光粉来得到发光的效果。由于这种技术具有多色彩显示、亮度高的特点，因此被广泛地用于家电产品、工业仪器设备领域，如图 2-215 所示。

图 2-214　LED 发光技术的应用效果　　　　　图 2-215　VFD 发光技术的应用效果

3. 电致发光玻璃

将发光材料涂抹在玻璃上，利用电致发光原理便可以得到这种特殊的自发光技术。它的优点是形式比较自由，可以根据需求在玻璃表面表现各种形状的发光效果，如图 2-216 所示。

4. 各种显示屏

LCD、QVGA、PLASMA 等显示方式已经是目前娱乐影音产品市场的主流技术，尤其是 LCD 技术已经开始见诸一些高档白色家电产品上，如图 2-217 所示。

自发光材质的表现相对于前面介绍的几种材质而言比较简单。对于单色的 LED 类型的发

图 2-216　电致发光玻璃的
应用效果

图 2-217　LED 显示
发光技术的应用效果

光体来说，只需要填充发光区域、创建图层副本及应用高斯模糊效果来模拟光晕效果就可以。要衬托出自发光的效果，在保证发光体颜色鲜艳、明度较高的同时，背景（也就是显示区域的底色）也要尽量暗下去，如图 2-218 和图 2-219 所示。

像手机、MP4 这类带有 TFT 彩屏的数码产品，远看显示画面时非常清晰，但如果离近了观察，则可以发现其实画面是由一个个微小的像素组成的，如果能在屏幕显示的同时表现出屏幕上的像素效果，那么产品的效果无疑会真实许多，如图 2-220 所示。

图 2-218　LED 交通红绿灯的应用效果　　　　图 2-219　LED 矿灯的　　图 2-220　手机彩屏画面的
　　　　　　　　　　　　　　　　　　　　　　　　　　应用效果　　　　　　　像素效果

2.3　产品视觉表现的色彩配置

在产品设计过程中，色彩的配置是非常重要的一个环节，不能依设计师个人的喜好来决定，认真研究分析使用者的需求才是最关键的。色彩配置即色彩之间的配比，不同的色彩搭配会对人产生不同的心理刺激。产品设计大致遵循如下色彩配置。

2.3.1　单色配色

在产品的色彩设计中，采用一次性注塑成型工艺的产品多用单色配色，比较经济。

通过不同颜色的变化，可以形成系列化产品，如图 2-221 至图 2-224 所示。另外，可以通过不同的纹理来丰富产品类型。

图 2-221　单色潘顿椅　　图 2-222　单色门把手　　图 2-223　单色电话　　图 2-224　单色垃圾桶

2.3.2　色相配色

色相配色可借助色相环进行配色设计。以某一主色为基准，分别向顺时针或逆时针方向旋转划分不同的区域，从而确定色相搭配的种类。色相配色主要包括同类色配色、邻近色配色、对比色配色、互补色配色、多色相配色，以及无彩色和有彩色配色等。

1. 同类色配色

这种色彩搭配主要通过改变单一色相的明度和纯度，形成色彩的层次感和秩序性。

同类色配色是一种简单又安全的配色方法，配色效果较为单纯、柔和、高雅、和谐，容易获得整体感。当运用这种配色法时，若色彩的明度和纯度相差较小，配色层次细密，易显得单调和不生动。所以，配色时适当加强色彩的明度和纯度对比，可以制造深、浅、明、暗的变化，使配色更具有条理性，如图 2-225 和图 2-226 所示。

图 2-225　牙签盒的同类色配色　　　　　　　图 2-226　沙拉盘的同类色配色

2. 邻近色配色

邻近色配色即在色相环上顺序相邻的基础色相，如黄色和绿色、红色和橙色，间隔约 60° 的同一色系内的色彩并置的配色方法。由于这种配色具有共同的色彩元素，因此比较容易达到调和的目的。配色效果鲜明、丰富、活泼，既弥补了同类色的不足，又给和谐、浪漫、雅致与明快的感觉，如图 2-227 至图 2-229 所示。

图 2-227　玩具车的邻近色配色　　　图 2-228　自行车的邻近色配色　　　图 2-229　座椅的邻近色配色

3. 对比色配色

对比色配色是在色相环上间隔约 130° 的配色方法。对比色配色的效果强烈、鲜明、华丽，如果多个纯度高的色彩搭配在一起，会让人感到炫目和刺眼，造成视觉及精神的疲劳。由于各色之间鲜明的色彩个性和强烈对比，配置时容易产生不统一感。因此，色彩要有主次之分，用改变纯度和明度的方法突出强调主体色彩，约束和限制起辅助作用的色彩，如图 2-230 所示。

4. 互补色配色

互补色配色是位于色相环直径两端呈 180° 相对的色彩搭配，是最强的色相对比关系，具有刺激、饱满、活泼、生动、华丽、鲜艳夺目的配色效果。由于互补色的性质相反，若色彩之间对比过强会产生幼稚、原始和粗俗之感。因此，应遵循互让的配色技巧，改变色相的明度和纯度，使一方居于强势，另一方处于弱势，如图 2-231 所示。

图 2-230　瓶塞的对比色配色

图 2-231　碗碟滤水器的互补色配色

5. 无彩色和有彩色配色

在色彩搭配中，缺乏强烈色彩个性的无彩色（黑、白、灰）跟任何一种或一组色彩搭配都很容易调和。无彩色还可用作颜色与颜色之间的缓冲色，解决色彩之间不协调的问题。无彩色在产品上的应用非常广泛。

（1）无彩色之间的配色。

黑、白、灰之间因无色相、纯度之分，仅存在明度上的差别，因而两色并置，容易调和，如图 2-232 所示。

（2）无彩色与有彩色的配色。

黑、白、灰（银）与所有有彩色并置，相对来说比较容易调和。在产品的色彩设计中，该类调和是运用最多的一种配色方式。在使用低纯度色彩与无彩色搭配时，应使各色明度有所差别，以避免产生苍白无力感，如图 2-233 和图 2-234 所示。

图 2-232　无彩色配色的小家电

图 2-233　灰色和橘色配色的
小家电

图 2-234　灰色和有彩色配色的
厨房用品

2.3.3　纯度配色

纯度配色既可以体现在单一色相中不同纯度色彩的并列中，也体现在不同色相的对比中。纯度配色大致分为三种情况，即高纯度配色、中等纯度配色和低纯度配色。

1. 明度配色

每一种色相均有不同的明暗度，明度对产品的配色来说十分重要。当颜色与颜色不协调时，通过降低或提升一方的明度，便可达到一种较理想的配色效果。明度配色表现在色调和明度差两个方面。

将明度从黑到白等分为 9 个阶段，明度在 1 至 3 阶段内称为低明度，具有厚重、稳定、严肃、沉静、刚毅的特质；明度在 4 至 6 阶段内的为中明度，具有庄重、高雅、端庄、古典的的特质；明度在 7 至 9 阶段内的为高明度，具有明亮、柔软、轻盈、妩媚的特质，如图 2-235 所示。

在给产品配色时，设计师可以通过以下几个技法进行配色：明度差与色相差应在配色时成反比关系，当明度差小时，把色相差拉大，才能达到活泼、悦目的效果；明度差与纯度差应在配色时成反比关系，当明度差小时，安排色彩把纯度差拉大，才能达到均衡、协调的视觉效果；而明度差与面积差应在配色时成正比关系，当明度差大时，安排配色的面积差别也要拉大，当明度差小时，安排配色的面积差别宜拉小，以达到协调的视觉效果。

2. 半透明的配色

半透明的配色可削弱高纯度的色彩产生的刺激性，具有清爽、明快的色彩视觉效果，在产品配色上比较容易和其他色彩调和，如图 2-236 和图 2-237 所示。

图 2-235　从左至右分别为中明度、高明度和低明度配色　　图 2-236　半透明的配色效果 1　　图 2-237　半透明的配色效果 2

3. 修整配色

（1）当几种色彩对比过于强烈时，可同时改变这些色彩的纯度或明度进行调和，如图 2-238 和图 2-239 所示。

图 2-238　同时改变色彩纯度的产品配色效果 1　　　图 2-239　同时改变色彩纯度的产品配色效果 2

（2）当色彩对比过于强烈时，改变这些色彩的面积大小，达到调和的效果，如图 2-240 和图 2-241 所示。

图 2-240　不同面积的头灯色彩效果　　　　　图 2-241　不同面积的衣架色彩效果

（3）当几种色彩对比过于强烈或过于单调时，加入缓冲带，削弱色彩的对比或丰富色彩，如图 2-242 和图 2-243 所示。

图 2-242　用明亮的缓冲带丰富产品的色彩 1　　　　图 2-243　用明亮的缓冲带丰富产品的色彩 2

（3）当色彩过于单调时，可以通过细节进行点缀，来丰富产品的色彩效果，如图 2-244 和图 2-245 所示。

图 2-244　用显示屏和按键点缀产品　　　　图 2-245　用彩色密封圈来点缀产品

03

Photoshop 产品效果图制作

前一章介绍了Photoshop在产品质感制作及色彩搭配上的技巧，本章以一个完整的产品效果图制作案例，详细介绍工业产品效果图的制作流程。

☑ 案例介绍

☑ 绘制线稿外框及填充色彩

☑ 喇叭的制作

☑ 底座的制作

☑ 唱片及唱针的制作

扫码看视频

Photoshop

3.1　案例介绍

下面以怀旧留声机效果图的制作为例，详细讲解利用 Photoshop 打造工业设计效果图光影的方法与步骤。怀旧留声机效果图制作流程如图 3-1 所示。

图 3-1　怀旧留声机效果图制作流程

3.2　绘制线稿外框及填充色彩

线框只是一个大致的外形轮廓，需要经过仔细的修整才能得到想要的形状。当然，也可以打开源文件夹中的线框文件直接进行色彩填充。

案例　——绘制线稿外框

① 启动 Photoshop，选择【文件】|【新建】命令，打开【新建】对话框，在弹出的对话框中设置【宽度】为 10cm、【高度】为 10cm、【分辨率】为 350 像素/英寸，设置完成后，单击【确定】按钮，新建一个图像文件，如图 3-2 所示。

② 单击【画笔工具】按钮，在属性栏中设置柔角为 30、大小为 9 像素，然后在画面中绘制留声机喇叭轮廓，如图 3-3 所示。继续在画面中绘制喇叭细节，如图 3-4 所示。

③ 单击【画笔工具】按钮，在画面下方绘制底座盒子的形状，如图 3-5 所示。设置【图层 1】的【不透明度】值为 30%，如图 3-6 所示，图像整体变淡，效果如图 3-7 所示。

图 3-2　新建文件　　　　　　　图 3-3　绘制喇叭轮廓　　　　图 3-4　绘制喇叭细节

图 3-5　绘制底座盒子形状　　　　图 3-6　设置不透明度　　　　图 3-7　设置不透明度的效果

案例 ——整体色块填充

① 单击【钢笔工具】按钮，沿着线稿在画面中的适当位置绘制喇叭路径，如图 3-8 所示。

② 设置【前景色】为黑色，新建图层组【组 1】，重命名为【喇叭】，并在组内新建【图层 2】，如图 3-9 所示。

③ 设置【前景色】为黑色，单击【路径】面板上的【用前景色填充路径】按钮，如图 3-10 所示。

图 3-8　绘制喇叭路径　　　　图 3-9　新建图层组和图层　　　　图 3-10　填充路径

④ 给路径填充颜色后，单击【路径】面板上的灰色区域取消路径，如图 3-11 所示。

⑤ 单击【钢笔工具】按钮，继续在画面中绘制喇叭管的路径，如图 3-12 所示。

⑥ 在【喇叭】组内新建【图层 3】，如图 3-13 所示。

⑦ 单击【路径】面板上的【用前景色填充路径】按钮，如图 3-14 所示，给路径填充颜色，完成后单击【路径】面板上的灰色区域取消路径，如图 3-15 所示。

⑧ 新建图层组【组 2】，重命名为【底座】，并在组内新建【图层 4】，如图 3-16 所示。

⑨ 单击【钢笔工具】按钮，在画面中绘制底座的正面部分，如图 3-17 所示。

图 3-11　填充喇叭路径的效果

图 3-12　绘制喇叭管路径

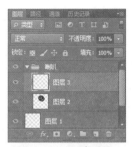

图 3-13　新建图层

图 3-14　填充路径

图 3-15　填充喇叭管路径的效果

图 3-16　新建图层组和图层

⑩　设置【前景色】为深棕色（C71/M80/Y96/K61），单击【路径】面板上的【用前景色填充路径】按钮 ⊙，如图 3-18 所示。

⑪　给路径填充颜色后，单击【路径】面板上的灰色区域取消路径，如图 3-19 所示。

图 3-17　绘制底座正面

图 3-18　填充路径

图 3-19　填充底座正面路径的效果

⑫　单击【钢笔工具】按钮 ◊，在画面中绘制底座侧面部分的路径，如图 3-20 所示。

⑬　设置【前景色】为浅棕色（C67/M82/Y91/K58），单击【路径】面板上的【用前景色填充路径】按钮 ⊙，给路径填充颜色，完成后单击【路径】面板上的灰色区域取消路径，如图 3-21 所示。

⑭　单击【钢笔工具】按钮 ◊，在画面中绘制底座上面部分的路径，如图 3-22 所示。

图 3-20　绘制底座侧面部分的路径

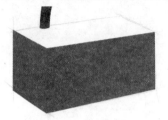

图 3-21　底座侧面部分路径的填充效果

图 3-22　绘制底座上面部分的路径

⑮　单击【路径】面板上的【用前景色填充路径】按钮 ⊙，给路径填充颜色，完成后单击【路径】面板上的灰色区域取消路径，如图 3-23 所示。

⑯ 选择【图层 1】，将线稿图层拖至垃圾桶按钮上将其删除，显示出干净的画面色块效果，如图 3-24 所示。

⑰ 选择【背景】图层，设置【前景色】为紫色（C65/M66/Y30/K0），按下 Alt+Delete 组合键填充图层，如图 3-25 所示。

图 3-23　底座上面部分路径的填充效果　　图 3-24　删除底图线稿的效果　　图 3-25　填充背景

3.3　喇叭的制作

喇叭的制作包括喇叭色彩的配置与质感的表现。

案例——**色彩配置**

① 选择【喇叭】图层组中的【图层 2】，单击【魔术棒工具】按钮，选择喇叭图案的其中一瓣，如图 3-26 所示。

② 按下 Ctrl+J 组合键，复制选区图案生成【图层 5】，如图 3-27 所示。

③ 双击【图层 5】，在弹出的【图层样式】对话框中选中【渐变叠加】复选框，然后在弹出的对话框中设置渐变颜色及各项参数，如图 3-28 所示。

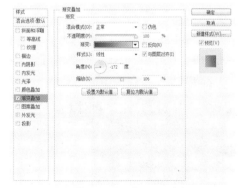

图 3-26　选取喇叭局部 1　　图 3-27　生成【图层 5】　　图 3-28　【渐变叠加】图层样式设置 1

④ 单击【确定】按钮，【渐变叠加】图层样式效果如图 3-29 所示。

⑤ 再次选择【喇叭】图层组中的【图层 2】，单击【魔术棒工具】按钮，选择喇叭图案的另一瓣，如图 3-30 所示。

⑥ 按下 Ctrl+J 组合键，复制选区图案生成【图层 6】，如图 3-31 所示。

图 3-29 【渐变叠加】图层样式效果 1　　图 3-30 选取喇叭局部 2　　图 3-31 生成【图层 6】

⑦ 双击【图层 6】，在弹出的【图层样式】对话框中选中【渐变叠加】复选框，然后在弹出的对话框中设置渐变颜色及各项参数，如图 3-32 所示。

⑧ 单击【确定】按钮，效果如图 3-33 所示。

> 💡 要点提示
>
> 因为渐变填充的色块相同，也可直接运用复制和粘贴图层样式的方法，仅需细微调整渐变填充的角度和大小即可，操作更加简单、快捷。

⑨ 使用相同的方法，不断地复制喇叭色块图层，生成新的图层，如图 3-34 所示。

图 3-32 【渐变叠加】图层样式设置 2　　图 3-33 【渐变叠加】图层样式效果 2　　图 3-34 生成新图层

⑩ 然后添加图层样式，注意让喇叭色块的渐变走向更加真实，效果如图 3-35 所示。

⑪ 新建图层组【组 1】，重命名为【喇叭管】，将【图层 2】拖至【喇叭管】图层组内，并置于【喇叭】图层组的下方，如图 3-36 所示。在【喇叭管】图层组上新建【图层 14】，单击【画笔工具】 按钮，设置【前景色】为黑色，在画面中绘制喇叭的缝隙，如图 3-37 所示。

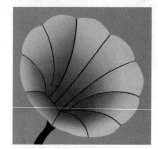

图 3-35 【渐变叠加】图层样式效果 3　　图 3-36 新建图层组　　图 3-37 绘制喇叭缝隙

⑫ 在【图层 5】上方新建【图层 16】，单击【椭圆选框工具】按钮 ⬭，在画面中创建椭圆选区，如图 3-38 所示。

⑬ 在选区上单击鼠标右键，并在弹出的快捷菜单中选择【羽化】命令，弹出【羽化】对话框，设置【羽化半径】为 20 像素，单击【确定】按钮，效果如图 3-39 所示。

⑭ 设置【前景色】为黑色，按下 Alt+Delete 组合键填充图层，完成后按下 Ctrl+D 组合键取消选区，如图 3-40 所示。

图 3-38 创建椭圆选区

图 3-39 羽化选区的效果

图 3-40 填充黑色

⑮ 按下 Ctrl+T 组合键对黑色色块进行自由变换处理，完成后按下 Enter 键确定，效果如图 3-41 所示。

⑯ 单击【图层】面板上的【添加矢量蒙版】按钮 ⬭，生成新的蒙版，如图 3-42 所示。单击【画笔工具】按钮 ✎，设置【前景色】为黑色，在蒙版内适当涂抹，擦除喇叭左侧的部分色块，效果如图 3-43 所示。

图 3-41 处理黑色色块

图 3-42 创建蒙版

图 3-43 去除多余色块

⑰ 选择【喇叭】图层组，按下 Ctrl+E 组合键进行合并，生成名称为【喇叭】的图层，再新建【组 1】，再次命名为【喇叭】，将图层【喇叭】和【图层 14】拖入组内，如图 3-44 所示。

案例 ——质感表现

① 选择【喇叭】图层，单击【减淡工具】按钮 🔍，在画面中的适当位置涂抹，绘制反光，如图 3-45 所示。

> 💡 **要点提示**
> 当绘制的物体比较繁杂，图层分类比较多时，适当运用图层组进行管理，可以使画面的绘制更系统，便于查找所需要的图层，因此图层组的建立和重命名必不可少。

② 按下 Ctrl 键单击【喇叭】图层的缩览图，将图像载入选区，如图 3-46 所示。

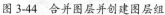

图 3-44　合并图层并创建图层组　　　　图 3-45　绘制反光　　　　　　图 3-46　载入选区

③ 新建【图层 15】，设置【前景色】为淡黄色（C5/M11/Y20/K0），单击【画笔工具】按钮 ，在喇叭边缘绘制黄色描边，完成后按下 Ctrl+D 组合键取消选区，如图 3-47 所示。

> 💡 要点提示
>
> 　　在进行图像绘制时，如果只通过鼠标进行绘制，难度系数会增加。手绘板的应用将使图像绘制更得心应手，其特有的压感效果，以及传统绘制的操作方式，可以让图像效果更加出彩。学习如何正确使用手绘板，也是一门新的课程。

④ 新建【图层 16】，设置【前景色】为棕色（C59/M81/Y100/K46），单击【画笔工具】按钮 ，在喇叭内侧适当绘制，如图 3-48 所示。新建【图层】17，设置【前景色】为淡黄色（C11/M14/Y31/K0），单击【画笔工具】按钮 ，在喇叭外侧适当绘制，如图 3-49 所示。

图 3-47　绘制描边　　　　　　图 3-48　绘制喇叭深色部位　　　　图 3-49　绘制喇叭亮部

⑤ 新建【图层 18】，设置【前景色】为白色，单击【画笔工具】按钮 ，在喇叭内侧绘制高光，如图 3-50 所示。

⑥ 设置【图层 18】的【不透明度】值为 64%，减淡高光，如图 3-51 所示。

⑦ 按下 Ctrl 键单击【喇叭】图层的缩览图，将图像载入选区，如图 3-52 所示。

图 3-50　绘制喇叭高光　　　　　图 3-51　减淡高光　　　　　　图 3-52　载入选区

⑧ 新建【图层 19】，设置【前景色】为白色，单击【画笔工具】按钮，在喇叭边缘绘制白色高光，完成后按下 Ctrl+D 组合键取消选区，如图 3-53 所示。

⑨ 新建【图层 20】，设置【前景色】为淡黄色（C4/M11/Y22/K0），单击【画笔工具】按钮，在喇叭外侧绘制亮部，如图 3-54 所示。

⑩ 新建【图层 21】，设置【前景色】为棕红色（C46/M69/Y100/K7），单击【画笔工具】按钮，在喇叭内侧绘制反光，如图 3-55 所示。

图 3-53　绘制白色高光　　　　图 3-54　绘制外侧亮部　　　　图 3-55　绘制内侧反光

⑪ 新建【图层 22】，设置【前景色】为黑色，单击【画笔工具】按钮，在喇叭内侧绘制暗部，如图 3-56 所示。

⑫ 新建【图层 23】，设置【前景色】为白色，单击【画笔工具】按钮，在喇叭外侧绘制高光，如图 3-57 所示。

⑬ 选择图层组【喇叭管】下的【图层 3】，按下 Ctrl 键单击【喇叭】图层的缩览图，将图像载入选区，如图 3-58 所示。

图 3-56　绘制内侧暗部　　　　图 3-57　绘制外侧高光　　　　图 3-58　载入选区

⑭ 新建【图层 23】，设置【前景色】为深棕色（C71/M83/Y98/K65），按下 Alt+Delete 组合键填充选区，如图 3-59 所示。

⑮ 设置【前景色】为淡黄色（C4/M11/Y22/K0），单击【画笔工具】按钮，在喇叭管左侧绘制亮光，如图 3-60 所示。设置【前景色】为深棕色（C71/M83/Y98/K65），单击【画笔工具】按钮，在喇叭右侧绘制反光，完成后按下 Ctrl+D 组合键取消选区，如图 3-61 所示。

> 🔆 **要点提示**
>
> 　　喇叭的绘制比较复杂，包括底色、描边层、漫反射区、反射区、暗部及高光等，绘制时仔细研究光源走向，细致地描绘出喇叭的金属质感。

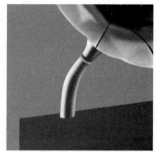

图 3-59　填充选区　　　　　　　图 3-60　载入选区　　　　　　　图 3-61　填充选区

3.4　底座的制作

怀旧留声机的底座制作包括添加上下条纹与前面的音量调节旋钮和花纹修饰。

案例——底座条纹及材质表现

① 单击【钢笔工具】按钮，沿着底座下方绘制路径，如图 3-62 所示。

② 在【图层 4】上新建【图层 24】，设置【前景色】为深棕色（C70/M82/Y98/K61），单击【画笔工具】按钮，在属性栏中设置画笔属性为硬边圆 30，设置画笔大小 10 像素，单击【路径】面板上的【描边路径】按钮，对画面进行描边，完成后单击【路径】面板的空白区域取消选区，效果如图 3-63 所示。

③ 按下 Ctrl 键单击【图层 24】的缩览图，将图像载入选区，如图 3-64 所示。

图 3-62　绘制路径 1　　　　　　图 3-63　描边路径 1　　　　　　图 3-64　载入选区 1

④ 设置【前景色】为浅棕色（C36/M64/Y82/K1），单击【画笔工具】按钮，在线条边缘绘制浅棕色亮光，完成后按下 Ctrl+D 组合键取消选区，如图 3-65 所示。

⑤ 复制【图层 24】，生成【图层 24 副本】，如图 3-66 所示。单击【移动工具】按钮，将复制的图层水平向上拖动，如图 3-67 所示。

⑥ 单击【图层】面板上的【添加矢量蒙版】按钮，生成新的蒙版，如图 3-68 所示。

⑦ 单击【画笔工具】按钮，设置【前景色】为黑色，在蒙版内抹除线条的两端，效果如图 3-69 所示。

⑧ 使用相同的方法，复制【图层 24 副本】，生成【图层 24 副本 2】，如图 3-70 所示。

图 3-65　绘制浅棕色亮光 1

图 3-66　复制图层 1

图 3-67　移动复制的图层

图 3-68　新建蒙版

图 3-69　蒙版绘制效果 1

图 3-70　复制图层 2

⑨　选择【图层 24 副本 2】的蒙版，单击【画笔工具】按钮，设置【前景色】为黑色，在蒙版内抹除线条的两端，效果如图 3-71 所示。

⑩　单击【钢笔工具】，沿着底座上方绘制路径，如图 3-72 所示。新建【图层 25】，设置【前景色】为深棕色（C70/M82/Y98/K61），单击【画笔工具】按钮，在属性栏中设置画笔属性为硬边圆 30，设置画笔大小为 10 像素，单击【路径】面板上的【描边路径】按钮，对画面进行描边，完成后单击【路径】面板的空白区域取消选区，效果如图 3-73 所示。

图 3-71　蒙版绘制效果 2

图 3-72　绘制路径 2

图 3-73　描边路径 2

⑪　按下 Ctrl 键并单击【图层 25】的缩览图，将图像载入选区，如图 3-74 所示。

⑫　设置【前景色】为浅棕色（C36/M64/Y82/K1），单击【画笔工具】按钮，在线条边缘绘制浅棕色亮光，完成后按下 Ctrl+D 组合键取消选区，如图 3-75 所示。

⑬　双击【图层 1】，在弹出的【图层样式】对话框中选中【投影】复选框，然后设置各项参数，如图 3-76 所示。

⑭　单击【确定】按钮，效果如图 3-77 所示。

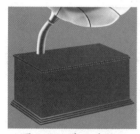

图 3-74　载入选区 2　　　　图 3-75　绘制浅棕色亮光 2　　　　图 3-76　投影设置 1

⑮ 使用相同的方法，复制【图层 25】，生成【图层 25 副本】，并清除图层样式，调整图像两端的大小及位置，如图 3-78 所示。

⑯ 继续复制【图层 25 副本】，生成【图层 25 副本 2】，调整图像两端的大小及位置，绘制时随时保证边框条有一定的弧度，如图 3-79 所示。

图 3-77　投影效果 1　　　　图 3-78　复制并调整边框　　　　图 3-79　再次复制并调整边框

⑰ 在【图层 4】上方新建【图层 26】，如图 3-80 所示。

⑱ 单击【矩形选框工具】按钮，在画面中的适当位置创建矩形选区，如图 3-81 所示。

⑲ 单击【渐变工具】按钮，在属性栏中单击【线性渐变】按钮，并在【渐变编辑器】对话框中设置各项参数，如图 3-82 所示。

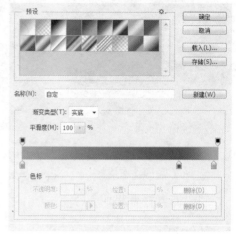

图 3-80　新建图层　　　　图 3-81　创建矩形选区　　　　图 3-82　渐变颜色设置

⑳ 然后对选区从左到右应用渐变填充，完成后按下 Ctrl+D 组合键取消选区，效果如图 3-83

所示。

㉑ 双击【图层 1】，在弹出的【图层样式】对话框中选中【投影】复选框，然后设置各项参数，如图 3-84 所示。

㉒ 单击【确定】按钮，效果如图 3-85 所示。

图 3-83 填充渐变色　　　　图 3-84 投影设置 2　　　　图 3-85 投影效果 2
并取消选区

㉓ 复制【图层 26】，生成图【层 26 副本】，按下 Ctrl+T 组合键对复制的图像进行自由变换，并拖至画面中的适当位置，如图 3-86 所示。

㉔ 按下 Ctrl 键单击【图层 26 副本】的缩览图，将图像载入选区，先后设置【前景色】为深棕色（C68/M80/Y95/K57）及浅棕色（C48/M65/Y93/K7），单击【画笔工具】按钮，在边框边缘绘制深棕色暗部和浅棕色亮光，完成后按下 Ctrl+D 组合键取消选区，如图 3-87 所示。

㉕ 使用相同的方法，复制边框，并进行自由变换处理，调整色调，完成右侧边框和左侧边框的制作，效果如图 3-88 和图 3-89 所示。

图 3-86 复制并移动图像　　　图 3-87 绘制暗部和亮光 1　　　图 3-88 制作右侧边框

㉖ 选择【底座】图层组中除【图层 4】以外的所有边框图层，按下 Ctrl+E 组合键对边框图层进行合并，并重命名为【边框】，如图 3-90 所示。

㉗ 单击【减淡工具】按钮，在合并的边框图层上绘制高光，效果如图 3-91 所示。

㉘ 按下 Ctrl+O 组合键，弹出【打开】对话框，打开素材图片，如图 3-92 所示。

㉙ 单击【移动工具】按钮，将素材拖到画面中，将新生成的【图层 24】重命名为【纹理】，

拖至【边框】图层的下层，然后调整图像位置，如图 3-93 所示。

图 3-89　制作左侧边框　　　图 3-90　合并及重命名边框图层　　　图 3-91　绘制边框高光

㉚　按下 Ctrl 键单击【图层 4】的缩览图，将图像载入选区，如图 3-94 所示。

图 3-92　打开素材图片　　　图 3-93　将素材图片拖入画面中　　　图 3-94　载入选区 3

㉛　单击【图层】面板上的【添加矢量蒙版】按钮 ，创建蒙版，效果如图 3-95 所示。

> ☀ 要点提示
>
> 在有选区的情况下，添加蒙版可以使选区外的图像被遮挡。在这种情况下，蒙版的优点在于修改方便，不会因为使用橡皮擦或执行剪切、删除操作造成不可挽回的错误。

㉜　设置【纹理】图层的【混合模式】为【叠加】、【不透明度】值为 50%，如图 3-96 所示。

㉝　完成效果如图 3-97 所示。

图 3-95　添加蒙版　　　图 3-96　混合模式及　　　图 3-97　设置混合模式和不透明度
　　　　　　　　　　　　　不透明度设置 1　　　　　　　　的效果 1

㉞　在【边框】图层上新建图层，命名为【光泽】。

㉟　按下 Ctrl 键单击【图层 4】的缩览图，将图像载入选区，单击【渐变工具】按钮 ，在属性栏中单击【线性渐变】按钮，设置【前景色】为棕黄色（C31/M38/Y55/K0），然后对选区从左下到右上应用渐变填充，完成后按下 Ctrl+D 组合键取消选区，效果如图 3-98 所示。

㊱　设置【光泽】图层的【混合模式】为【线性光】、【不透明度】值为 50%，如图 3-99 所示，完成效果如图 3-100 所示。

图 3-98　应用渐变填充　　图 3-99　混合模式及不透明度设置 2　图 3-100　设置混合模式及不透明度效果 2

案例——制作音量调节旋转及花纹效果

① 新建图层，将其命名为【图案】，单击【钢笔工具】按钮 ，在画面中的适当位置绘制路径，如图 3-101 所示。

② 设置【前景色】为棕色（C59/M71/Y91/K29），单击【路径】面板上的【用前景色填充路径】按钮 ，对路径进行填充，完成后单击【路径】面板上的灰色区域取消路径，如图 3-102 所示。

③ 双击【图案】图层，在弹出的【图层样式】对话框中分别选中【斜面和浮雕】、【等高线】和【投影】复选框，然后分别设置各项参数，如图3-103、图 3-104 和图 3-105 所示。单击【确定】按钮，效果如图 3-106 所示。

  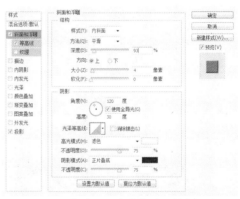

图 3-101　绘制路径　　　　图 3-102　填充路径 1　　　　图 3-103　【斜面和浮雕】图层样式设置 1

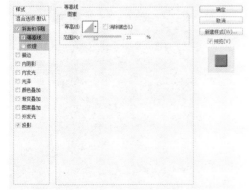 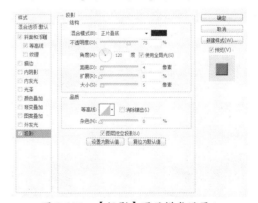

图 3-104　【等高线】图层样式设置 1　　　　图 3-105　【投影】图层样式设置 1

④ 新建图层，将其命名为【金属】，单击【钢笔工具】按钮 ，在画面中的适当位置绘制路径，如图 3-107 所示。

⑤ 设置【前景色】为土黄色（C52/M51/Y74/K2），单击【路径】面板上的【用前景色填充路径】按钮 ，对路径进行填充，完成后单击【路径】面板上的灰色区域取消路径，如图 3-108 所示。

图 3-106 图层样式设置效果 1

图 3-107 绘制路径 2

图 3-108 填充路径 2

⑥ 双击【图案】图层，在弹出的【图层样式】对话框中分别选中【斜面和浮雕】、【等高线】和【投影】复选框，然后分别设置各项参数，如图3-109、图 3-110 和图 3-111 所示。单击【确定】按钮，效果如图 3-112 所示。

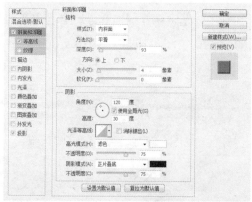
图 3-109 【斜面和浮雕】图层样式设置 2

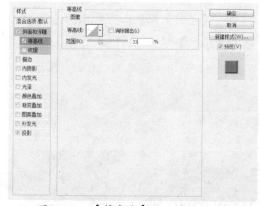
图 3-110 【等高线】图层样式设置 2

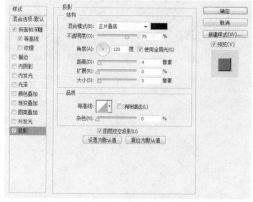
图 3-111 【投影】图层样式设置 2

图 3-112 图层样式设置效果 2

⑦ 复制【金属】图层，生成【金属副本】图层，选择【滤镜】|【杂色】|【添加杂色】命令，在弹出的【添加杂色】对话框中保持默认设置，如图 3-113 所示。

⑧ 设置完成后，单击【确定】按钮，效果如图 3-114 所示。

⑨ 设置【光泽】图层的【混合模式】为【浅色】，如图 3-115 所示。

图 3-113　添加杂色设置　　　　图 3-114　添加杂色效果　　　　图 3-115　设置混合模式

⑩ 完成效果如图 3-116 所示。

⑪ 新建图层，将其命名为【半圆】，单击【钢笔工具】按钮 ，在画面中的适当位置绘制路径，完成后按下 Ctrl+Delete 组合键将路径转换为选区，如图 3-117 所示。

⑫ 设置【前景色】为淡黄色（C52/M51/Y74/K2），按下 Alt+Delete 组合键填充选区，完成后按下 Ctrl+D 组合键取消选区，如图 3-118 所示。

图 3-116　混合模式效果　　　　图 3-117　创建选区 1　　　　图 3-118　填充选区 1

⑬ 双击【图案】图层，在弹出的【图层样式】对话框中分别选中【斜面和浮雕】和【投影】复选框，然后分别设置各项参数，如图 3-119 和图 3-120 所示。单击【确定】按钮，效果如图 3-121 所示。

⑭ 按下 Ctrl＋O 组合键，弹出【打开】对话框，打开素材图片，如图 3-122 所示。

⑮ 单击【移动工具】按钮 ，将素材拖动到画面中，将新生成的【图层 24】重命名为【刻度】，然后调整图像位置，并进行自由变换处理，如图 3-123 所示。

⑯ 新建图层，命名为【按钮】，单击【钢笔工具】按钮 ，在画面中的适当位置绘制路径，完成后按下 Ctrl+Delete 组合键转换为选区，如图 3-124 所示。

⑰ 设置【前景色】为棕色（C68/M74/Y85/K48），按下 Alt+Delete 组合键填充选区，如图 3-125 所示。

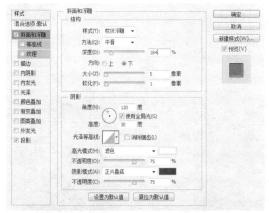

图 3-119 【斜面和浮雕】图层样式设置 3

图 3-120 【投影】图层样式设置 3

图 3-121 图层样式设置效果 3

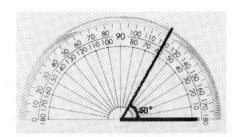

图 3-122 打开素材图片

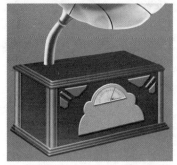

图 3-123 调整素材的位置和形状

图 3-124 创建选区 2

图 3-125 填充选区 2

⑱ 先后设置【前景色】为黄色（C13/M22/Y26/K0）及棕黄色（C63/M65/Y100/K28），单击【画笔工具】按钮 ，在按钮上适当绘制亮部及反光，完成后按下 Ctrl+D 组合键取消选区，如图 3-126 和图 3-127 所示。

⑲ 双击【按钮】图层，在弹出的【图层样式】对话框中选中【投影】复选框，然后设置各项参数，如图 3-128 所示。

⑳ 单击【确定】按钮，效果如图 3-129 所示。

㉑ 新建图层，将其命名为【按钮红色】，单击【钢笔工具】按钮 ，在画面中的适当位置绘制路径，如图 3-130 所示。

㉒ 设置【前景色】为红色（C52/M51/Y74/K2），单击【路径】面板上的【用前景色填充路径】按钮 ，对路径进行填充，完成后单击【路径】面板上的灰色区域取消路径，如图 3-131 所示。

图 3-126 绘制亮部

图 3-127 绘制反光

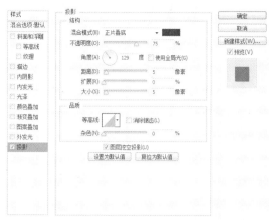

图 3-128 【投影】图层样式设置 4

图 3-129 投影效果

图 3-130 绘制路径 3

图 3-131 填充路径 3

㉓ 双击【按钮红色】图层，在弹出的【图层样式】对话框中分别选中【斜面和浮雕】、【等高线】和【内阴影】复选框，然后分别设置各项参数，如图 3-132、图 3-133 和图 3-134 所示，单击【确定】按钮，效果如图 3-135 所示。

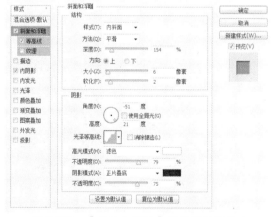

图 3-132 【斜面和浮雕】图层样式设置 4

图 3-133 【等高线】图层样式设置 3

㉔ 按下 Shift 键选择【按钮】和【按钮红色】图层，复制这两个图层，如图 3-136 所示。

㉕ 单击【移动工具】按钮 ，将复制图层中的图像拖至画面中的适当位置，如图 3-137 所示。

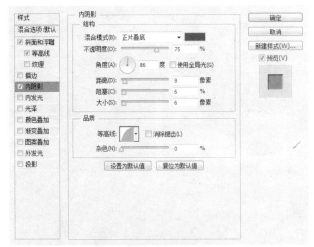

图 3-134 【内阴影】设置

图 3-135 图层样式设置效果 4

图 3-136 复制两个图层

图 3-137 调整旋钮位置

3.5 唱片及唱针的制作

案例——制作唱片

① 新建图层组，将其重命名为【唱片唱针】，置于图层组【喇叭管】的上层。新建图层，将其命名为【唱片】，如图 3-138 所示。

② 选择【椭圆选框工具】 ，在画面中创建选区，如图 3-139 所示。

③ 在选区上单击鼠标右键，在弹出的快捷菜单中选择【变换选区】命令，如图 3-140 所示。

④ 然后利用自由变换控制框进行旋转，如图 3-141 所示。

⑤ 完成后按下 Enter 键确定，效果如图 3-142 所示。

⑥ 设置【前景色】为黑色，按下 Alt+Delete 组合键填充选区，如图 3-143 所示。

⑦ 复制【唱片】图层，生成【唱片副本】图层，设置【前景色】为棕色（C50/M66/Y94/K10），按下 Alt+Delete 组合键填充选区，完成后按下 Ctrl+D 组合键取消选区，如图 3-144 所示。

图 3-138　新建图层

图 3-139　创建选区

图 3-140　选择【变换选区】命令

图 3-141　旋转选区

图 3-142　选区变换效果

图 3-143　填充选区

⑧ 将【唱片副本】图层拖至【唱片】图层的下层，如图 3-145 所示。

⑨ 按下 Ctrl+T 组合键将【唱片副本】图层中的图像适当拉大，并拖至画面中的适当位置，完成后按下 Enter 键确定，如图 3-146 所示。

图 3-144　复制并填充选区

图 3-145　调整图层位置

图 3-146　放大图像并移动图像

⑩ 双击【按钮】图层，在弹出的【图层样式】对话框中选中【投影】复选框，然后设置各项参数，如图 3-147 所示。

⑪ 单击【确定】按钮，效果如图 3-148 所示。

⑫ 复制【唱片】图层，生成【唱片副本 2】图层，按下 Ctrl 键单击【唱片副本 2】图层的缩览图，将图像载入选区。设置【前景色】为棕色（C50/M66/Y94/K10），按下 Alt+Delete 组合键填充选区，完成后按下 Ctrl+D 组合键取消选区，如图 3-149 所示。

⑬ 将【唱片副本 2】图层置于【唱片】图层的下层，按下 Ctrl+T 组合键将【唱片副本】图层中的图像适当缩小，并拖至画面中的适当位置，完成后按下 Enter 键确定，如图 3-150 所示。

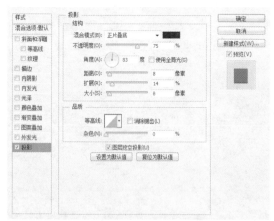

图 3-147　【投影】图层样式设置　　　图 3-148　投影效果　　　图 3-149　填充选区

⑭ 使用相同的方法，复制【唱片副本 2】图层，生成【唱片副本 3】图层，更改复制图层的颜色为黑色，如图 3-151 所示。

⑮ 按下 Ctrl+T 组合键将【唱片副本】图层中的图像适当缩小，并拖至画面中的适当位置，完成后按下 Enter 键确定，如图 3-152 所示。

图 3-150　缩小图像并移动图像　　　图 3-151　更改图层颜色　　　图 3-152　缩小图像并移动图像

⑯ 新建【图层 25】，单击【钢笔工具】按钮，在画面中的适当位置绘制路径，如图 3-153 所示。

⑰ 设置【前景色】为棕色（C53/M61/Y78/K7），单击【路径】面板上的【用前景色填充路径】按钮，对路径进行填充，完成后单击【路径】面板上的灰色区域取消路径，如图 3-154 所示。

⑱ 单击【画笔工具】按钮，设置【前景色】为白色，然后在画面中绘制高光，如图 3-155 所示。

图 3-153　绘制路径 1　　　图 3-154　填充路径　　　图 3-155　绘制高光

⑲ 单击【钢笔工具】按钮，在画面中的适当位置绘制路径，如图 3-156 所示。

⑳　按下 Ctrl+Delete 组合键将路径转换为选区，如图 3-157 所示。

㉑　设置【前景色】为白色，新建【图层 26】，单击【渐变工具】按钮 ，并单击属性栏中的
　　【线性渐变】按钮，然后从左到右对选区应用渐变填充，完成后按下 Ctrl+D 组合键取消选
　　区，如图 3-158 所示。

图 3-156　绘制路径 2　　　　　图 3-157　将路径转换为选区　　　　图 3-158　填充线性渐变

㉒　设置【图层 26】的【不透明度】值为 38%，高光变得透明，效果如图 3-159 所示。

㉓　复制【喇叭管】图层组，生成【喇叭管副本】图层，并将其拖至【唱片唱针】图层的上层，
　　按下 Ctrl+E 组合键合并图层，如图 3-160 所示。

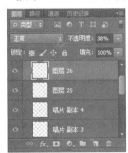  

图 3-159　不透明度设置 1　　　　　　　图 3-160　复制、合并图层并调整图层位置

㉔　按下 Ctrl+T 组合键，在自由变换控制框上单击鼠标右键，选择右键快捷菜单中的【垂直翻
　　转】命令，然后将图像拖至画面中的适当位置，按下 Enter 键确定，效果如图 3-161 所示。

㉕　设置【喇叭管副本】图层的【不透明度】值为 40%，如图 3-162 所示。

㉖　图像变得透明，效果如图 3-163 所示。

图 3-161　垂直翻转图层　　　　图 3-162　不透明度设置 2　　　　图 3-163　不透明度效果

㉗　打开【唱片唱针】图层组，按下 Ctrl 键单击【唱片】图层的缩览图，将图像载入选区，如
　　图 3-164 所示。

㉘ 选择【喇叭管副本】图层，单击【图层】面板上的【添加矢量蒙版】按钮 ◻，创建蒙版，效果如图 3-165 所示。

㉙ 将【喇叭管副本】图层拖至【唱片唱针】图层组内，使其置于最上层，新建【图层 27】，按下 Ctrl 键单击【唱片】图层的缩览图，将图像载入选区，如图 3-166 所示。

图 3-164 载入选区 1

图 3-165 蒙版效果

图 3-166 载入选区 2

㉚ 单击【画笔工具】按钮 ✎，设置【前景色】为棕红色（C52/M67/Y95/K14），在属性栏中设置画笔属性为平滑，设置画笔大小为 150 像素，然后在画面中绘制色块，完成后按下 Ctrl+D 组合键取消选区，如图 3-167 所示。

㉛ 设置【喇叭管副本】图层的【不透明度】值为 53%，如图 3-168 所示。

㉜ 图像变得透明，效果如图 3-169 所示。

图 3-167 绘制色块

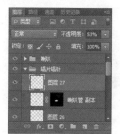
图 3-168 不透明度设置

图 3-169 降低不透明度的效果

案例 ——制作唱针

① 单击【钢笔工具】按钮 ✐，在画面中的适当位置绘制路径，如图 3-170 所示。

② 完成后按下 Ctrl+Delete 组合键将路径转换为选区，如图 3-171 所示。

③ 新建【图层 28】，设置【前景色】为黑色，按下 Alt+Delete 组合键填充选区，然后设置【前景色】为棕红色（C29/M60/Y92/K0），单击【画笔工具】按钮 ✎，在图像局部绘制亮部，如图 3-172 所示。

④ 设置【前景色】为淡黄色（C23/M26/Y33/K0），在图像局部绘制厚度，完成后按下 Ctrl+D 组合键取消选区，如图 3-173 所示。

⑤ 单击【钢笔工具】按钮 ✐，在画面中的适当位置绘制路径，完成后按下 Ctrl+Delete 组合键将路径转换为选区，如图 3-174 所示。

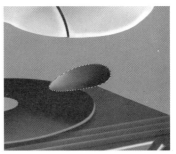

图 3-170　绘制路径　　　　图 3-171　将路径转换为选区　　　图 3-172　填充底色并绘制亮部

⑥　新建【图层 29】，单击【画笔工具】按钮 ，适当设置暗部、亮部、高光的色调后进行绘制，完成后按下 Ctrl+D 组合键取消选区，效果如图 3-175 所示。

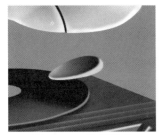
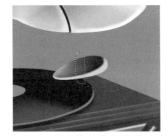

图 3-173　绘制厚度　　　图 3-174　绘制路径并将其转换为选区 1　　　图 3-175　色彩绘制 1

⑦　单击【钢笔工具】按钮 ，在画面中的适当位置绘制路径，完成后按下 Ctrl+Delete 组合键将路径转换为选区，如图 3-176 所示。

⑧　新建【图层 30】，将其置于【图层 28】的下层，设置【前景色】为棕色（C68/M82/Y100/K60），按下 Alt+Delete 组合键填充选区，完成后按下 Ctrl+D 组合键取消选区，效果如图 3-177 所示。

⑨　单击【钢笔工具】按钮 ，在画面中的适当位置绘制路径，完成后按下 Ctrl+Delete 组合键将路径转换为选区，如图 3-178 所示。

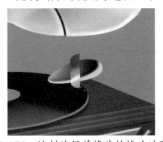

图 3-176　绘制路径并将其转换为选区 2　　图 3-177　填充选区　　图 3-178　绘制路径并将其转换为选区 3

⑩　新建【图层 31】，单击【画笔工具】按钮 ，适当设置暗部、亮部、高光的色调后进行绘制，完成后按下 Ctrl+D 组合键取消选区，效果如图 3-179 所示。

⑪　单击【钢笔工具】按钮 ，在画面中的适当位置绘制路径，完成后按下 Ctrl+Delete 组合键将路径转换为选区，如图 3-180 所示。

⑫　新建【图层 32】，将其置于【图层 27】的上层，单击【画笔工具】按钮 ，适当设置暗部、亮部、高光的色调进行绘制，完成后按下 Ctrl+D 组合键取消选区，效果如图 3-181 所示。

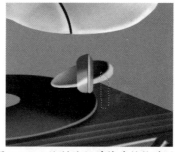
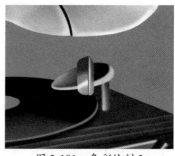

图 3-179　色彩绘制 2　　　　图 3-180　绘制路径并将其转换选区 4　　　　图 3-181　色彩绘制 3

⑬ 新建【图层 33】，单击【钢笔工具】按钮 ✍，在画面中的适当位置绘制路径，如图 3-182 所示。设置【前景色】为黑色，单击【路径】面板上的【用前景色填充路径】按钮 ⬤，对路径进行填充，完成后单击【路径】面板上的灰色区域取消路径，如图 3-183 所示。

⑭ 复制【图层 33】，生成【图层 33 副本】图层，按下 Ctrl 键单击生成的【图层 33 副本】的缩览图，将图像载入选区。设置【前景色】为棕色（C50/M66/Y94/K10），按下 Alt+Delete 组合键填充选区，完成后按下 Ctrl+D 组合键取消选区，如图 3-184 所示。

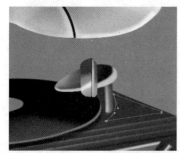
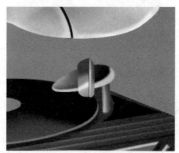
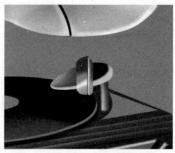

图 3-182　绘制路径　　　　　　图 3-183　填充路径　　　　　　图 3-184　填充选区 1

⑮ 将【图层 33 副本】图层拖至【图层 33】的下层，并拖至画面中的适当位置，完成后按下 Enter 键确定，如图 3-185 所示。

⑯ 双击【图层 33 副本】图层，在弹出的【图层样式】对话框中选中【投影】复选框，然后设置各项参数，如图 3-186 所示，单击【确定】按钮，效果如图 3-187 所示。

⑰ 单击【多边形套索工具】按钮 ✶，在画面中的适当位置创建选区，如图 3-188 所示。

⑱ 新建【图层 34】，单击【渐变工具】按钮 ▭，并单击属性栏中的【线性渐变】按钮，设置【前景色】为白色，然后对选区从上到下应用渐变填充，完成后按下 Ctrl+D 组合键取消选区，如图 3-189 所示。

⑲ 按下 Ctrl 键单击【图层 33 副本】图层的缩览图，将图像载入选区，如图 3-190 所示。

⑳ 单击【图层】面板上的【添加矢量蒙版】按钮 ▣，为图层添加蒙版，如图 3-191 所示。

㉑ 设置【图层 34】的【不透明度】值为 38%，如图 3-192 所示，图像整体变淡，效果如图 3-193 所示。

㉒ 新建【图层 35】，单击【多边形套索工具】按钮 ✶，在画面中的适当位置创建选区，如图 3-194 所示。

㉓ 设置【前景色】为黑色，按下 Alt+Delete 组合键填充选区，效果如图 3-195 所示。

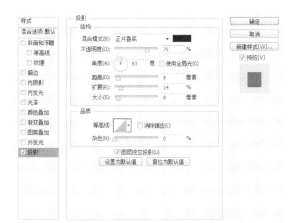

图 3-185 调整图层位置并	图 3-186 【投影】图层样式设置	图 3-187 投影效果
移动图像		

  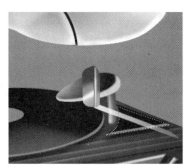

图 3-188 创建选区 1	图 3-189 渐变填充	图 3-190 载入选区

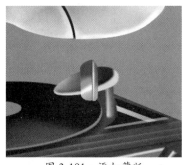  

图 3-191 添加蒙版	图 3-192 设置不透明度	图 3-193 降低不透明度的效果

㉔ 复制【图层 25】,生成【图层 25 副本】图层,将其拖至画面中的适当位置,如图 3-196 所示。

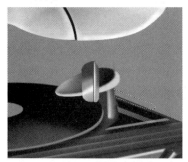  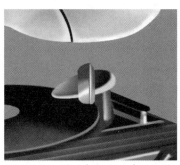

图 3-194 创建选区 2	图 3-195 填充选区 2	图 3-196 移动复制图层中的图像

㉕ 按下 Ctrl+T 组合键对图像进行自由变换，将图像进行旋转
并缩小，效果如图 3-197 所示。

图 3-197　旋转并缩小图像

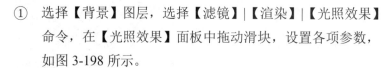

案例　——制作背景

① 选择【背景】图层，选择【滤镜】|【渲染】|【光照效果】
命令，在【光照效果】面板中拖动滑块，设置各项参数，
如图 3-198 所示。

② 设置完成后，按下 Enter 键确定，效果如图 3-199 所示。

③ 按下 Ctrl+M 组合键，弹出【曲线】对话框，在弹出的对话框中拖动线条，调整图像效果，
如图 3-200 所示。

图 3-198　光照效果设置

图 3-199　光照效果

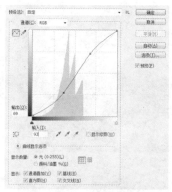
图 3-200　调整曲线 1

④ 完成后效果如图 3-201 所示。

⑤ 单击【钢笔工具】按钮 ，在画面下方绘制弧线路径，如图 3-202 所示。

⑥ 按下 Ctrl+Enter 组合键将路径转换为选区，如图 3-203 所示。

图 3-201　曲线调整效果

图 3-202　绘制路径

图 3-203　将路径转换为选区

⑦ 按下 Ctrl+J 组合键复制选区，生成【图层 36】，如图 3-204 所示。

⑧ 单击【减淡工具】按钮 ，在复制的图像上方适当涂抹，对图像进行减淡处理，如图 3-205
所示。

⑨ 单击【图层】面板上的【创建新的填充或调整图层】按钮 ，在弹出的菜单中选择【曲
线】命令，并在弹出的面板中拖动曲线，调整图像效果，如图 3-206 所示。

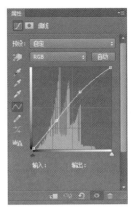

图 3-204　复制选区生成新图层　　　　图 3-205　减淡处理　　　　　图 3-206　调整曲线 2

⑩　调整完成后，效果如图 3-207 所示。

☀ 要点提示

　　色彩绘制的根本是对细节的描绘，但也不是说细节做得越多就越好，重要的是在开始制作前就计划好想要什么样的效果，注意色彩的对比与协调，最终画面既有完整的统一，又有可以品味的细节就可以了。

⑪　选择【背景】图层，单击【图层】面板上的【创建新的填充或调整图层】按钮 ◑.，在弹出的菜单中选择【曲线】命令，自动在【背景】图层上方生成调整图层，在弹出的面板中拖动线条，调整图像效果，如图 3-208 所示，调整完成后，效果如图 3-209 所示。

图 3-207　调整曲线后的效果　　　　图 3-208　调整曲线 3　　　　图 3-209　调整曲线后的效果

⑫　选择【背景】图层，如图 3-210 所示。

⑬　单击【减淡工具】按钮 ●，在背景图像中间适当涂抹，对图像进行减淡处理，如图 3-211 所示。

⑭　按下 Shift 键选择【底座】、【喇叭管】、【唱片唱针】和【喇叭】图层组，如图 3-212 所示。

⑮　复制这 4 个图层，按下 Ctrl+E 组合键合并图层，生成新的【喇叭副本】图层，重命名为【倒影】，并拖至【底座】图层组的下方，如图 3-213 所示。

⑯　按下 Ctrl+T 组合键，在显示的自由变换控制框上单击鼠标右键，并在弹出的快捷菜单中选择【垂直翻转】命令，完成后按下 Enter 键确定，如图 3-214 所示。

⑰　单击【移动工具】按钮 ✛，将图像向下拖动，如图 3-215 所示。

⑱　单击【涂抹工具】按钮 ✎，将复制的图像从下向上垂直涂抹，如图 3-216 所示。

图 3-210　选择【背景】图层

图 3-211　减淡处理

图 3-212　选择图层

图 3-213　复制、合并图层并重命名图层

图 3-214　垂直翻转处理

图 3-215　向下拖动图像

⑲　复制【倒影】图层，生成【倒影副本】图层，隐藏【倒影】图层，单击【图层】面板上的【添加矢量蒙版】按钮 █，为图层添加蒙版，设置【前景色】为黑色，在蒙版内涂抹，效果如图 3-217 所示。

⑳　显示【倒影】图层，设置其【不透明度】值为 20%，如图 3-218 所示。

图 3-216　倒影涂抹

图 3-217　涂抹蒙版

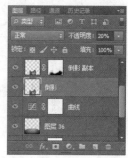

图 3-218　不透明度设置

㉑　完成后效果如图 3-219 所示。至此，留声机效果图制作完成。

图 3-219　完成效果

💡 小贴士

　　任何软件的快捷键不需要大家死记硬背，多制作一些作品，增加练习时间，慢慢就记住了。

04

Rhino 玩具产品造型设计

    本章主要介绍如何使用 Rhino 6.0 软件进行产品造型设计，并以两个典型的玩具产品的造型设计为例，详解 Rhino 6.0 的功能及造型技巧。

项目分解

☑ Rhino 6.0 工作界面

☑ 案例——"多啦 A 梦"机器猫存钱罐造型设计

☑ 案例——恐龙玩具造型设计

扫码看视频

4.1　Rhino 6.0 工作界面

Rhino 6.0 是一款基于 NURBS 开发的功能强大的高级建模软件，较之前的版本新增 Grasshopper 参数化插件、自动连续实时预览功能、渲染实体功能等。Rhino 软件也就是三维设计师们所说的犀牛软件。

打开 Rhino 6.0，将看到它的工作界面大致由菜单栏、指令监视区、指令输入区、工具列群组、边栏工具列、辅助工具列、状态栏及 4 个视图（顶视图、前视图、右视图、透视图）构成，如图 4-1 所示。

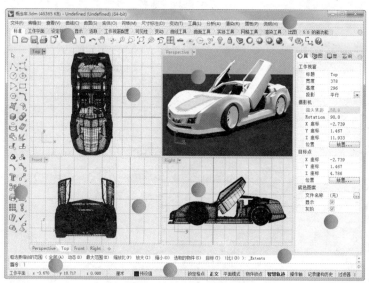

图 4-1　Rhino 6.0 工作界面

1. 菜单栏

菜单栏是一种文本命令，与图标命令方式不同，它囊括了各种各样的文本命令与帮助信息，用户在操作过程中可以直接通过选择相应的菜单命令来执行相应的操作。

2. 指令监视区

指令监视区监视各种指令的选择状态，并以文本的形式显示出来。

3. 指令输入区

指令输入区接受各种文本指令的输入，提供命令参数设置。指令监视区与指令输入区并称为指令提示行，在使用工具或指令时，提示行中会做出相应的更新。

4. 工具列群组

工具列群组集合了一些常用命令，以图标的形式提供给用户，从而提高工作效率。用户可以添加工具列或者移除工具列。

5. 边栏工具列（简称"边栏"）

在边栏工具列中列出了常用建模指令，包括点、曲线、网格、曲面、布尔运算、实体及其他变动指令。

6. 辅助工具列

辅助工具列的功能类似于其他软件中的控制面板，在选取视图中的物体时，可以查看它们的属性，分配各自的图层，以及在使用相关指令或工具的时候可以查看该指令或工具的帮助信息。

7. 透视图

以立体方式展现正在构建的三维对象，展现方式有线框模式、着色模式等，用户可以在此视图中旋转三维对象，从各个角度观察正在创建的对象。

8. 正交视图

Top 视图、Right 视图、Front 视图这三个正交视图，分别从不同的角度展现正在构建的对象，方便用户合理地布置要创建模型的方位，通过这些正交视图用户可以更好地完成较为精确的建模。另外，需要注意的是，这些视图在工作区域的排列不是固定不变的。还可以添加更多的视图，比如后视图、底视图、左视图等。

> **💡 技术要点**
>
> 透视图和 3 个正交视图组合成了"工作视图"。

9. 状态栏

状态栏主要用于显示某些信息或控制某些项目，这些项目有工作平面坐标信息、工作图层、锁定格点、物件锁点、智慧轨迹、记录构建历史等。

4.2　案例——"多啦 A 梦"机器猫存钱罐造型设计

"多啦 A 梦"机器猫存钱罐模型的主体是由几个曲面组合而成的。在主体面上，添加一些卡通模块，这些细节能够使整个模型更加丰富、更为生动。

在整个模型的创建过程中采用了以下基本方法和要点：

- 创建球体并通过调整曲面的形状，创建机器猫头部曲面。
- 通过双轨扫掠命令创建机器猫下部分主体曲面。
- 添加机器猫的手臂、腿部等细节。
- 在机器猫的头部曲面添加眼睛、鼻子、嘴部等细节。
- 在机器猫下部分曲面创建凸起曲面，为存钱罐创建存钱口，最终完成整个模型的创建。完成的机器猫模型如图 4-2 所示。

图 4-2   "多啦 A 梦"机器猫存钱罐模型

4.2.1   创建主体曲面

① 新建 Rhino 文件。

② 在菜单栏中选择【实体】|【球体】|【中心点、半径】命令，在 Right 正交视图中，以坐标轴原点为球心，创建一个球体，如图 4-3 所示。

③ 显示球体的控制点，调整球体的形状，它将作为机器猫的头部，如图 4-4 所示。

④ 在菜单栏中选择【变动】|【缩放】|【三轴缩放】命令，在 Right 正交视图中，以坐标原点为基点，缩放图中的球体，开启提示行中的【复制（C）=是】选项，通过缩放创建另外两个球体，最大的球体为球 1，中间的为球 2，原始的球体为球 3，如图 4-5 所示。

 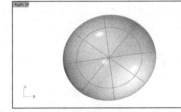 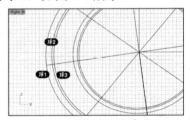

图 4-3   创建球体   图 4-4   调整球体的形状   图 4-5   通过缩放创建球体

⑤ 在菜单栏中选择【曲线】|【自由造型】|【控制点】命令，在 Front 正交视图中球体的下方创建一条控制点曲线，如图 4-6 所示。

⑥ 在菜单栏中选择【变动】|【镜像】命令，将新创建的曲线在 Front 正交视图中以垂直坐标轴为镜像轴，创建控制点曲线镜像副本，如图 4-7 所示。

⑦ 在菜单栏中选择【曲线】|【圆】|【中心点、半径】命令，在 Top 正交视图中，以坐标原点为圆心，调整半径大小，创建一条圆形曲线，如图 4-8 所示（为了方便观察，图中隐藏了球 1 和球 2）。

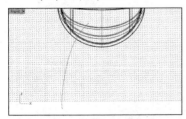 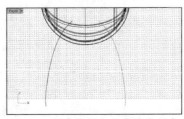 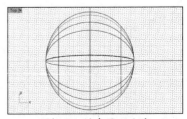

图 4-6   创建控制点曲线   图 4-7   创建控制点曲线镜像副本   图 4-8   创建圆形曲线

⑧　在 Front 正交视图中，将圆形曲线垂直向下移动到图中的位置，方便接下来的选取，并给图中的几条曲线编号，如图 4-9 所示。

⑨　在菜单栏中选择【曲面】|【双轨扫掠】命令，依次选取曲线 1、曲线 2、曲线 3，单击鼠标右键确定，创建一块扫掠曲面，如图 4-10 所示。

⑩　隐藏图中的曲线，在菜单栏中选择【曲线】|【从物件建立曲线】|【交集】命令，选取图中的曲面，单击鼠标右键确定，在曲面的相交处创建 3 条曲线，如图 4-11 所示。

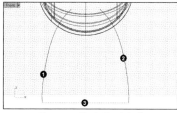
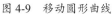

图 4-9　移动圆形曲线

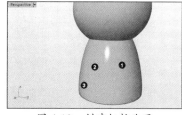

图 4-10　创建扫掠曲面

图 4-11　创建 3 条曲线

⑪　在菜单栏中选择【编辑】|【修剪】命令，使用刚刚创建的交集曲线修剪曲面，修剪曲面之间相交的部分，如图 4-12 所示。

⑫　在菜单栏中选择【曲线】|【自由造型】|【控制点】命令，在 Right 正交视图中创建一条控制点曲线，如图 4-13 所示。

⑬　在菜单栏中选择【编辑】|【分割】命令，以新创建的控制点曲线为基准，在 Right 正交视图中对球 1、球 2、球 3 进行分割，随后隐藏曲线，如图 4-14 所示。

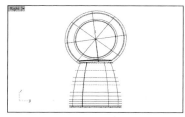

图 4-12　修剪曲面

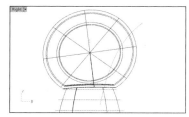

图 4-13　创建一条控制点曲线

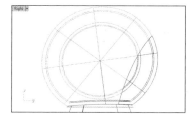

图 4-14　分割曲面

⑭　在 Right 正交视图中，删除分割后的球 1 的左侧和球 3 的右侧，结果如图 4-15 所示。

⑮　在菜单栏中选择【曲面】|【混接曲面】命令，在球 3 与球 2 右侧部分的缝隙处创建混接曲面，随后在菜单栏中选择【编辑】|【组合】命令，将它们组合到一起，如图 4-16 所示。

⑯　用同样的方法，在菜单栏中选择【曲面】|【混接曲面】命令，在球 2、球 3 左侧部分的缝隙处创建混接曲面，随后将它们组合在一起，如图 4-17 所示。

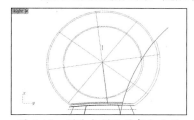

图 4-15　删除分割后的部分曲面

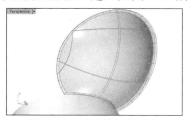

图 4-16　混接并组合曲面

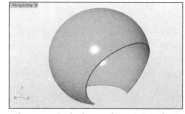

图 4-17　组合球 2、球 3 的左侧部分

⑰　在菜单栏中选择【曲线】|【自由造型】|【控制点】命令，在 Top 正交视图的右侧，创建

一条控制点曲线，然后在菜单栏中选择【变动】|【旋转】命令，在 Front 正交视图中将其旋转一定的角度，如图 4-18 所示。

⑱ 再次在菜单栏中选择【曲线】|【自由造型】|【控制点】命令，在 Front 正交视图中创建一条控制点曲线，如图 4-19 所示。

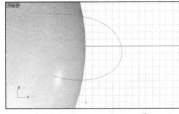
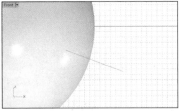
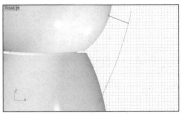

图 4-18　旋转曲线　　　　　　　　　　　　　　　图 4-19　创建控制点曲线

⑲ 在菜单栏中选择【曲面】|【单轨扫掠】命令，选取图中的曲线 1 和曲线 2，单击鼠标右键确定，创建一块扫掠曲面，如图 4-20 所示。

⑳ 隐藏（或删除）图中的曲线。在菜单栏中选择【实体】|【球体】命令，在 Top 正交视图中创建一个球体，如图 4-21 所示。

㉑ 显示球体的控制点，调整球体的形状，使其与扫掠曲面以及机器猫头部曲面相交，如图 4-22 所示。

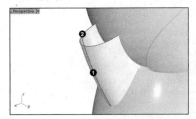

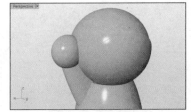

图 4-20　创建扫掠曲面　　　　　图 4-21　创建球体　　　　　图 4-22　调整球体

㉒ 在菜单栏中选择【变动】|【镜像】命令，选取小球体以及扫掠曲面，单击鼠标右键确定，在 Front 正交视图中，以垂直坐标轴为镜像轴，创建它们的镜像副本，如图 4-23 所示。

㉓ 在菜单栏中选择【实体】|【圆管】命令，选取图中的边缘 A，单击鼠标右键确定。在透视图中，通过移动鼠标调整圆管半径的大小，并单击鼠标右键确定。最后按 Enter 键完成圆管曲面的创建，以便封闭上下两曲面间的缝隙，如图 4-24 所示。

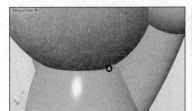

图 4-23　创建镜像副本　　　　　　　　　　　图 4-24　创建圆管曲面

㉔ 在菜单栏中选择【曲线】|【自由造型】|【控制点】命令，在 Top 正交视图中创建一条控制点曲线，如图 4-25 所示。

㉕ 在视图中单击鼠标右键，重复选择【控制点】命令，在 Front 正交视图中创建另一条控制

点曲线，如图 4-26 所示。

㉖ 在 Top 正交视图中调整（移动和旋转）断面曲线的位置，并将其旋转一定的角度，结果如图 4-27 所示。

图 4-25 创建控制点曲线

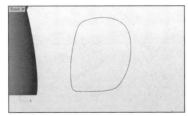
图 4-26 创建断面曲线

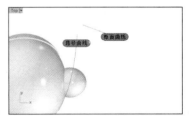
图 4-27 调整断面曲线的位置

㉗ 在菜单栏中选择【曲面】|【单轨扫掠】命令，在透视图中依次选取路径曲线、断面曲线，单击鼠标右键确定，创建扫掠曲面，如图 4-28 所示。

㉘ 在 Top 以及 Front 正交视图中调整扫掠曲面的位置，使其与机器猫的身体相交，如图 4-29 所示。

㉙ 在菜单栏中选择【曲线】|【自由造型】|【控制点】命令，在 Right 正交视图中创建一条控制点曲线。如图 4-30 所示。

图 4-28 创建扫掠曲面

图 4-29 调整扫掠曲面的位置

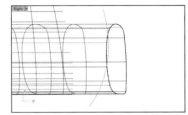
图 4-30 创建控制点曲线

㉚ 在 Top 正交视图中，将新建的控制点曲线复制两份，并移动到不同的位置，然后在菜单栏中选择【变动】|【旋转】命令，将其旋转一定的角度，如图 4-31 所示。

㉛ 在菜单栏中选择【曲面】|【放样】命令，依次选取创建的 3 条控制点曲线，单击鼠标右键确定，创建放样曲面，如图 4-32 所示。

㉜ 在菜单栏中选择【编辑】|【修剪】命令，修剪放样曲面与扫掠曲面，最终效果如图 4-33 所示。

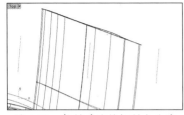
图 4-31 复制并旋转控制点曲线

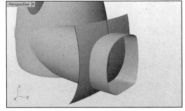
图 4-32 创建放样曲面

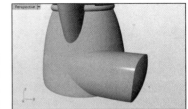
图 4-33 修剪曲面

㉝ 在菜单栏中选择【曲线】|【自由造型】|【控制点】命令，在 Top 正交视图中创建一条控制点曲线，如图 4-34 所示。

㉞ 在菜单栏中选择【曲线】|【从物件建立曲线】|【投影】命令，在 Top 正交视图中，将新创建的控制点曲线投影到腿部曲面（扫掠曲面）上，如图 4-35 所示。

㉟ 在菜单栏中选择【编辑】|【重建】命令，重建投影曲线，从而减少投影曲线上的控制点，然后显示控制点，调整投影曲线的形状，最终效果如图 4-36 所示。

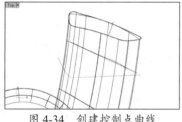

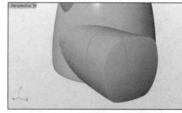
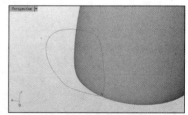

图 4-34　创建控制点曲线　　　图 4-35　创建投影曲线　　　图 4-36　调整投影曲线的形状

㊱ 在菜单栏中选择【曲线】|【从物件建立曲线】|【拉回】命令，将修改后的投影曲线拉回至腿部曲面上，如图 4-37 所示。

㊲ 在菜单栏中选择【编辑】|【分割】命令，用拉回曲线将腿部曲面分割为两部分，如图 4-38 所示。

㊳ 在菜单栏中选择【曲面】|【偏移曲面】命令，选取分割后的腿部曲面的右侧部分，单击鼠标右键确定，在提示行中调整偏移的距离，向外创建偏移曲面，如图 4-39 所示。

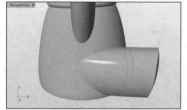
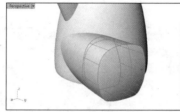
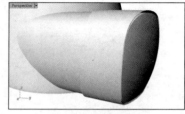

图 4-37　通过【拉回】命令拉回曲线　　　图 4-38　分割曲面　　　图 4-39　偏移曲面

㊴ 由于接下来的操作较为烦琐，为方便叙述，这里先将各曲面编号，腿部曲面左侧部分为曲面 A，右侧部分为曲面 B，偏移曲面为曲面 C，最右侧修剪后的放样曲面为曲面 D，如图 4-40 所示。

㊵ 在 Top 正交视图中，将曲面 C 沿着曲面的走向，向上稍稍移动一段距离，并暂时隐藏曲面 D，如图 4-41 所示。然后在菜单栏中选择【曲面】|【混接曲面】命令，选取曲面 C 和曲面 B 的右侧边缘，单击鼠标右键确定，设置连续类型为相切，创建混接曲面，如图 4-42 所示。

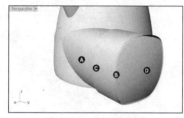
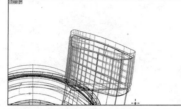
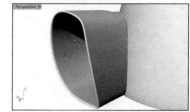

图 4-40　为曲面编号　　　图 4-41　移动曲面 C 并隐藏曲面 D　　　图 4-42　创建混接曲面

㊶ 删除曲面 B，再次在菜单栏中选择【曲面】|【混接曲面】命令，在曲面 A 的右侧边缘和曲面 C 的左侧边缘处创建混接曲面，如图 4-43 所示。

㊷ 显示隐藏的曲面 D，在菜单栏中选择【编辑】|【组合】命令，将曲面 A、曲面 C、曲面 D 以及两块混接曲面组合到一起，如图 4-44 所示。

㊸ 在菜单栏中选择【变动】|【镜像】命令，在 Top 正交视图中，将组合后的腿部曲面以垂直坐标轴为镜像轴创建一个副本，如图 4-45 所示。

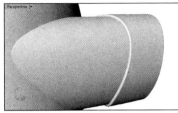

图 4-43 再次创建混接曲面

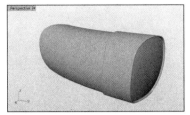

图 4-44 组合曲面

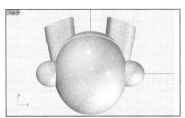

图 4-45 创建副本

㊹ 在菜单栏中选择【编辑】|【修剪】命令，修剪腿部曲面与机器猫身体曲面交叉的部分。至此，整个模型的主体曲面创建完成，在透视图中进行旋转查看，如图 4-46 所示。

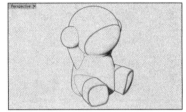

图 4-46 主体曲面创建完成

4.2.2 添加上部分细节

① 在菜单栏中选择【实体】|【椭球体】|【从中心点】命令，在 Right 正交视图中创建一个椭球体，如图 4-47 所示。

② 在菜单栏中选择【曲线】|【椭圆】|【从中心点】命令，在 Front 正交视图中创建一条椭圆形曲线，如图 4-48 所示。

③ 在菜单栏中选择【曲线】|【从物件建立曲线】命令，在 Front 正交视图中将椭圆形曲线投影到椭球体上，如图 4-49 所示。

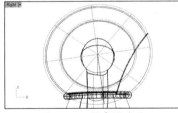

图 4-47 创建椭球体

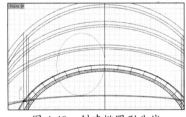

图 4-48 创建椭圆形曲线

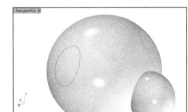

图 4-49 创建投影曲线

④ 在菜单栏中选择【编辑】|【修剪】命令，用投影曲线修剪椭球体上多余的曲面，保留一小块作为机器猫眼睛的曲面，如图 4-50 所示。

工程点拨

也可以不创建投影曲线，而是直接在 Front 正交视图中使用椭圆形曲线对椭球体进行修剪，但那样不够直观，而且容易出错。

⑤ 在菜单栏中选择【曲面】|【偏移曲面】命令，将图中的曲面偏移一段距离，创建偏移曲面，如图 4-51 所示。

⑥ 在菜单栏中选择【曲面】|【混接曲面】命令，在原始曲面与偏移曲面的边缘创建混接曲面，结果如图 4-52 所示。

图 4-50　剪切曲面

图 4-51　创建偏移曲面

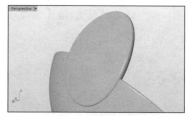
图 4-52　创建混接曲面

⑦　在菜单栏中选择【曲线】|【圆】|【中心点、半径】命令，在 Front 正交视图中创建一条圆形曲线，如图 4-53 所示。

⑧　在菜单栏中选择【编辑】|【分割】命令，在 Front 正交视图中用圆形曲线对眼睛曲面进行分割，结果如图 4-54 所示。

⑨　选取整个眼睛曲面，在菜单栏中选择【变动】|【镜像】命令，在 Front 正交视图中，创建机器猫的另一只眼睛，结果如图 4-55 所示。

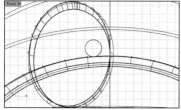
图 4-53　创建圆形曲线

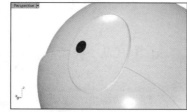
图 4-54　分割曲面

图 4-55　眼睛部分的细节创建完成

⑩　在菜单栏中选择【曲线】|【自由造型】|【控制点】命令，在 Right 正交视图中创建一条控制点曲线，作为机器猫嘴部轮廓，如图 4-56 所示。

⑪　在菜单栏中选择【曲面】|【挤出曲线】|【直线】命令，以嘴部轮廓曲线为基础创建挤出曲面，如图 4-57 所示。

⑫　在菜单栏中选择【编辑】|【修剪】命令，对机器猫脸部曲面以及刚刚创建的挤出曲面进行相互修剪，最终结果如图 4-58 所示。

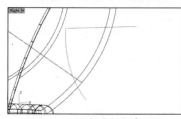
图 4-56　创建嘴部轮廓曲线

图 4-57　创建挤出曲面

图 4-58　修剪曲面

⑬　接下来创建舌头曲面，隐藏图中的所有曲面，在各个视图中创建几条曲线，如图 4-59 所示。

⑭　在菜单栏中选择【曲面】|【双轨扫掠】命令，选取曲线 1、曲线 2、曲线 3，单击鼠标右键确定，创建扫掠曲面 A，如图 4-60 所示。

⑮　用同样的方法，选取曲线 1、曲线 2、曲线 5，创建右侧的扫掠曲面 B，如图 4-61 所示。

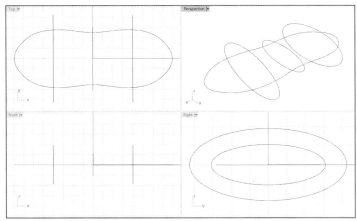

图 4-59　在各个视图中创建舌头轮廓曲线

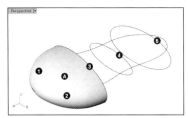

图 4-60　创建扫掠曲面 A

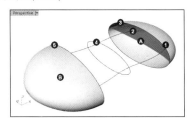

图 4-61　创建扫掠曲面 B

⑯　在菜单栏中选择【曲面】|【放样】命令，依次选取曲面 A 的边缘，以及曲线 4、曲面 B 的边缘，单击鼠标右键确定，创建放样曲面 C，如图 4-62 所示。

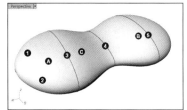

图 4-62　创建放样曲面

⑰　在菜单栏中选择【编辑】|【组合】命令，将这几个曲面组合到一起，然后将它们移动到远离机器猫主体曲面的位置，并隐藏图中的曲线，如图 4-63 所示。

⑱　在菜单栏中选择【变动】|【定位】|【曲面上】命令，选取舌头曲面，单击鼠标右键确定，在 Top 正交视图中确定它的基准点，然后单击嘴部曲面，在弹出的对话框中设置缩放比为合适的大小，确定后，在嘴部曲面放置舌头曲面，如图 4-64 所示。

⑲　在菜单栏中选择【曲线】|【自由造型】|【控制点】命令，在 Right 正交视图的右侧创建一条控制点曲线，如图 4-65 所示。

⑳　选取刚刚创建的控制点曲线，在菜单栏中选择【曲面】|【旋转】命令，在 Right 正交视图中以水平坐标轴为旋转轴，创建旋转曲面，这个曲面将作为机器猫的鼻子部件，如图 4-66 所示。

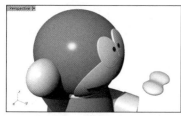
图 4-63　组合并移动曲面

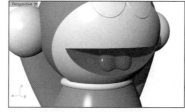
图 4-64　定位物件到曲面

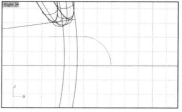
图 4-65　创建控制点曲线

㉑　在菜单栏中选择【曲线】|【直线】|【单一直线】命令，在 Front 正交视图中创建 6 条直线，如图 4-67 所示。

㉒　在菜单栏中选择【曲线】|【从物件建立曲线】|【投影】命令，在 Front 正交视图中，将 6 条直线投影到机器猫脸部曲面，从而创建出几条投影曲线，如图 4-68 所示。

图 4-66　创建旋转曲面

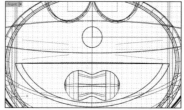
图 4-67　创建 6 条直线

图 4-68　创建投影曲线

㉓　在菜单栏中选择【实体】|【圆管】命令，利用脸部曲面上的 6 条投影曲线创建圆管曲面（圆管半径不宜过大），作为机器猫的胡须，如图 4-69 所示。

图 4-69　胡须部分创建完成

4.2.3　添加下部分细节

①　在菜单栏中选择【曲线】|【圆】|【中心点、半径】，并选择【直线】|【单一直线】命令，在 Front 正交视图中创建一组曲线，随后互相修剪，最终效果如图 4-70 所示。

②　在菜单栏中选择【曲线】|【从物件建立曲线】|【投影】命令，在 Front 正交视图中将刚刚创建的曲线投影到机器猫身体曲面上，随后在透视图中删除位于机器猫身体后侧的那条投影曲线，如图 4-71 所示。

③　将机器猫下部主体曲面复制一份，然后在菜单栏中选择【编辑】|【修剪】命令，用投影曲线修剪主体曲面的副本，仅保留一小部分曲面，如图 4-72 所示。

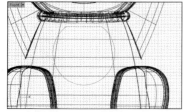
图 4-70　创建轮廓曲线

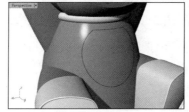
图 4-71　创建投影曲线

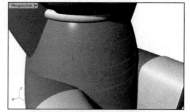
图 4-72　复制并修剪曲面

④　在菜单栏中选择【曲面】|【偏移曲面】命令，将修剪的小块曲面向外偏移一段距离，并删

除原始曲面，如图 4-73 所示。

⑤ 在菜单栏中选择【挤出曲线】|【往曲面法线】命令，以偏移曲面的边缘曲线为基础创建两块挤出曲面，随后将它们组合到一起，如图 4-74 所示。

⑥ 在菜单栏中选择【实体】|【边缘圆角】|【不等距边缘圆角】命令，为挤出曲面与偏移曲面的边缘创建圆角，如图 4-75 所示。

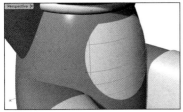
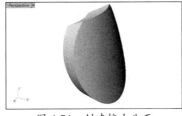

图 4-73　偏移曲面　　　　　图 4-74　创建挤出曲面　　　　　图 4-75　为边缘创建圆角

⑦ 采用类似的方法，再在偏移曲面上创建一个凸起曲面，如图 4-76 所示。

⑧ 使用椭圆工具等为机器猫添加一个铃铛挂坠，并在机器猫的后部创建一个小的球体，作为它的尾巴，如图 4-77 所示。

图 4-76　创建凸起曲面　　　　　　　图 4-77　丰富机器猫的细节

⑨ 最后在 Front 正交视图中创建一条矩形曲线，并使用这条矩形曲线对机器猫的后脑壳曲面进行修剪，创建一个缝隙。至此，整个机器猫模型创建完成，在透视图中进行旋转查看，如图 4-78 所示。

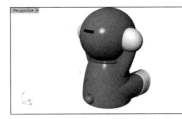

图 4-78　模型创建完成

4.3　案例——恐龙玩具造型设计

恐龙模型初看较为复杂，因为曲面的变化较为多样，很多时候需要通过调整控制点的位置来改动曲面的形状。恐龙玩具模型如图 4-79 所示。

完成整个恐龙模型的建模大致经过下面这几个步骤。

- 创建主体曲面轮廓线，并依据轮廓线创建断面轮廓线。
- 依据断面线通过放样工具的使用创建恐龙身体曲面，并通过移动控制点来进行调整。
- 创建恐龙头部曲面及头部细节。
- 创建恐龙四肢曲面及细节。
- 为整个模型曲面分配图层，模型创建完成。

图 4-79　恐龙玩具模型

4.3.1　创建恐龙主体曲面

① 新建 Rhino 模型文件。

② 创建模型之初，需要将模型的俯视图与侧视图分别导入到 Top 正交视图、Front 正交视图中，并进行对齐操作，效果如图 4-80 所示。

③ 在菜单栏中选择【曲线】|【自由造型】|【控制点】命令，在 Front 正交视图中依据背景参考图片创建两条轮廓曲线，如图 4-81 所示。

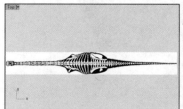
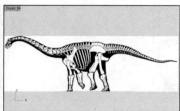
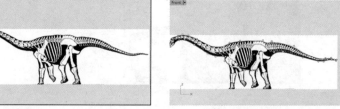

图 4-80　放置背景图片　　　　　　　　　　　　　图 4-81　创建轮廓曲线

💡 技术要点

　　在创建控制点曲线的时候，对于复杂的轮廓线，很难直接创建完成，一般都是创建出大致轮廓，在曲线变化复杂处多放置几个控制点，变化平滑处少放置几个，然后开启控制点显示，再对它们进行调整，最终创建出符合要求的曲线。

④ 再次在菜单栏中选择【曲线】|【自由造型】|【控制点】命令，在 Top 正交视图中创建一条轮廓曲线，如图 4-82 所示。

⑤ 显示新创建曲线的控制点，在 Front 正交视图中移动调整这条曲线，调整后的形状如图 4-83 所示。

⑥ 在菜单栏中选择【变动】|【镜像】命令，在 Top 正交视图中，为前面的曲线创建一个镜像副本，如图 4-84 所示。

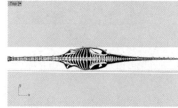

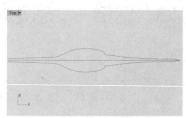

图 4-82　在 Top 正交视图中　　　　图 4-83　调整曲线形状　　　　　图 4-84　镜像曲线
　　　　　创建轮廓曲线

⑦ 在菜单栏中选择【曲线】|【断面轮廓线】命令，在透视图中依次选取图中的 4 条曲线，单击鼠标右键确定，然后在 Front 正交视图中创建一组断面曲线作为断面轮廓线，最后单击鼠标右键完成创建，如图 4-85 所示。

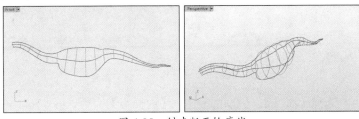

图 4-85　创建断面轮廓线

⑧ 在菜单栏中选择【曲面】|【放样】命令，在 Front 正交视图中从左至右依次选取新创建的断面曲线，然后单击提示行中的【点（P）】选项，选取右端几条曲线的端点，然后单击鼠标右键确定，在弹出的对话框中调整相关参数，最后单击【确定】按钮，完成曲面的创建（完成后选择曲面，在菜单栏中选择【编辑】|【重建】命令，可以调整曲面的 U、V 参数），如图 4-86 所示。

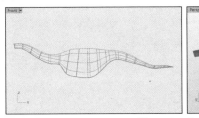
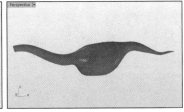

图 4-86　重建曲面

⑨ 显示曲面的控制点，在 Front 正交视图中进行调整，在调整过程中要注意主体曲面的对称协调性，并在透视图中适时地观察曲面所发生的变化，如图 4-87 所示。

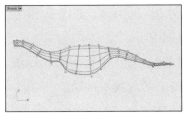

图 4-87　调整曲面

4.3.2　制作恐龙头部

① 在菜单栏中选择【曲线】|【自由造型】|【控制点】命令，在 Front 正交视图中创建两条恐龙头部轮廓曲线，如图 4-88 所示。

② 再次在菜单栏中选择【曲线】|【自由造型】|【控制点】命令，以曲线 1 的左侧端点为起点创建一条控制点曲线，并以曲线 2 的左侧端点作为这条曲线的终点。然后在各个视

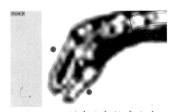

图 4-88　创建头部轮廓曲线

图中调整曲线的控制点，最终调整为如图 4-89 所示的形状。

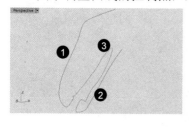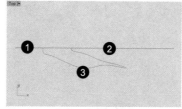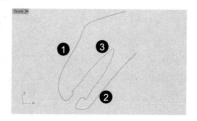

图 4-89　调整曲线形状

③　继续在菜单栏中选择【曲线】|【自由造型】|【内插点】命令，在 Front 正交视图中连接曲线 1、2 的右侧端点，单击鼠标右键确定，创建曲线 4，显示它的控制点，调整其形状，如图 4-90 所示。

④　开启状态栏处的【物件锁点】捕捉，在透视图中创建曲线 5。曲线 5 的首尾两端点分别位于曲线 3 和曲线 4 上，调整它的控制点，最终效果如图 4-91 所示。

⑤　在菜单栏中选择【编辑】|【分割】命令，利用曲线 5 对曲线 3、曲线 4 进行分割，分割为图 4-92 所示中的几段曲线。

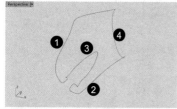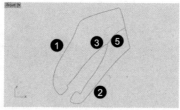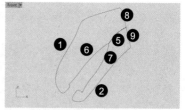

图 4-90　创建并调整曲线形状　　　　图 4-91　连接两条曲线并调整形状　　　　图 4-92　分割曲线

⑥　在菜单栏中选择【曲面】|【边缘曲线】命令，依次选取曲线 2、曲线 7、曲线 5、曲线 9，单击鼠标右键确定，创建恐龙头部下颚部分的曲面，如图 4-93 所示。

⑦　单击鼠标右键，重复选择上一步的命令，这次选取曲线 1、曲线 6、曲线 5、曲线 8，单击鼠标右键确定，创建头部上部曲面，如图 4-94 所示。

⑧　开启上部曲面的控制点，然后通过调整控制点来为曲面添加凹陷、凸出等特征，这部分较为烦琐，自主性较强。在调整控制点的过程中，通过观察透视图中的曲面所发生的变化进行适时的调整。最终效果如图 4-95 所示。

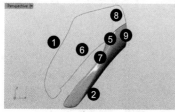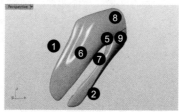

图 4-93　创建下颚曲面　　　　图 4-94　创建头部上部曲面　　　　图 4-95　调整曲面

⑨　在菜单栏中选择【变动】|【镜像】命令，选取头部的两个曲面，在 Top 正交视图中创建它们的镜像副本，完成整个头部的创建，如图 4-96 所示。

⑩　在菜单栏中选择【实体】|【球体】|【中心点，半径】命令，在 Top 正交视图中创建一个

球体，然后将其移动到如图 4-97 所示的位置，以此作为恐龙的眼球曲面。

图 4-96　创建镜像副本

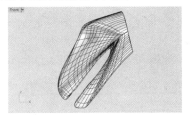

图 4-97　创建球体

⑪ 选取球体，隐藏其余的曲面。在菜单栏中选择【曲线】|【自由造型】|【控制点】命令，在 Front 正交视图中创建几条曲线，作为眼睑曲面的轮廓曲线。然后显示这些曲线的控制点，在 Right 正交视图中调整曲线的形状，如图 4-98 所示。

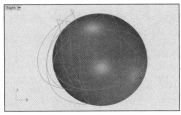

图 4-98　创建控制点曲线

⑫ 在菜单栏中选择【曲面】|【放样】命令，依次选取曲线 1、曲线 2、曲线 3，单击鼠标右键确定，在弹出的对话框中调整相关参数，最后单击【确定】按钮，完成放样曲面的创建，并在透视图中进行查看，如图 4-99 所示。

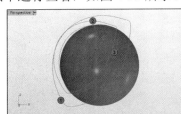
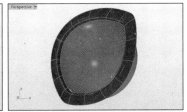

图 4-99　创建放样曲面

⑬ 显示头部曲面，在菜单栏中选择【曲线】|【自由造型】|【控制点】命令，在 Front 正交视图中创建一条曲线，如图 4-100 所示。

⑭ 在菜单栏中选择【编辑】|【修剪】命令，在 Front 正交视图中以新创建的曲线 1 剪切曲线内的头部曲面，结果如图 4-101 所示。

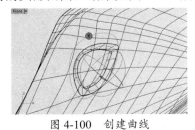

图 4-100　创建曲线

图 4-101　修剪曲面

⑮ 在菜单栏中选择【曲面】|【混接曲面】命令，然后在透视图中选取剪切曲面的边缘，以及

眼睑曲面的边缘，单击鼠标右键确定，在弹出的对话框中设置相应的参数，单击【确定】按钮，完成混接曲面的创建，如图 4-102 所示。

⑯ 对另一侧的头部曲面做相同的处理（也可删除原有的那一侧曲面，将添加完眼部细节的曲面通过镜像操作创建另一侧曲面），最终整个头部曲面的效果如图 4-103 所示。

图 4-102　创建混接曲面

图 4-103　镜像曲面

⑰ 在菜单栏中选择【曲面】|【曲面编辑工具】|【衔接】命令，依次选取两个曲面相接的边缘，单击鼠标右键确定，在弹出的对话框中设置曲面间的【连续性】为【曲率】，参照图中的设置，单击【确定】按钮，完成曲面间的衔接，如图 4-104 所示。

⑱ 在菜单栏中选择【曲线】|【从物件建立曲线】|【抽离结构线】命令，选取下颚曲面，移动鼠标，在曲面上选取一条如图 4-105 所示的结构线。

图 4-104　衔接曲面

图 4-105　抽离结构线

⑲ 在菜单栏中选择【实体】|【圆锥体】命令，在 Top 正交视图中确定圆锥体底面的大小，在 Front 正交视图中控制圆锥体的高度，最后单独显示这个圆锥体，如图 4-106 所示。

⑳ 在菜单栏中选择【编辑】|【炸开】命令，将圆锥体曲面炸开为几个单一曲面。然后在菜单栏中选择【编辑】|【重建】命令，重建圆锥曲面，使其有更多的控制点可供编辑，如图 4-107 所示。

图 4-106　创建圆锥体

图 4-107　重建圆锥体曲面

㉑ 调整圆锥面的控制点，修改为恐龙牙齿的形状，随后将整个圆锥体重新组合为一个实体，如图 4-108 所示。

㉒ 显示头部曲面，在菜单栏中选择【变动】|【移动】命令，将整个圆锥体旋转移动到抽离的结构线上（如果大小不适合，可将其进行三轴缩放），如图 4-109 所示。

㉓ 在菜单栏中选择【变动】|【阵列】|【沿着曲线】命令，将小圆锥体沿抽取的结构线进行阵列，如图 4-110 所示。

图 4-108　调整圆锥体曲面

图 4-109　移动圆锥体

图 4-110　创建阵列

㉔ 在菜单栏中选择【变动】|【镜像】命令，选取所有的牙齿曲面，在 Top 正交视图中将它们以头部中轴线为镜像轴创建牙齿曲面的副本，如图 4-111 所示。

㉕ 用同样的方法，为恐龙头部添加上侧的牙齿曲面，为了构造出牙齿的多样性，可对一些牙齿的控制点进行移动，如图 4-112 所示。

图 4-111　创建镜像副本

图 4-112　恐龙牙齿曲面创建完成

㉖ 显示恐龙的主体曲面，在菜单栏中选择【曲面】|【混接曲面】命令，选取图中的两条边缘曲线，单击鼠标右键确定，在弹出的对话框中调整混接参数，单击【确定】按钮，完成头部曲面与主体曲面的混接，如图 4-113 所示。

图 4-113　恐龙头部曲面创建完成

4.3.3　创建恐龙腿部曲面

由于 4 条腿部曲面有着相同的建模思路以及建模方法，因此这里以一条腿部曲面建模为主要讲解对象，其他的腿部曲面需要按照相同的思路和方法独立完成。

① 在菜单栏中选择【曲线】|【自由造型】|【控制点】命令，在 Front 正交视图中创建其中一条腿部轮廓曲线，如图 4-114 所示。

② 在 Right 正交视图中移动这几条曲线，显示并调整它们的控制点，最终效果如图 4-115 所示。

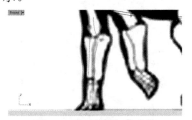
图 4-114　创建轮廓曲线

图 4-115　调整曲线的形状

③ 在菜单栏中选择【曲线】|【断面轮廓线】命令，依此选取腿部轮廓曲线 1、2、3、4，单击鼠标右键确定，在 Front 正交视图中创建几条断面轮廓曲线，如图 4-116 所示。

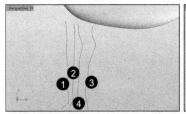
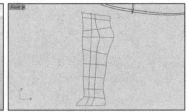
图 4-116　创建断面轮廓曲线

④ 在菜单栏中选择【曲面】|【放样】命令，依次选取图中的断面曲线，单击鼠标右键确定，在弹出的对话框中设置相关参数，单击【确定】按钮，完成腿部曲面的创建。之后，显示曲面的控制点，对曲面进行微调，最终效果如图 4-117 所示。

⑤ 在菜单栏中选择【曲线】|【圆】|【中心点，半径】命令，单击提示行处的【可塑形的（D）】选项，在 Front 正交视图中创建一条圆形曲线，然后显示它的控制点并移动，最终效果如图 4-118 所示。

⑥ 在菜单栏中选择【编辑】|【修剪】命令，在 Front 正交视图中，用新创建的曲线对恐龙主体曲面进行修剪，剪去曲线所包围的那部分曲面，如图 4-119 所示。

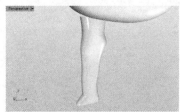
图 4-117　创建放样曲面

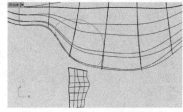
图 4-118　创建可塑圆形曲线

图 4-119　修剪曲面

⑦ 在菜单栏中选择【曲面】|【混接曲面】命令，选取图中的两条边缘曲线，单击鼠标右键确定，在弹出的对话框中调整两条边缘曲线的混接参数，最后单击鼠标右键确定，完成混接曲面的创建，如图 4-120 所示。

⑧ 为了使腿部连接曲面显得更为丰富，显示混接曲面的控制点，然后进行移动，使模型更为

生动，如图 4-121 所示。

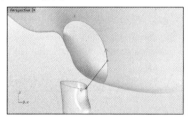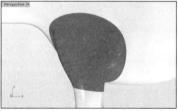

图 4-120 创建混接曲面

⑨　在菜单栏中选择【曲面】|【平面曲线】命令，在透视图中选取腿部下侧边缘曲线，单击鼠标右键确定，创建曲面以对腿部曲面进行封口，如图 4-122 所示。

⑩　接下来创建脚趾部分的曲面。在菜单栏中选择【曲线】|【自由造型】|【控制点】曲线命令，在 Front 正交视图中创建一条控制点曲线，如图 4-123 所示。

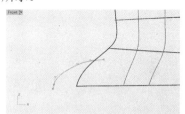

图 4-121 调整曲面　　　　　图 4-122 封闭腿部曲面　　　　　图 4-123 创建控制点曲线

⑪　在 Top 正交视图中移动刚创建的曲线到图中的位置，然后再次在菜单栏中选择【曲线】|【自由造型】|【控制点】命令，以曲线 1 的端点为起始点创建一条曲线 2，如图 4-124 所示。

⑫　在菜单栏中选择【变动】|【镜像】命令，在 Top 正交视图中以曲线 1 为镜像轴为曲线 2 创建一条镜像副本曲线 3，如图 4-125 所示。

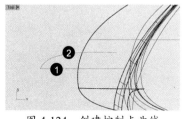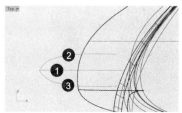

图 4-124 创建控制点曲线　　　　　　　图 4-125 创建曲线镜像副本

⑬　在菜单栏中选择【曲线】|【放样】命令，依次选取曲线 2、1、3，单击鼠标右键确定，在弹出的对话框中调整相关的参数，最后单击鼠标右键确定，如图 4-126 所示。

图 4-126 创建放样曲面

⑭ 在菜单栏中选择【编辑】|【重建】命令，选取新创建的放样曲面，单击鼠标右键确定，在弹出的对话框中设置 U、V 参数，单击【确定】按钮，完成曲面的重建，如图 4-127 所示。

⑮ 显示曲面的控制点，并在 Front 正交视图中调整控制点的位置，在透视图中观察整个曲面的变化，如图 4-128 所示。

图 4-127　重建曲面　　　　　　　　　　　　　图 4-128　调整曲面

⑯ 将创建好的脚趾曲面在 Top 正交视图中进行旋转复制，并对它们进行缩放，分配到脚部的不同位置，最终效果如图 4-129 所示。

⑰ 用类似的方法，创建其余的腿部曲面，在透视图中进行旋转查看，并对其进行调整，如图 4-130 所示。

⑱ 至此，整个恐龙模型创建完成，显示所有的曲面，在透视图中进行着色显示，隐藏构建曲线，旋转查看，如图 4-131 所示。

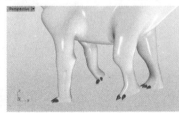
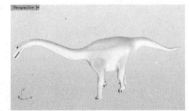

图 4-129　旋转复制脚趾曲面　　　　图 4-130　创建其余的腿部曲面　　　　图 4-131　恐龙模型创建完成

05

Rhino 教育产品造型设计

本章将进行两个教育产品造型设计练习,帮助大家熟悉 Rhino 的功能和相关指令,掌握 Rhino 在实战案例中的应用技巧。

项目分解

☑　案例——兔兔儿童早教机造型设计

☑　案例——电吉他模型造型设计

扫码看视频

5.1 案例——兔兔儿童早教机造型设计

兔兔儿童早教机如图 5-1 所示，整个造型以兔子为主，重点关注一些细节的制作。要完成这款兔兔儿童早教机造型，首先需要导入背景图片作为参考，创建出整体曲面，然后设计细节。

图 5-1　兔兔儿童早教机

5.1.1　导入参考图片

在创建模型之前，需要将参考图片导入对应的视图中。在默认的工作视图中，有 3 个正交视图。由于兔兔儿童早教机的各个面都不同，所以需要添加更多的正交视图并导入参考图片。

① 新建 Rhino 文件。

② 切换到 Front 正交视图，在菜单栏中选择【查看】|【背景图】|【放置】命令，在任意位置放置模型的 Front 图片，如图 5-2 所示。

图 5-2　放置 Front 图片

> 🔆 **技术要点**
>
> 图片的第一角点是任意点，第二角点无须确定，在命令行中输入 T，按 Enter 键即可，也就是以 1:1 的比例放置图片。

③ 在菜单栏中选择【查看】|【背景图】|【移动】命令，将兔兔头顶中间部位移动到（0,0）坐标位置，如图 5-3 所示。

④ 切换到 Right 正交视图。在菜单栏中选择【查看】|【背景图】|【放置】命令，在任意位置放置模型的 Right 图片，再将其移动到图 5-4 所示的位置。

> 🔆 **技术要点**
>
> Right 图片与 Front 图片的缩放比例是相同的。

⑤ 放置的两张图片都不是很正的视图，稍微有些倾斜，在进行造型设计时参考图片绘制大概轮廓即可。

图 5-3　移动图片

图 5-4　放置 Right 图片

5.1.2　创建兔头模型

1. 创建头部主体

① 在【曲线工具】选项卡的左边栏中，单击【单一直线】按钮，绘制单一直线，如图 5-5
　　所示。

② 单击【椭圆：从中心点】按钮，捕捉单一直线的中点，绘制一个椭圆，如图 5-6 所示。

③ 在 Right 正交视图中绘制一个圆，如图 5-7 所示。

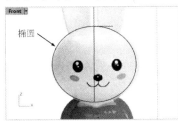
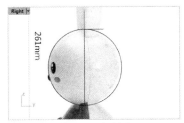

图 5-5　绘制单一直线　　　　　　图 5-6　绘制椭圆　　　　　　　图 5-7　绘制圆

④ 在菜单栏中选择【实体】|【椭球体】|【从中心点】命令，然后在 Front 正交视图中确定中
　　心点、第一轴终点及第二轴终点，如图 5-8 所示。

⑤ 接着在 Right 正交视图中捕捉第三轴终点，如图 5-9 所示。按 Enter 键，完成椭球体的创建。

图 5-8　确定椭球体的中心点及两轴终点　　　　　　图 5-9　指定第三轴终点并创建椭球体

2. 创建耳朵

① 在 Front 正交视图中利用【内插点曲线】工具，参考图片
　　绘制耳朵的正面轮廓，如图 5-10 所示。

② 利用【控制点曲线】工具，在耳朵轮廓中间位置绘制控
　　制点曲线，如图 5-11 所示。

③ 在 Right 正交视图中，参考图片拖动中间这条曲线的控制
　　点，跟耳朵轮廓重合，如图 5-12 所示。

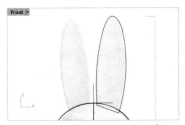

图 5-10　绘制耳朵正面轮廓

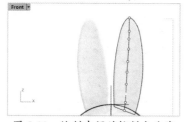
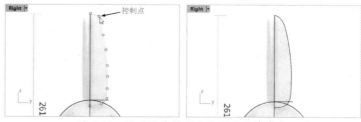

图 5-11　绘制中间的控制点曲线　　　　图 5-12　拖动曲线控制点与耳朵轮廓重合

④　在左边栏中单击【分割】按钮，选取内插点曲线作为要分割的对象，按 Enter 键后再选取中间的控制点曲线作为分割物件，再次按 Enter 键完成内插点曲线的分割，如图 5-13 所示。

分割内插点曲线后，最好利用【衔接曲线】工具，重新连接两条曲线，避免因尖角的产生导致后面无法创建圆角。

⑤　利用【控制点曲线】工具，在 Top 正交视图中绘制如图 5-14 所示的曲线，然后到 Front 正交视图中调整控制点，结果如图 5-15 所示。

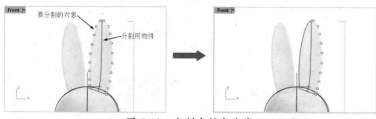
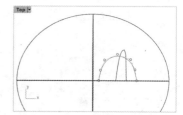

图 5-13　分割内插点曲线　　　　　　　图 5-14　绘制控制点曲线

⑥　在 Right 正交视图中调整耳朵轮廓线端点，如图 5-16 所示。

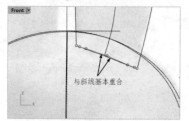
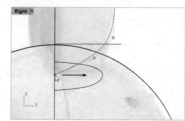

图 5-15　调整曲线控制点　　　　　图 5-16　调整耳朵轮廓线端点

在连接曲线端点时，要在状态栏中开启【物件锁点】功能，但不要选中【投影】锁点选项。

⑦　在【曲面工具】选项卡的左边栏中，单击【从网线建立曲面】按钮，框选耳朵的内插点曲线和控制点曲线，如图 5-17 所示。接着依次选取第一方向的 3 条曲线，如图 5-18 所示。

⑧　按 Enter 键确认后，再选取第二方向的 1 条曲线（编号 4），如图 5-19 所示。最后按 Enter 键完成网格曲面的创建，如图 5-20 所示。

⑨　利用【二、三或四个边缘曲线建立曲面】工具，分别创建出如图 5-21 所示的两个边缘曲面。

⑩　利用左边栏中的【组合】工具，将前面创建的一个网格曲面和两个边缘曲面组合。

⑪　利用【边缘圆角】工具，创建半径为 1mm 的圆角，如图 5-22 所示。

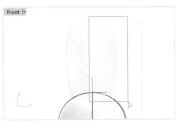

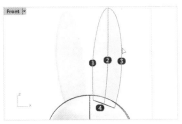

图 5-17　框选耳朵曲线　　　　图 5-18　选取第一方向的 3 条曲线　　图 5-19　选取第二方向的曲线

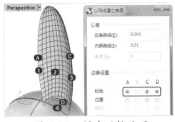

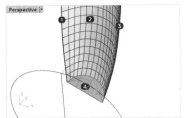

图 5-20　创建网格曲面　　　　　　　　　图 5-21　创建边缘曲面

⑫　在【变动】选项卡中单击【变形控制器编辑】按钮 ，选取前面进行组合的曲面作为受控
　　物件，如图 5-23 所示。

⑬　按 Enter 键后在命令行中选择【边框方块（B）】选项，接着按 Enter 键确认世界坐标系，
　　再按 Enter 键确认变形控制器参数。然后在命令行中设置【要编辑的范围】为【局部】，紧
　　接着按 Enter 键确认衰减距离（确认默认值），视图中显示可编辑的方块控制框，如图 5-24
　　所示。

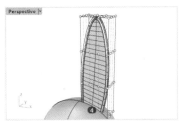

图 5-22　创建圆角　　　　　　图 5-23　选取受控物件　　　　图 5-24　显示方块控制框

⑭　关闭状态栏中的【物件锁点】选项。按 Shift 键在 Front 正交视图中选取中间的 4 个控制点，
　　如图 5-25 所示。

⑮　在 Top 正交视图中拖动控制点，改变该侧曲面的形状，如图 5-26 所示。

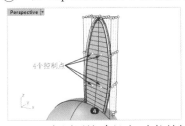

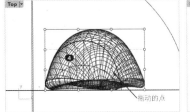

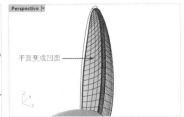

图 5-25　选取控制框中间的 4 个控制点　　　　图 5-26　拖动控制点改变曲面形状

⑯　利用【镜像】工具 ，将耳朵镜像复制到 Y 轴的对称侧，如图 5-27 所示。

⑰　利用【组合】工具，将耳朵与头部组合，然后创建半径为 1mm 的圆角，如图 5-28 所示。

图 5-27 镜像复制耳朵

图 5-28 创建圆角

3. 创建眼睛与鼻子

① 在菜单栏中选择【查看】|【背景图】|【移动】命令，将 Front 正交视图中的图片稍微向左平移，如图 5-29 所示。

图 5-29 向左平移图片

② 在 Front 正交视图中创建一个椭球体作为眼睛，如图 5-30 所示。

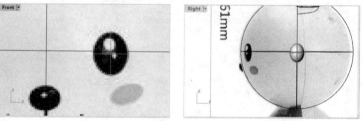

图 5-30 创建椭球体

③ 在 Right 正交视图中利用【变动】选项卡中的【移动】工具 ，将椭球体向左平移（为了保持水平平移，请按下 Shift 键进行辅助），平移时还需观察 Perspective 视图中椭球体的位置，如图 5-31 所示。

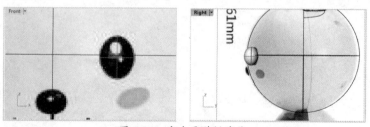

图 5-31 向左平移椭球体

④ 利用【镜像】工具 ，将椭球体镜像至 Y 轴的另一侧，如图 5-32 所示。

⑤ 同理，继续创建椭球体作为鼻子，如图 5-33 所示。

⑥ 在 Right 正交视图中，旋转作为鼻子的椭球体，如图 5-34 所示。然后平移椭球体，如图 5-35 所示。

图 5-32　镜像椭球体

图 5-33　创建椭球体作为鼻子

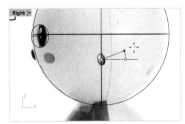
图 5-34　旋转椭球体

⑦ 利用【实体工具】选项卡中的【布尔运算联集】工具 ，将眼睛、鼻子及头部主体进行布尔求和运算，形成整体。

> **💡 技术要点**
>
> 做到这里，有些读者不免会问："形成整体以后如何对眼睛、鼻子等进行材质的添加并完成渲染呢？"其实，渲染前可以利用【实体工具】选项卡中的【抽离曲面】工具 ，将不同材质的部分曲面抽离出来，即可单独赋予材质了。

⑧ 在 Front 正交视图中，利用【控制点曲线】工具绘制如图 5-36 所示的 3 条曲线，利用【投影曲线】工具 将其投影到头部曲面上。

⑨ 在【曲面工具】选项卡的左边栏中，单击【挤出】工具栏中的【往曲面法线方向挤出曲面】按钮 ，选取其中的一条曲线，向头部主体外挤出 0.1mm 的曲面，如图 5-37 所示。

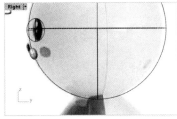
图 5-35　向左平移椭球体

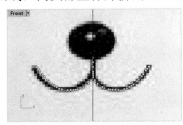
图 5-36　绘制 3 条曲线

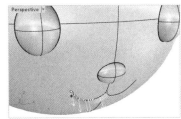
图 5-37　往曲面法线方向挤出曲面

⑩ 同理，挤出另外两条曲线的基于曲面法线的曲面。

⑪ 利用【曲面工具】选项卡中的【偏移曲面】工具 ，选取 3 个法线曲面进行偏移（在命令行中选择【两侧=是】选项），创建出如图 5-38 所示的偏移距离为 0.15mm 的偏移曲面。

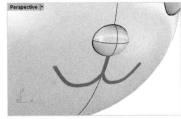

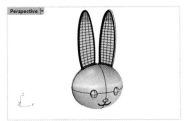

图 5-38　创建偏移曲面

5.1.3　创建身体模型

1. 创建主体

① 利用【单一直线】工具 ，在 Front 正交视图中绘制竖直直线，如图 5-39 所示。

② 利用【控制点曲线】工具 ⬚，在 Front 正交视图中绘制一半身体的曲线，如图 5-40 所示。

③ 在【曲面工具】选项卡的左边栏中，单击【旋转成型】工具 💡，选取控制点曲线，绕竖直直线旋转 360°，创建出如图 5-41 所示的身体主体部分。

 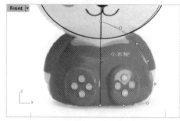 

图 5-39　绘制竖直直线　　　　　图 5-40　绘制控制点曲线　　　　　图 5-41　旋转出身体主体

2. 创建手臂

① 选中身体及其轮廓线，再在菜单栏中选择【编辑】|【可见性】|【隐藏】命令，将其暂时隐藏。

② 利用【控制点曲线】工具 ⬚，在 Front 正交视图中绘制手臂的外轮廓曲线，如图 5-42 所示。

③ 在 Right 正交视图中，平移图片，如图 5-43 所示。

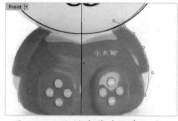 

图 5-42　绘制手臂外轮廓曲线 1　　　　　　　　图 5-43　平移图片

④ 利用【控制点曲线】工具 ⬚，在 Right 正交视图中绘制手臂的外轮廓曲线，如图 5-44 所示。

⑤ 在 Front 正交视图中调整曲线控制点的位置（移动控制点时请关闭【物件锁点】功能），如图 5-45 所示。

⑥ 将移动控制点后的曲线进行镜像（镜像时开启【物件锁点】功能），如图 5-46 所示。

 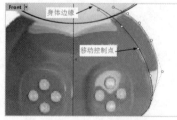 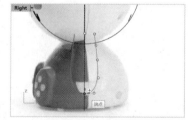

图 5-44　绘制手臂外轮廓曲线 2　　　　图 5-45　移动曲面控制点　　　　图 5-46　镜像曲线

⑦ 利用【内插点曲线】工具 ⬚，仅选中状态栏中【物件锁点】选项组中的【端点】与【最近点】复选框。然后在 Right 正交视图中绘制 3 条内插点曲线，如图 5-47 所示。

⑧ 在【曲面工具】选项卡的左边栏中，单击【从网线建立曲面】工具 ⬚，依次选择 6 条曲线来创建网格曲面，如图 5-48 所示。

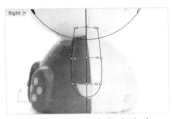

图 5-47 绘制内插点曲线

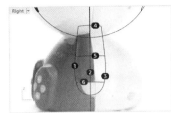

图 5-48 创建网格曲面

⑨ 利用【单一直线】工具 ✐，补画一条直线，如图5-49 所示。再利用【以二、三或四个边缘曲线建立曲面】工具 ▦ 创建两个曲面，如图 5-50 所示。

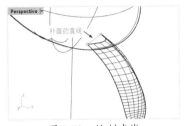

图 5-49 绘制直线

⑩ 利用【组合】工具 🗗 将组成手臂的 3 个曲面组合成封闭曲面。

⑪ 在菜单栏中选择【查看】|【可见性】|【显示】命令，显示隐藏的身体主体部分。利用【镜像】工具 🪞，在 Top 正交视图中将手臂镜像至 Y 轴的另一侧，如图 5-51 所示。

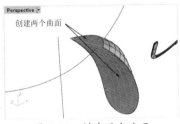

图 5-50 创建两个曲面

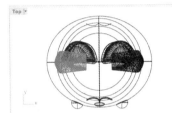

图 5-51 镜像手臂曲面

⑫ 再利用【布尔运算联集】工具 🔵，将手臂、身体及头部合并。

5.1.4 创建兔脚模型

① 在 Front 正交视图中移动背景图片，使两只脚位于中线的两侧，形成对称的效果，如图 5-52 所示。

可以绘制连接两边按钮的直线作为对称的参考。移动图片时，捕捉该直线的中点，将图片水平移动到中线上即可。

② 绘制兔脚的外形轮廓曲线，如图 5-53 所示。

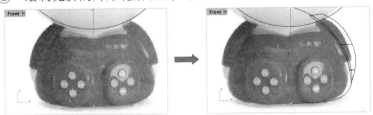
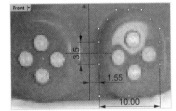

图 5-52 调整背景图片的位置　　　图 5-53 绘制兔脚外形轮廓曲线

可以适当调整下面这段圆弧曲线的控制点位置。

③ 利用【投影曲线】工具 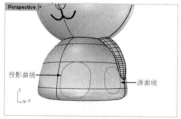，将绘制的曲线投影到身体曲面上，如图 5-54 所示。

④ 利用左边栏中的【分割】工具 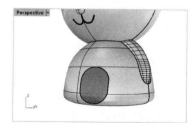，用投影曲线分割身体曲面，分割出脚曲面，如图 5-55 所示。

⑤ 在【实体工具】选项卡的左边栏中，单击【挤出建立实体】工具栏中的【挤出曲面成锥状】工具 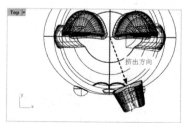，选取分割出来的脚曲面，挤出实体。挤出的方向在 Top 正交视图中指定，如图 5-56 所示。

图 5-54　将轮廓曲线投影到身体曲面上　　　图 5-55　分割出脚曲面　　　图 5-56　指定挤出实体的挤出方向

> **技术要点**
>
> 　　指定挤出方向技巧：先选中【物件锁点】中的【投影】、【端点】和【中点】复选框，接着在 Right 正交视图中捕捉一个点作为方向的起点，如图 5-57 所示。捕捉到方向起点后临时关闭【投影】选项（取消选中此复选框），再捕捉如图 5-58 所示的方向的终点。

⑥ 在命令行中还要选择【反转角度】选项，并输入挤出深度值 5，按 Enter 键后完成挤出实体的操作，如图 5-59 所示。

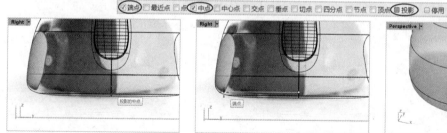

图 5-57　捕捉方向的起点　　　图 5-58　捕捉方向的终点　　　图 5-59　挤出实体

⑦ 在 Top 正交视图中绘制两条直线（外面这条直线用【偏移曲线】工具绘制），如图 5-60 所示。

⑧ 在【工作平面】选项卡中单击【设置工作平面与曲面垂直】按钮 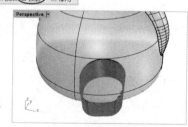，在 Perspective 视图中选取上步绘制的曲线并捕捉其中点，将工作平面的原点放置于此，如图 5-61 所示。

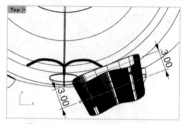

图 5-60　绘制两条平行直线　　　　图 5-61　设置工作平面

⑨ 激活 Perspective 视图，在【设置视图】选项卡中单击【正对工作平面】按钮 ，切换为工作平面视图。然后绘制一条内插点曲线，此曲线第二点在工作平面原点上，如图 5-62 所示。

⑩ 在【曲面工具】选项卡的左边栏中，单击【单轨扫掠】工具 ⟋，选取上步绘制的内插点曲线作为路径，以直线为端面曲线，创建扫掠曲面，如图 5-63 所示。

⑪ 同理，创建另一半扫掠曲面，如图 5-64 所示。

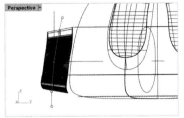
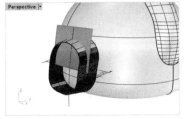
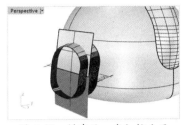

图 5-62　绘制内插点曲线　　　　图 5-63　创建单轨扫掠曲面　　　　图 5-64　创建另一半扫掠曲面

⑫ 利用【修剪】工具 ⟋，选取扫掠曲面作为"修剪用物件"，再选取锥状挤出曲面作为"要修剪的物件"，修剪结果如图 5-65 所示。

⑬ 用同样的方法，再次进行修剪操作，不过"要修剪的物件"与"修剪用物件"正相反，修剪结果如图 5-66 所示。利用【组合】工具 ⟎，将锥状曲面和扫掠曲面进行组合。

⑭ 利用【边缘圆角】工具，选取组合后的封闭曲面的边缘，创建圆角半径为 0.75 的边缘圆角，如图 5-67 所示。

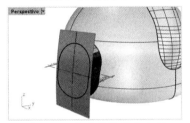
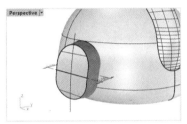
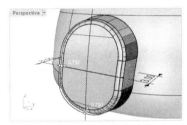

图 5-65　修剪锥状挤出曲面　　　　图 5-66　修剪扫掠曲面　　　　图 5-67　创建边缘圆角

⑮ 在 Front 正交视图中绘制 4 个小圆，如图 5-68 所示。再利用【投影曲线】工具 ⟎，在 Front 正交视图中将小圆投影到脚曲面上，如图 5-69 所示。

⑯ 单击【分割】工具 ⟎，用投影的小圆来分割脚曲面，如图 5-70 所示。

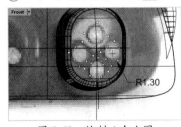
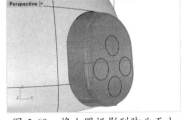
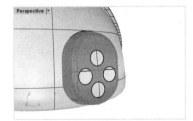

图 5-68　绘制 4 个小圆　　　　图 5-69　将小圆投影到脚曲面上　　　　图 5-70　分割脚曲面

⑰ 暂时将分割出来的小圆曲面隐藏，此时脚曲面上有 4 个小圆孔。单击【直线挤出】工具 ⟎，将脚曲面上的圆孔曲线向身体内挤出-1mm，挤出方向与图 5-56 中的方向相同，创建的挤出曲面如图 5-71 所示。

⑱ 利用【组合】工具 ⟎ 将上步创建的挤出曲面与脚曲面组合，再利用【边缘圆角】工具 ⟎ 创建半径为 0.1mm 的圆角，如图 5-72 所示。

⑲ 在【曲面工具】选项卡的左边栏中，单击【嵌面】工具，依次创建 4 个嵌面，如图 5-73 所示。

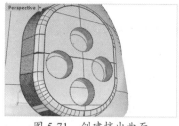

图 5-71　创建挤出曲面

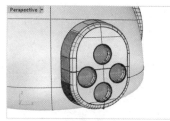

图 5-72　创建边缘圆角

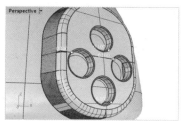

图 5-73　创建 4 个嵌面

⑳ 显示隐藏的 4 个小圆曲面，同样，用【挤出曲面】工具创建挤出方向相同的挤出曲面，向外挤出-1mm（向内挤出 1mm），如图 5-74 所示。同样，在挤出曲面上创建半径为 0.1mm 的圆角，如图 5-75 所示。

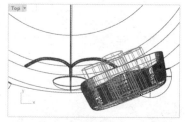

图 5-74　创建挤出曲面

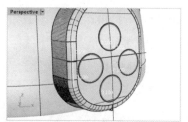

图 5-75　创建边缘圆角

㉑ 利用【镜像】工具，将整只脚所包含的曲面镜像至 Y 轴的另一侧，如图 5-76 所示。

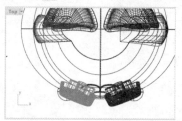
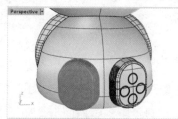

图 5-76　镜像脚曲面

㉒ 利用【分割】工具，选取脚曲面去分割身体曲面。

㉓ 利用【组合】工具，将两边的脚曲面与身体曲面进行组合，得到整体曲面，如图 5-77 所示。

㉔ 最后利用【边缘圆角】工具，创建脚曲面与身体曲面之间的圆角，圆角半径为 1mm，如图 5-78 所示。

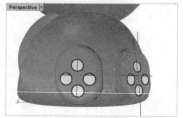

图 5-77　组合身体曲面与脚曲面

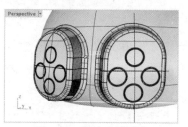

图 5-78　创建边缘圆角

> **技术要点**
>
> 如果曲面与曲面之间不能组合，多半是由于曲面之间存在缝隙、重叠或交叉。如果仅仅是间隙问题，可以在菜单栏中选择【工具】|【选项】命令，打开【Rhino 选项】对话框，设置【绝对公差】值可（将默认值 0.0001 改为 0.1），如图 5-79 所示。

㉕ 至此，即完成了兔兔儿童早教机造型的建模工作，结果如图 5-80 所示。

图 5-79　组合公差的设置　　　　　图 5-80　创建完成的儿童早教机模型

5.2　案例——电吉他造型设计

电吉他模型效果如图 5-81 所示。

图 5-81　电吉他模型

5.2.1　创建主体曲面

利用曲线、曲面及编辑工具完成吉他主体曲面的创建。

① 新建 Rhino 文件。

② 在菜单栏中选择【曲面】|【平面】|【角对角】命令，在 Top 正交视图中创建一个平面，如图 5-82 所示。

③ 在 Top 正交视图中，在菜单栏中选择【曲线】|【自由造型】|【控制点】命令，创建一条吉他主体曲面的轮廓曲线，如图 5-83 所示。

④ 在菜单栏中选择【编辑】|【修剪】命令，用轮廓曲线在 Top 正交视图中对创建的平面进行修剪，剪去曲线的外围部分，如图 5-84 所示。

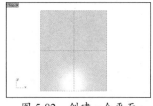

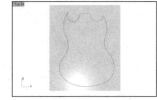

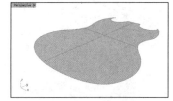

| 图 5-82 创建一个平面 | 图 5-83 创建轮廓曲线 | 图 5-84 修剪曲面 |

⑤ 在菜单栏中选择【曲线】|【自由造型】|【控制点】命令，沿修剪后的曲面外围创建一条曲线，如图 5-85 所示的曲线 1。

⑥ 在 Right 正交视图中，开启【正交】捕捉，将曲线 1 向上移动复制出一条曲线 2，然后将前面创建的曲面复制一份并移动到同样的高度，如图 5-86 所示。

⑦ 在菜单栏中选择【曲面】|【放样】命令，选择曲线 1、曲线 2，单击鼠标右键确定，创建一个放样曲面，如图 5-87 所示。

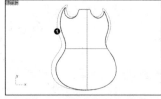

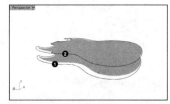

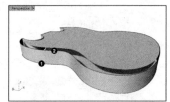

| 图 5-85 创建控制点曲线 | 图 5-86 移动复制曲线、曲面 | 图 5-87 创建放样曲面 |

⑧ 在菜单栏中选择【编辑】|【重建】命令，调整放样曲面的 U、V 参数，单击【预览】按钮，在透视图中观察调整结果，最终效果如图 5-88 所示。

⑨ 在菜单栏中选择【曲面】|【曲面编辑工具】|【衔接】命令，选取放样曲面的上侧边缘，然后选取上面的剪切曲面边缘，在弹出的对话框中设置【连续类型】为【位置】，将放样曲面与上侧面进行衔接。用同样的方法，将放样曲面的下边缘与下面的剪切曲面边缘进行衔接。最终效果如图 5-89 所示。

⑩ 删除上、下两个剪切曲面，在菜单栏中选择【编辑】|【控制点】|【移除节点】命令，调整衔接后的放样曲面，移除曲面上过于复杂的 ISO 线，最终效果如图 5-90 所示。

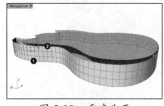

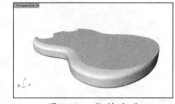

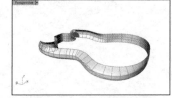

| 图 5-88 重建曲面 | 图 5-89 衔接曲面 | 图 5-90 调整曲面 |

⑪ 在菜单栏中选择【曲面】|【平面曲线】命令，选取图中放样曲面的上、下两条边缘曲线，单击鼠标右键确定，创建两个曲面，如图 5-91 所示。

⑫ 在菜单栏中选择【编辑】|【组合】命令，将这几个曲面组合到一起，吉他的主体轮廓曲面即创建完成。在菜单栏中选择【变动】|【旋转】命令，在 Right 正交视图中，将组合后的曲面向上倾斜一定的角度，如图 5-92 所示。

⑬ 在菜单栏中选择【曲线】|【控制点】|【自由造型】命令，在 Right 正交视图中创建 3 条轮

廓曲线，如图 5-93 所示。

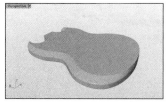
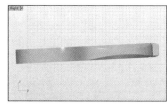
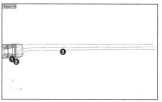

图 5-91　以平面曲线创建曲面　　　图 5-92　旋转多重曲面　　　图 5-93　创建控制点曲线

⑭ 在菜单栏中选择【曲线】|【直线】|【单一直线】命令，在曲线 1、曲线 2、曲线 3 的两端，分别创建一条水平直线和一条垂直直线，如图 5-94 所示。

⑮ 在 Right 正交视图中使用新创建的两条直线对曲线 1、曲线 2、曲线 3 进行修剪，然后在 Top 正交视图中，调整它们的位置和形状，如图 5-95 所示。

⑯ 在菜单栏中选择【变动】|【镜像】命令，以曲线 3 为镜像轴，在 Top 正交视图中创建曲线 1、曲线 2 的副本，即曲线 4、曲线 5，如图 5-96 所示。

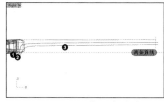
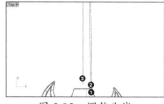
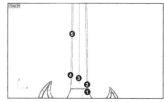

图 5-94　创建两条直线　　　图 5-95　调整曲线　　　图 5-96　创建曲线副本

⑰ 在菜单栏中选择【曲线】|【断面轮廓线】命令，在透视图中依次选取曲线 1、曲线 2、曲线 3、曲线 5 和曲线 4，单击鼠标右键确定，再在命令行中选择【封闭（C）=否】选项，按 Enter 键，创建几条轮廓曲线，如图 5-97 所示。

⑱ 在菜单栏中选择【编辑】|【分割】命令，用曲线 2 和曲线 4 对上步创建的轮廓曲线进行分割。再在菜单栏中选择【曲线】|【直线】|【单一直线】命令，在曲线 1 与曲线 2 之间创建 4 条直线，如图 5-98 所示。

⑲ 在菜单栏中选择【曲面】|【网线】命令，选取曲线 2、曲线 3、曲线 5，以及位于它们之间的断面轮廓线，单击鼠标右键确定，创建一个曲面，如图 5-99 所示。

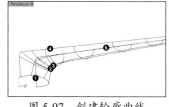
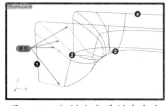
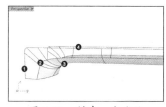

图 5-97　创建轮廓曲线　　　图 5-98　分割曲线并创建直线　　　图 5-99　创建一个曲面

⑳ 在菜单栏中选择【曲面】|【双轨扫掠】命令，选取曲线 1、曲线 2，然后选取位于它们之间的直线和曲线，单击鼠标右键确定，创建一个扫掠曲面，如图 5-100 所示。

㉑ 对于另一侧，同样在菜单栏中选择【曲面】|【双轨扫掠】命令，做相同的处理，创建另一个扫掠曲面，随后隐藏图中的曲线，如图 5-101 所示。

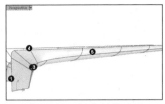

图 5-100　创建扫掠曲面

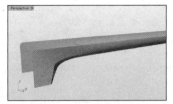

图 5-101　创建扫掠曲面并隐藏图中的曲线

㉒　在菜单栏中选择【曲面】|【放样】命令，选取图中的边缘 A 和边缘 B，创建一个放样曲面，如图 5-102 所示。

㉓　在菜单栏中选择【曲面】|【平面曲线】命令，选取图中几条曲面的底部边缘，单击鼠标右键确定，创建一个平面，如图 5-103 所示。

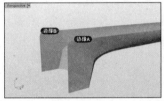

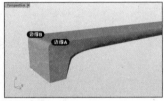

图 5-102　创建放样曲面

图 5-103　以平面曲线创建平面

㉔　在菜单栏中选择【编辑】|【组合】命令，将图中的曲面组合到一起，然后在菜单栏中选择【实体】|【边缘圆角】|【不等距边缘圆角】命令，为底部的棱边曲面创建边缘圆角，如图 5-104 所示。

㉕　在菜单栏中选择【实体】|【立方体】|【角对角、高度】命令，在 Right 正交视图中，在整个吉他曲面的右侧创建一个立方体，如图 5-105 所示。

㉖　在菜单栏中选择【曲线】|【自由造型】|【控制点】命令，在 Top 正交视图中的立方体上，创建一组控制点曲线，如图 5-106 所示。

图 5-104　创建边缘圆角

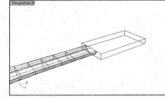

图 5-105　创建立方体

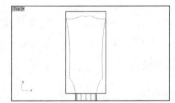

图 5-106　创建控制点曲线

㉗　在菜单栏中选择【编辑】|【修剪】命令，在 Top 正交视图中以新创建的那组曲线对立方体进行修剪，剪切去无限外围的部分，最终效果如图 5-107 所示。

㉘　在菜单栏中选择【编辑】|【炸开】命令，将修剪后的立方体炸开为几个单独的曲面，然后删除右侧的曲面。紧接着在菜单栏中选择【曲面】|【混接曲面】命令，设置【连续性】为【位置】，创建几个混接曲面，封闭上、下两块底面的侧面，最终效果如图 5-108 所示。

㉙　在菜单栏中选择【曲线】|【直线】|【单一直线】命令，在状态栏中开启【物件锁点】捕捉，在炸开后的立方体的底面创建一条直线，然后在菜单栏中选择【编辑】|【修剪】命令，用这条曲线修剪底面，最终将直线删除，如图 5-109 所示。

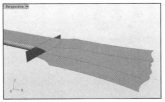

图 5-107　修剪曲面

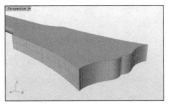

图 5-108　封闭侧面

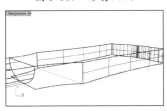

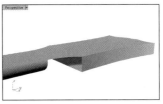

图 5-109　以直线修剪曲面

㉚　在 Right 正交视图中选取右侧的几个曲面，在菜单栏中选择【变动】|【旋转】命令，旋转
　　这几个曲面，如图 5-110 所示。

㉛　在菜单栏中选择【曲线】|【直线】|【单一直线】命令，在 Right 正交视图中创建一条直线，
　　如图 5-111 所示。

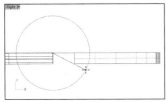

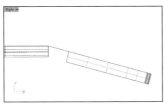

图 5-110　旋转曲面

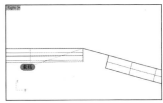

图 5-111　创建一条直线

㉜　在菜单栏中选择【编辑】|【修剪】命令，在 Front 正交视
　　图中，用新创建的直线对吉他柄曲面进行修剪，剪掉右侧
　　的一小部分曲面，如图 5-112 所示。

㉝　在菜单栏中选择【曲面】|【混接曲面】命令，选取图中的
　　边缘 1、边缘 2，单击鼠标右键确定，在弹出的对话框中
　　调整相关参数，单击【确定】按钮完成曲面的创建，如图 5-113 所示。

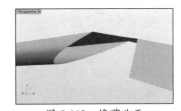

图 5-112　修剪曲面

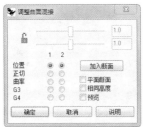

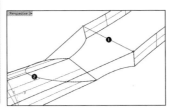

图 5-113　创建混接曲面

㉞　在菜单栏中选择【曲面】|【曲面编辑工具】|【衔接】命令，选取创建的混接曲面的左侧
　　边缘，然后选取与其相接的吉他柄曲面边缘，在弹出的对话框中调整相关参数，最后单击
　　【确定】按钮，完成曲面间的衔接，如图 5-114 所示。

图 5-114　衔接曲面

㉟　在菜单栏中选择【曲面】|【边缘曲线】命令，选取图中的 4 个边缘，创建一个曲面，封闭曲面间的空隙，对吉他柄的另一侧做相同的处理。随后在菜单栏中选择【编辑】|【组合】命令，将吉他杆尾部的曲面组合为一个多重曲面，如图 5-115 所示。

图 5-115　封闭并组合曲面

㊱　在菜单栏中选择【实体】|【边缘圆角】|【不等距边缘圆角】命令，为组合后的吉他柄曲面的下部创建圆角曲面，如图 5-116 所示。

㊲　至此，整个吉他的主体曲面创建完成。接下来的工作是在吉他的主体曲面上添加细节，使整个模型更为饱满。在透视图中旋转观察整个主体曲面，如图 5-117 所示。

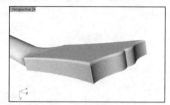
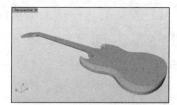

图 5-116　创建圆角曲面　　　　　　图 5-117　主体曲面创建完成

5.2.2　创建吉他细节

①　在菜单栏中选择【曲线】|【自由造型】|【控制点】命令，在 Top 正交视图中，创建几条控制点曲线，如图 5-118 所示。

②　在菜单栏中选择【曲线】|【从物件建立曲线】|【投影】命令，在Top 正交视图中将创建的几条曲线投影到吉他正面上，随后删除这几条曲线，保留投影曲线，如图 5-119 所示。

③　在菜单栏中选择【曲面】|【挤出曲线】|【往曲面法线】命令，选取投影曲线，然后单击
吉他正面，创建一个挤出曲面（挤出曲面的厚度不宜过大），如图 5-120 所示。

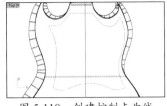
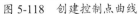
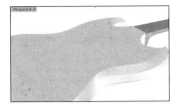

图 5-118　创建控制点曲线　　　图 5-119　创建投影曲线　　　图 5-120　创建挤出曲面

④　在菜单栏中选择【曲面】|【挤出曲面】|【锥状】命令，选择刚刚创建的挤出曲面的上侧
边缘，单击鼠标右键确定，在提示行中调整拔模角度与方向，创建一个锥状挤出曲面，
如图 5-121 所示。

⑤　在菜单栏中选择【编辑】|【组合】命令，将锥状挤出曲面与往曲面法线方向挤出的曲面组
合到一起，创建一个多重曲面，如图 5-122 所示。

⑥　在菜单栏中选择【实体】|【立方体】|【角对角、高度】命令，在 Top 正交视图中创建一个
立方体，在 Front 正交视图中调整它的高度，随后在 Right 正交视图中向上移动曲面到如
图 5-123 所示的位置。

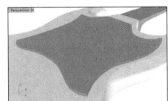

图 5-121　创建锥状挤出曲面　　　图 5-122　创建多重曲面　　　图 5-123　创建立方体

⑦　单独显示立方体，然后在菜单栏中选择【实体】|【球体】|【中心点，半径】命令，在 Top
正交视图中，创建一个小球体，并在 Right 正交视图中，将它移动到立方体的上部，如图
5-124 所示。

⑧　显示球体的控制点，在 Right 正交视图中调整球体的上排控制点，将其向下垂直移动一小
段距离，从而调整球体的上部形状，如图 5-125 所示。

⑨　再次在菜单栏中选择【实体】|【立方体】|【角对角、高度】命令，在球体的上部创建一
个小的立方体，如图 5-126 所示。

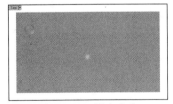
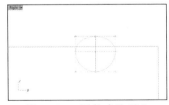
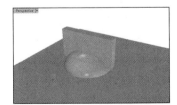

图 5-124　创建球体　　　图 5-125　调整球体形状　　　图 5-126　创建立方体

⑩　在菜单栏中选择【实体】|【差集】命令，选取球体，单击鼠标右键确定，然后选取上方的
小立方体，单击鼠标右键确定，完成布尔运算，如图 5-127 所示。

⑪ 在 Top 正交视图中，将完成布尔运算后的球体复制几份，并将它们平均分布在大立方体的上部，如图 5-128 所示。

⑫ 在菜单栏中选择【实体】|【并集】命令，选取立方体，然后选取图中的 6 个球体，单击鼠标右键确定，完成并集布尔运算，结果如图 5-129 所示。

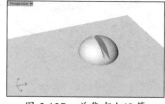 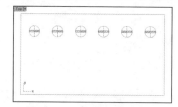 

图 5-127　差集布尔运算　　　　图 5-128　复制、移动曲面　　　　图 5-129　并集布尔运算

⑬ 在菜单栏中选择【实体】|【边缘圆角】|【不等距边缘圆角】命令，为组合后的多重曲面的棱边创建圆角曲面，最终如图 5-130 所示。

⑭ 显示其他曲面，在菜单栏中选择【曲线】|【直线】|【单一直线】命令，在 Top 正交视图中创建一条水平直线，如图 5-131 所示。

⑮ 在菜单栏中选择【变动】|【镜像】命令，选取前面创建的立方体，单击鼠标右键确定，然后以水平直线为镜像轴，创建一个立方体的镜像副本，最终效果如图 5-132 所示。

 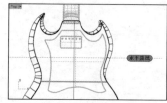 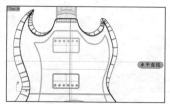

图 5-130　创建不等距边缘圆角　　　图 5-131　创建一条水平直线　　　图 5-132　创建镜像副本

⑯ 在菜单栏中选择【实体】|【圆柱体】命令，在 Top 正交视图中控制圆柱体的底面大小，创建一个圆柱体，然后将其移动到吉他曲面上侧，如图 5-133 所示。

⑰ 将圆柱体曲面复制一份，并在 Right 正交视图中将其垂直向下移动一段距离，如图 5-134 所示。

⑱ 将上面创建的两个圆柱体在 Top 正交视图中复制一份，并水平移动到如图 5-135 所示的位置。

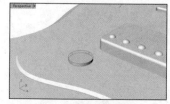 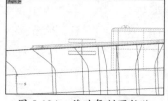 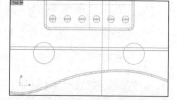

图 5-133　创建圆柱体　　　图 5-134　移动复制圆柱体　　　图 5-135　复制并水平移动两个圆柱体

⑲ 在透视图中，单独显示这 4 个圆柱体。在菜单栏中选择【曲线】|【矩形】|【角对角】命令，然后选择命令行中的【圆角（R）】选项，在 Top 正交视图中创建一条圆角矩形曲线 1，如图 5-136 所示。

⑳ 在菜单栏中选择【实体】|【挤出平面曲线】|【直线】命令，利用曲线 1 创建一个多重曲面，然后在 Right 正交视图中将这个曲面向上垂直移动到如图 5-137 所示的位置。

㉑ 在菜单栏中选择【实体】|【圆柱体】命令，创建两个圆柱体，贯穿图中的几个曲面，如图 5-138 所示。

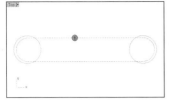

图 5-136 创建圆角矩形曲线

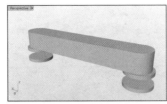

图 5-137 创建并移动挤出曲面

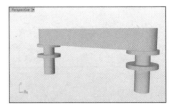

图 5-138 创建两个圆柱体

㉒ 将两个新创建的圆柱体复制一份，然后在菜单栏中选择【实体】|【差集】命令，将两个圆柱体和与其相交的曲面进行差集运算，最终如图 5-139 所示。

㉓ 在菜单栏中选择【实体】|【立方体】|【角对角、高度】命令，创建两个等宽的立方体，如图 5-140 所示。

㉔ 在菜单栏中选择【实体】|【并集】命令，将两个等宽的立方体组合成为一个多重曲面，然后将其移动到如图 5-141 所示的位置。

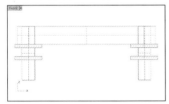

图 5-139 布尔差集运算

图 5-140 创建两个立方体

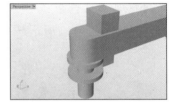

图 5-141 移动多重曲面

㉕ 在菜单栏中选择【实体】|【差集】命令，选取以圆角矩形创建的挤出曲面，单击鼠标右键确定，然后选取刚刚组合的多重曲面，单击鼠标右键确定，最终效果如图 5-142 所示。

㉖ 在菜单栏中选择【实体】|【立方体】|【角对角、高度】命令，再次创建一个立方体，如图 5-143 所示。

图 5-142 差集布尔运算

图 5-143 创建立方体

㉗ 在 Right 正交视图中创建一条直线，随后在菜单栏中选择【曲面】|【挤出曲线】|【直线】命令，创建一个挤出曲面，如图 5-144 所示。

㉘ 在菜单栏中选择【实体】|【差集】命令，选取立方体，单击鼠标右键确定，然后选取挤出曲面，单击鼠标右键，完成差集布尔运算，如图 5-145 所示。

㉙ 用类似的方法，创建一个曲面，然后选择差集布尔运算，在立方体的上边缘创建一个豁口形状，如图 5-146 所示。

㉚ 在菜单栏中选择【实体】|【并集】命令，将这几个曲面组合为一个实体，如图 5-147 所示。

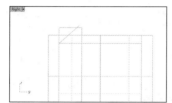

图 5-144　创建挤出曲面　　　图 5-145　差集布尔运算

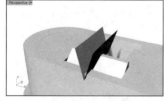
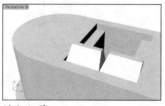
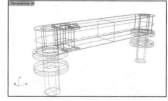

图 5-146　添加细节　　　图 5-147　并集布尔运算

㉛　接下来需要创建一个螺丝来连接曲面的前后两端，这里不再详细讲解具体的步骤，大致过程为创建圆柱体，以及螺丝盖和螺母曲面，然后选择布尔运算将它们组合到一起，如图 5-148 所示。

㉜　用与上面相同的方法，在多重曲面上，再创建其余的 5 个凹槽，并添加螺丝等细节，最终效果如图 5-149 所示。

图 5-148　添加螺丝　　　图 5-149　添加其余的凹槽

㉝　在菜单栏中选择【曲线】|【自由造型】|【控制点】命令，在 Front 正交视图中创建几条曲线，如图 5-150 所示。

㉞　隐藏多余的曲面，在 Top 正交视图中，垂直移动 3 条曲线，调整它们的位置，最终效果如图 5-151 所示。

㉟　在菜单栏中选择【曲面】|【放样】命令，依次选取曲线 1、曲线 3、曲线 2，单击鼠标右键确定，在对话框中调整相关的参数，单击【确定】按钮，完成曲面的创建，如图 5-152 所示。

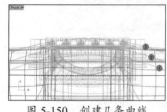
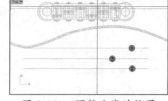
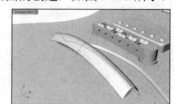

图 5-150　创建几条曲线　　　图 5-151　调整曲线的位置　　　图 5-152　创建放样曲面

㊱　显示放样曲面的控制点，在 Right 正交视图中调整曲面的控制点，使整个曲面拱起的弧度更加明显，如图 5-153 所示。

㊲　单独显示这个曲面，然后在菜单栏中选择【曲线】|【直线】|【单一直线】命令，在 Top 正交视图中，创建两条直线，如图 5-154 所示。

㊳　在菜单栏中选择【变动】|【镜像】命令，将新创建的两条曲线以曲面的中线为对称轴创建镜像副本，如图 5-155 所示。

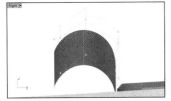
图 5-153　调整曲面的控制点

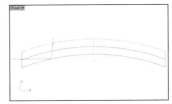
图 5-154　创建两条直线

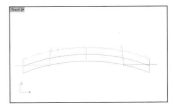
图 5-155　创建镜像副本

㊴　在菜单栏中选择【编辑】|【修剪】命令，用这 4 条曲线在 Front 正交视图中对曲面进行修剪，最终效果如图 5-156 所示。

㊵　在菜单栏中选择【曲线】|【直线】|【单一直线】命令，在状态栏中开启【正交】模式、【物件锁点】捕捉，以曲面的一个端点为直线的起点，在 Right 正交视图中创建一条水平直线，如图 5-157 所示。

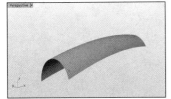
图 5-156　剪切曲面

图 5-157　创建一条水平直线

㊶　在菜单栏中选择【曲面】|【挤出曲线】|【直线】命令，以刚创建的水平直线为基准，在 Front 正交视图中挤出一个曲面，如图 5-158 所示。

㊷　在菜单栏中选择【曲面】|【边缘工具】|【分割边缘】命令，将曲面边缘 A 在与挤出曲面的交点处分割为两段，如图 5-159 所示。

㊸　在菜单栏中选择【曲面】|【平面曲线】命令，选取边缘 A 的上部分，然后选取相邻的挤出曲面的边缘，单击鼠标右键确定，创建一个平面，如图 5-160 所示。

图 5-158　创建挤出曲面

图 5-159　分割边缘

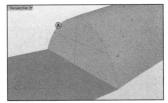
图 5-160　创建一个平面

㊹　在菜单栏中选择【曲面】|【单轨扫掠】命令，然后依次选取图中的边缘 1、边缘 A 的下半部分，单击鼠标右键确定，在弹出的对话框中调整相关的曲面参数，最后单击【确定】按钮，完成曲面的创建，如图 5-161 所示。

㊺　对曲面的另一侧做类似的处理，也可将左侧的这几个曲面以放样曲面的中轴线为镜像轴，创建一份镜像副本，如图 5-162 所示。

㊻　在菜单栏中选择【曲面】|【挤出曲线】|【直线】命令，选取图中的 3 条边缘曲线，单击

鼠标右键确定，在 Right 正交视图中，向下垂直挤出一定的厚度，如图 5-163 所示。

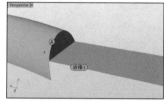

图 5-161　创建扫掠曲面

图 5-162　镜像曲面

㊼ 再次选择【曲面】|【挤出曲线】|【直线】命令，以后侧的几条边缘曲线为基准，创建一个挤出曲面，如图 5-164 所示。

㊽ 在 Top 正交视图中，在菜单栏中选择【曲线】|【自由造型】|【控制点】命令，创建两条圆弧状控制点曲线，如图 5-165 所示。

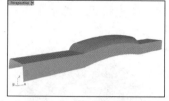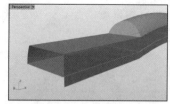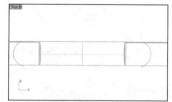

图 5-163　复制边缘曲线　　　　　图 5-164　创建挤出曲面　　　　　图 5-165　创建控制点曲线

㊾ 在菜单栏中选择【编辑】|【修剪】命令，在 Top 正交视图中，用新创建的曲线对图中的曲面进行修剪，剪掉位于左右两侧多余的部分，最终效果如图 5-166 所示。

㊿ 在菜单栏中选择【曲面】|【双轨扫掠】命令，以上、下挤出曲面的边缘为路径曲线，以前后两个曲面的边缘为断面曲线，创建两个挤出曲面，封闭图中的曲面，如图 5-167 所示。

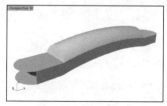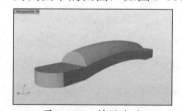

图 5-166　修剪曲面

图 5-167　封闭曲面

(51) 最后，将图中这几个曲面组合为一个多重曲面，然后多次进行差集布尔运算，为曲面添加洞孔等其他细节，最终效果如图 5-168 所示。

(52) 在图中显示其他曲面。至此，吉他正面的重要结构曲面创建完成，对于一些较为琐碎的结构，如螺丝钉等小部件的建模都较为简单，可以参考本书赠送文件中附带的模型，完善吉他的正面细节，如图 5-169 所示。

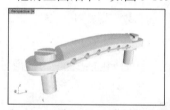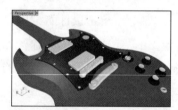

图 5-168　添加其他细节

图 5-169　完善吉他正面细节

5.2.3 创建吉他弦细节

① 在菜单栏中选择【实体】|【长方体】|【角对角、高度】命令，在 Right 正交视图中的吉他柄上部，创建一个长方体，如图 5-170 所示。

② 在 Top 正交视图中，在菜单栏中选择【曲线】|【直线】|【单一直线】命令，沿着吉他柄的轮廓，创建两条直线，如图 5-171 所示。

③ 在菜单栏中选择【编辑】|【修剪】命令，修剪长方体两边多出的部分，如图 5-172 所示（由于修剪的部分较少，在图中可能不太容易看出长方体的变化）。

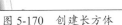
图 5-170　创建长方体

图 5-171　创建两条直线

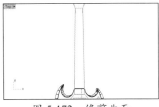
图 5-172　修剪曲面

④ 在菜单栏中选择【实体】|【为平面洞加盖】命令，将修剪后的长方体的两侧封闭，如图 5-173 所示。

⑤ 在菜单栏中选择【曲线】|【直线】|【线段】命令，在 Top 正交视图中创建一组多重直线，如图 5-174 所示。

⑥ 在菜单栏中选择【编辑】|【分割】命令，在 Top 正交视图中对长方体进行分割，最终如图 5-175 所示。

图 5-173　为平面洞加盖

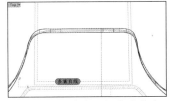
图 5-174　创建一组多重直线

图 5-175　分割曲面

⑦ 在菜单栏中选择【曲面】|【混接曲面】命令，以及【编辑】|【组合】命令等，将分割后的两份曲面各自组合为实体，如图 5-176 所示。

⑧ 在菜单栏中选择【曲线】|【自由造型】|【控制点】命令，在 Top 正交视图中，创建一条曲线，如图 5-177 所示。

⑨ 在菜单栏中选择【实体】|【挤出平面曲线】命令，以新创建的曲线为基准创建一个实体曲面，并在 Right 正交视图中将其向上移动到如图 5-178 所示的位置。

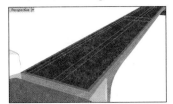
图 5-176　组合曲面为实体

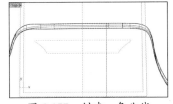
图 5-177　创建一条曲线

图 5-178　创建挤出实体曲面

⑩ 在菜单栏中选择【曲线】|【自由造型】|【控制点】命令，在 Right 正交视图中创建一条控制点曲线，如图 5-179 所示。

⑪ 在菜单栏中选择【曲面】|【挤出曲线】|【直线】命令，利用新创建的控制点曲线挤出一个曲面，然后将这个曲面在 Top 正交视图中移动到与前面创建的实体曲面相交的位置，在菜单栏中选择【实体】|【差集】命令，利用这个曲面修剪实体曲面的下部分，如图 5-180 所示。

⑫ 复制实体曲面 A 和实体曲面 B，然后在菜单栏中选择【实体】|【交集】命令，依次选取实体曲面 B 和实体曲面 A，执行交集布尔运算，如图 5-181 所示。

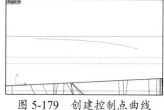
图 5-179　创建控制点曲线

图 5-180　差集布尔运算

图 5-181　交集布尔运算

⑬ 再次在菜单栏中选择【实体】|【差集】命令，选取实体曲面 A 的副本，单击鼠标右键确定，然后选取实体曲面 B 的副本，单击鼠标右键完成操作，如图 5-182 所示。

⑭ 用类似的方法，在上面标记的实体曲面 A 上创建出多个这样的曲面，由于过程具有重复性，这里不再赘述，结果如图 5-183 所示。

图 5-182　差集布尔运算

图 5-183　添加其余的细节

5.2.4　创建吉他头部细节

① 在菜单栏中选择【实体】|【长方体】|【角对角、高度】命令，在 Right 正交视图中，在位于吉他头部的位置创建一个长方体，如图 5-184 所示。

② 在 Right 正交视图中，在菜单栏中选择【曲线】|【自由造型】|【控制点】命令，创建一条控制点曲线，如图 5-185 所示。

图 5-184　创建长方体

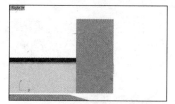
图 5-185　创建控制点曲线

③ 在菜单栏中选择【曲面】|【挤出曲线】|【直线】命令，利用新创建的控制点曲线，挤出一块曲面，并将其移动到如图 5-186 所示的位置。

④　在菜单栏中选择【实体】|【差集】命令，选取长方体，单击鼠标右键确定，然后选取挤出曲面，单击鼠标右键完成操作，结果如图 5-187 所示。

图 5-186　创建挤出曲面

图 5-187　差集布尔运算

⑤　在菜单栏中选择【实体】|【边缘圆角】|【不等距边缘圆角】命令，为棱边创建边缘圆角，结果如图 5-188 所示。

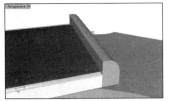

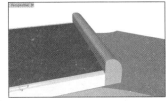

图 5-188　创建边缘圆角

⑥　在菜单栏中选择【实体】|【长方体】|【角对角、高度】命令，在 Top 正交视图中创建 6 个大小不等的长方体，如图 5-189 所示。

⑦　在菜单栏中选择【实体】|【差集】命令，选取实体曲面 A，单击鼠标右键确定，然后选取 6 个长方体，单击鼠标右键完成操作，结果如图 5-190 所示。

图 5-189　创建长方体

图 5-190　差集布尔运算

⑧　在吉他的头部，添加一块表达厚度的曲面，然后在这个曲面上添加细节，如图 5-191 所示。

⑨　用与前面创建旋钮相同的方法，添加固定吉他弦用的旋钮曲面，并将它复制多份，放置在不同的位置，结果如图 5-192 所示。

图 5-191　在吉他头部添加细节

图 5-192　添加固定吉他弦旋钮

⑩　参照 Right 正交视图，在 Top 正交视图中，布置吉他各部件的位置，在菜单栏中选择【曲线】|【自由造型】|【控制点】命令，创建 6 条吉他弦曲线，如图 5-193 所示。

图 5-193　创建吉他弦曲线

⑪　在菜单栏中选择【实体】|【圆管】命令，利用这几条吉他弦曲线，创建圆管曲面，调整圆管半径的大小，从而控制吉他弦的粗细，结果如图 5-194 所示。

⑫　至此，整个吉他模型创建完成，可在透视图中进行旋转查看，也可在创建的模型的基础上创建更多细节，如图 5-195 所示。

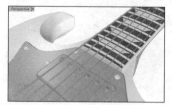

图 5-194　创建圆管曲面　　　　　　　　图 5-195　吉他模型创建完成

06

RhinoGold 珠宝设计

本章主要介绍 Rhino 6.0 的珠宝设计插件 RhinoGold 的工作界面及其工具的基本用法，让珠宝设计爱好者更容易地掌握 RhinoGold 的使用技巧。

- ☑ RhinoGold 概述
- ☑ 利用变动工具设计首饰
- ☑ 宝石工具
- ☑ 珠宝工具
- ☑ 珠宝设计实战案例

扫码看视频

hinoGold

6.1 RhinoGold 概述

RhinoGold 是一个专业的 3D 软件，用来设计立体的珠宝造型，输出的文件适用于大多数打印设备，能制作尺寸精准的可铸造模型。

RhinoGold 是闻名全球的珠宝设计方案提供商 TDM Solutions 旗下的产品。TDM Solutions 是一家特别重视珠宝产业，并且提供各式产业数字辅助设计/制造（CAD/CAM）解决方案的企业。同时提供数字辅助设计/制造方案给汽车产业、模具制造业、模型制作产业、鞋业以及一般机械设备产业。TDM Solutions 开发了 RhinoGold 以及其他插件如 RhinoMold、RhinoNest、Clayoo 与 RhinoShoe。

TDM Solution 企业于 2001 年设立于西班牙巴塞罗那。现在，TDM Solutions 已在全球超过 25 个国家销售插件，并拥有超过 80 个经销商。

6.1.1 RhinoGold 6.6 软件的下载与安装

RhinoGold 6.6 能完美地与 Rhino 6.0 结合使用。RhinoGold 6.6 引进了先进的装饰和快速省时工具。

首先进入 RhinoGold 的官网（https://www.tdmsolutions.com/zh-hans/），下载 GateApp.exe。RhinoGold 6.6 软件可以免费试用（期限为 15 天：第一次试用期为 2 天，之后可以继续试用 13 天），为初学者提供了便利的学习机会。下面详细介绍安装过程。

案例 ——RhinoGold 6.6 的安装

① 双击 RhinoGold 6.6 的安装程序 GateApp.exe，启动安装界面，如图 6-1 所示。注意，第一次弹出安装界面，需要注册一个账号。

② 在安装界面底部单击【立即升级】按钮，弹出 RhinoGold 6.6 下载界面。选择匹配的 Rhino 6.0 版本，然后单击【尝试】按钮，系统会自动从官网下载 RhinoGold 6.6 程序包，并完成自动安装，无须人为值守安装，如图 6-2 所示。

③ 安装完成后，会在桌面上生成 RhinoGold 6.6 软件的快捷方式[PG]。双击此快捷方式，启动 RhinoGold 6.6，首次试用软件必须单击【继续】按钮，如图 6-3 所示。

④ 接着在新弹出的界面中单击【购买】或【尝试】按钮，如果继续试用，请单击【尝试】按钮，如图 6-4 所示。随后进入 RhinoGold 6.6 工作界面，如图 6-5 所示。既然 RhinoGold 6.6 是 Rhino 6.0 的插件，那么也可在 Rhino 6.0 界面中使用 RhinoGold 的相关设计工具，如图 6-6 所示。在 Rhino 6.0 中设计珠宝，赋予材质后不会进行实时渲染。在 RhinoGold 6.6 中

进行设计，可以实时观察珠宝的渲染效果，所以本章均在 RhinoGold 6.6 中进行设计。

图 6-1　启动安装界面

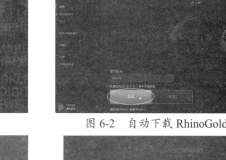

图 6-2　自动下载 RhinoGold 6.6 并安装

图 6-3　试用软件

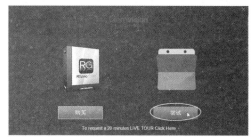

图 6-4　选择继续尝试

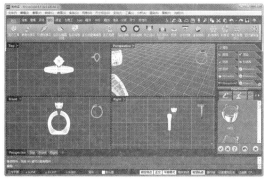

图 6-5　RhinoGold 6.6 工作界面

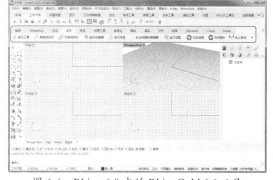

图 6-6　Rhino 6.0 中的 RhinoGold 6.6 工具

6.1.2　RhinoGold 6.6 的设计工具

在 RhinoGold 6.6 工作界面中，功能区包含多个用于设计珠宝首饰的工具，【绘制】、【建模】、【变动】、【渲染】、【分析】及【尺寸】等选项卡下的工具，均属于 Rhino 6.0 的设计工具。

RhinoGold 6.6 工作界面与 Rhino 6.0 的工作界面基本相同，并且 RhinoGold 的视图操控与 Rhino 的视图操控也是完全相同的。如果习惯了其他三维软件的键鼠操作方式，可以通过在菜单栏中选择【文件】|【选项】命令，打开【Rhino 选项】对话框。在左侧列表中选择【鼠标】选项，然后在右边的选项设置区域中设置键鼠操控方式，如图 6-7 所示。

在 RhinoGold 6.6 中使用键鼠操控视图的方法如下。

- 单击鼠标左键：选择对象。
- 单击鼠标中键：弹出功能选择菜单。
- 单击鼠标右键：重复选择上一次命令。
- 鼠标中键滚轮：滚动滚轮，缩放视图。
- 按下鼠标右键拖动：旋转视图。
- 按下鼠标右键+Shift 键拖动：平移视图。
- 按下鼠标右键+Ctrl 键拖动：缩放视图。

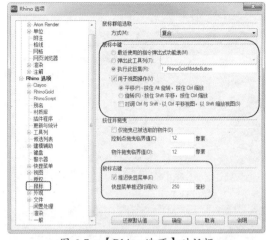

图 6-7　【Rhino 选项】对话框

6.2　利用变动工具设计首饰

【变动】选项卡下的工具在第 2 章中已经详细介绍过了。下面主要利用这些变动工具来做首饰设计练习。RhinoGold 6.6 的【变动】选项卡如图 6-8 所示。

图 6-8　【变动】选项卡

案例　——【操作轴变形器】应用练习

① 打开本例源文件"6-1.3dm"，练习模型如图 6-9 所示。

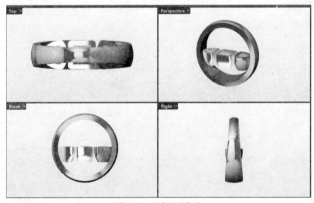

图 6-9　练习模型

② 在【变动】选项卡下的【常用】面板中，单击【操作轴变形器】按钮，然后在 Front 视图中按住 Shift 键选中中间的宝石及包镶，向上拖动绿色轴箭头改变其位置，如图 6-10 所示。

③ 同理，将左侧的宝石及包镶也拖动到如图 6-11 所示的位置，然后拖动蓝色的旋转弧改变其方向。

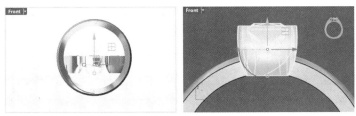

图 6-10　拖动中间的宝石及包镶

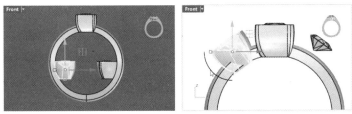

图 6-11　拖动左侧的宝石及包镶并旋转

💡 技术要点

如果仅选择宝石，系统会自动检测到与宝石有关联的包镶，并且能够同时移动它。

④ 再将右侧的宝石及包镶进行平移和旋转，效果如图 6-12 所示。

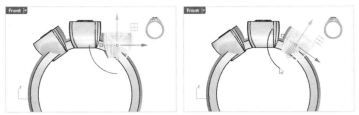

图 6-12　拖动右侧的宝石及包镶并旋转方向

⑤ 在【珠宝】选项卡的【戒指】面板中，单击【手指尺寸】命令菜单中的【尺寸测量器】按钮，在软件窗口右侧显示的【RhinoGold】控制面板中单击 ✿ 按钮，设置圆柱底面直径为 15mm、圆柱高度为 10mm，单击控制面板底部的【确定】按钮 ✔，完成圆柱实体（此实体代表了人体手指）的创建，如图 6-13 所示。

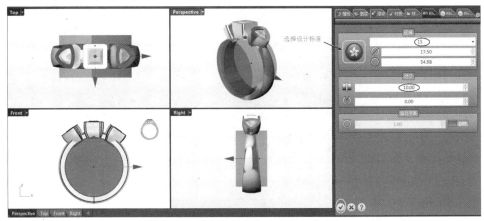

图 6-13　创建模拟手指尺寸的圆柱实体

⑥ 在【建模】选项卡的【修改实体】面板中，单击【布尔运算-差集】按钮 ⚪，在任意一个视图中按住 Shift 键选取 3 个包镶作为分割主体，按 Enter 键确认，再选择圆柱实体作为切

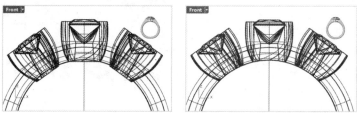

割工具，按 Enter 键确认，完成切割操作，如图 6-14 所示。

图 6-14　切割包镶中多余的部分

⑦　完成本练习，保存结果文件。

案例——【动态环形阵列】应用练习

①　打开本练习模型文件"6-2.3dm"，如图 6-15 所示。

②　在【变动】选项卡的【阵列】面板中，单击【动态环形阵列】按钮，在【RhinoGold】控制面板中显示环形阵列选项，如图 6-16 所示。

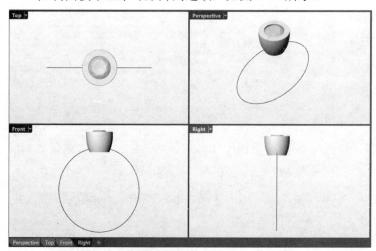

图 6-15　练习模型

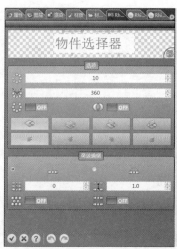

图 6-16　【RhinoGold】控制面板中
的环形阵列选项设置

③　在视图中先选取宝石与包镶，然后在【RhinoGold】控制面板中的物件选择器上单击，添加要阵列的对象，如图 6-17 所示。

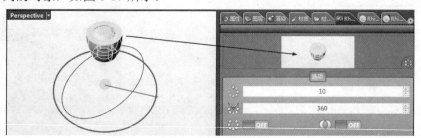

图 6-17　添加要阵列的对象

④　在控制面板中设置【副本】数为 13，单击【前】按钮，其他选项保持默认，单击【确

定】按钮完成动态环形阵列操作，如图 6-18 所示。

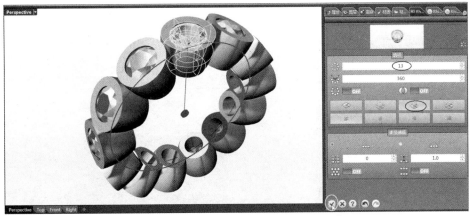

图 6-18 设置环形阵列选项完成阵列操作

案例 ——【动态阵列】应用练习

① 打开本练习模型文件 "6-3.3dm"，如图 6-19 所示。

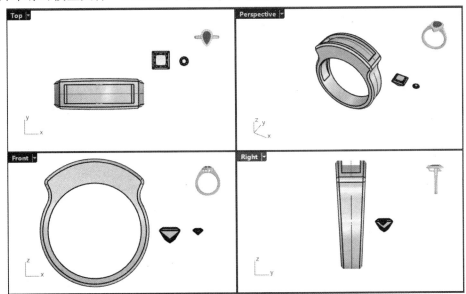

图 6-19 练习模型

② 在【变动】选项卡的【阵列】面板中，单击【动态阵列】按钮，在【RhinoGold】控制面板中显示动态阵列选项。动态阵列有 3 个物件选择器：阵列对象选择器、参考曲线选择器和参考曲面选择器。

③ 在视图中选取较大的那颗宝石作为阵列对象，然后单击阵列对象选择器，将宝石添加到选择器中，如图 6-20 所示。

④ 在视图中选取曲线，然后将其添加到参考曲线选择器中，如图 6-21 所示。

⑤ 在视图中选择戒指，再将其添加到曲面选择器中，如图 6-22 所示。

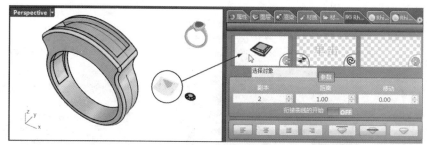

图 6-20　添加阵列对象

图 6-21　添加参考曲线

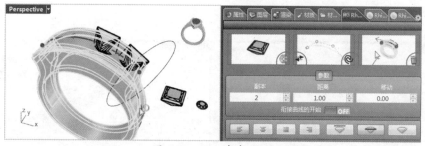

图 6-22　添加参考曲面

⑥　设置【副本】数为 4，设置阵列【距离】为 0.4，单击【对齐中心】按钮 ，再单击【对齐顶端】按钮 ，最后单击【确定】按钮 ，完成动态阵列，效果如图 6-23 所示。

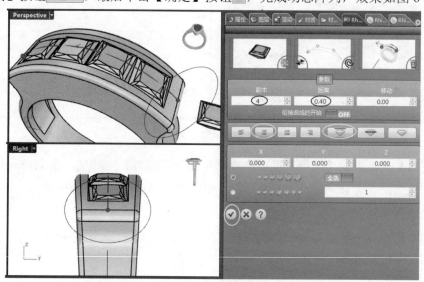

图 6-23　阵列预览

⑦ 再次单击【动态阵列】按钮🔄，在视图中依次选取圆形宝石，将其添加到阵列对象选择器，选取指环中间的曲线，将其添加到参考曲线选择器，选择戒指实体，将其添加到参考曲面选择器，如图 6-24 所示。

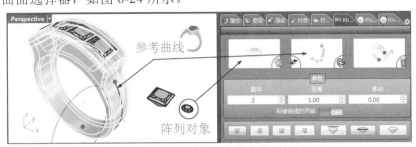

图 6-24　添加阵列对象、参考曲线和参考曲面

⑧ 输入【副本】数 7，输入阵列【距离】值 0.4，再设置其他选项及参数，预览效果如图 6-25 所示。最后单击【确定】按钮✔完成动态阵列。

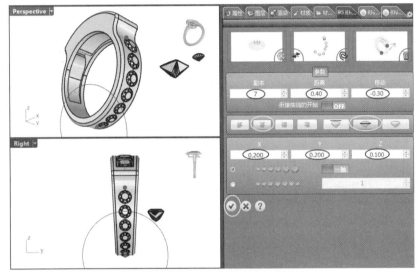

图 6-25　设置阵列选项后的预览效果

⑨ 最后保存结果文件。

案例 ——【沿着曲线放样】应用练习

本练习的主要目的是将对象由一条曲线变形至另一条曲线上。

① 打开本练习模型文件 "6-4.3dm"，如图 6-26 所示。

② 在软件窗口底部的状态栏中开启【记录构建历史】选项，并开启【过滤器】中的【子物件】选项。

③ 在【变动】选项卡的【变形】面板中，单击【沿着曲线放样】按钮🖉，然后按命令行中的提示进行操作。首先选择实体物件作为要放样的对象，按 Enter 键后，选择实体中间的那条红色直线作为基准线，并在命令行中选择【延展（S）=是】选项，紧接着选取圆形曲线作为目前的曲线，最后按 Enter 键完成放样操作，如图 6-27 所示。

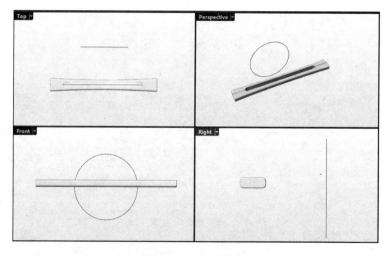

图 6-26　练习模型

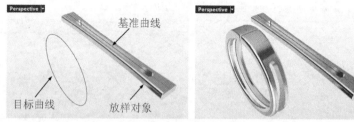

图 6-27　沿曲线放样

④　保存结果文件。

案例 ──【沿着曲面放样】应用练习

　　本练习的主要目的是将一个物体从一个曲面变形至另一个曲面上，这个练习对于复杂的 3D 设计非常有用。

①　打开本练习模型文件"6-5.3dm"，如图 6-28 所示。

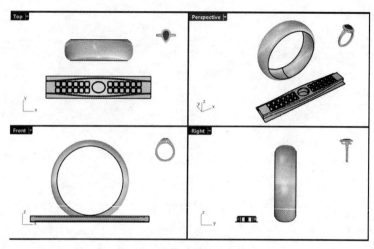

图 6-28　练习模型

② 在软件窗口底部的状态栏中开启【记录构建历史】选项，并开启【过滤器】中的【子物件】
选项。

③ 在【变动】选项卡的【变形】面板中，单击【沿着曲面放样】按钮 📦，然后按命令行中的
提示进行操作。依次选择放样的物件、基础曲面和目标曲面，最后按 Enter 键，完成放样
操作，如图 6-29 所示。

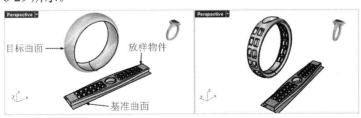

图 6-29   沿曲面放样

④ 保存结果文件。

6.3   宝石工具

在 RhinoGold 中，使用【宝石】选项卡中的工具可以创建标准的宝石，也可以创建自定义
的宝石。【宝石】选项卡如图 6-30 所示。

图 6-30   【宝石】选项卡

6.3.1   创建宝石

在【宝石】选项卡中，使用【创建】面板中的工具可以创建标准的和用户自定义的宝石，
如图 6-31 所示。

下面简单介绍这些宝石创建工具的基本用法。

1.【宝石工具】

【宝石工具】允许用户根据美国宝石协会（Gemological Institute of America，GIA）标准与
用户自定义的尺寸大小，在模型中放置使用不同切割方式创建的宝石。单击【宝石工具】按钮
📦，【RhinoGold】控制面板中会显示宝石创建选项，如图 6-32 所示。

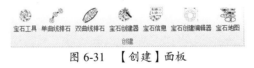

图 6-31   【创建】面板

创建宝石的基本过程如下：

① 在【RhinoGold】控制面板中选择宝石形状。

② 选择宝石材质。

③ 设置宝石的各项参数。

④ 在控制面板底部单击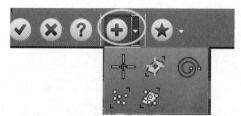，展开【插入平面原点】菜单，如图 6-33 所示。选择一种宝石插入方式，将宝石插入到视图中。

图 6-32　宝石创建选项　　　　　　图 6-33　【插入平面原点】菜单

● 选择点：必须选择插入点以插入宝石，可以使用参考对象上的点。宝石的方向是由当前的工作平面来决定的。

● 选择对象上的点：实际上是在曲面对象上指定一个放置点。

● 选择曲线上的点：选择一条直线或曲线，来定义宝石的方向（在曲线所在平面的法向），并且宝石底部的点在曲线起点上。

● 选择点：在视图中任意选择一个点来放置宝石，宝石方向由当前工作平面决定。

● 在曲面上选择点：其实就是选择曲面上的已有点作为宝石底部放置点，并且宝石方向就是该点位置的曲面法向。

案例 ——【宝石工具】应用练习

① 打开本练习模型文件 "6-6.3dm"，如图 6-34 所示。

② 在【宝石】选项卡的【创建】面板中，单击【宝石工具】按钮，然后在【RhinoGold】控制面板中选择宝石形状及宝石材质，并设置宝石的相关参数，选择宝石插入方式为【选择点】，如图 6-35 所示。

③ 然后在视图中框选要插入宝石的点，如图 6-36 所示。最后按 Enter 键完成宝石的创建，如图 6-37 所示。

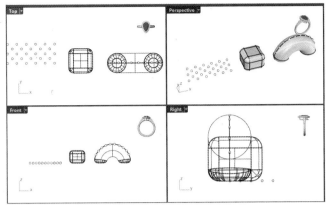

图 6-34　练习模型

图 6-35　设置宝石选项

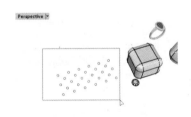

图 6-36　选取要插入宝石的点

④　同理，再选择【宝石工具】，设置相同的宝石形状及参数，选择【在曲面上选择点】 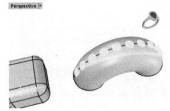 的宝石插入方式，在圆环体上选取点和曲面来插入宝石，如图6-38所示。最后单击控制面板中的【确定】按钮 ✔ 结束操作。最后保存结果文件。

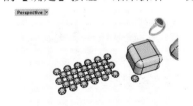

图 6-37　以【选择点】的方式插入宝石

图 6-38　以【在曲面上选择点】的方式插入宝石

> 💡 技术要点
>
> 　　如果要编辑宝石的参数，选中宝石后按键盘上的F2键，可再次打开【RhinoGold】控制面板，编辑参数后，单击【确定】按钮即可。

2. 宝石创建器

【宝石创建器】工具可以根据封闭的曲线来创建任意形状的宝石。下面通过具体案例说明此工具的用法。

案例 ——【宝石创建器】工具应用练习

① 打开本练习模型文件 "6-7.3dm"，如图 6-39 所示。

② 在【宝石】选项卡的【创建】面板中，单击【宝石创建器】按钮 🔆，在【RhinoGold】控制面板中显示宝石创建器的相关选项。

③ 在视图中选取一个正六边形的封闭曲线，然后在【RhinoGold】控制面板中的参考曲线选择器中单击，此时在视图中已经可以预览一颗宝石的形状，如图 6-40 所示。

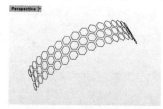

图 6-39　练习模型

图 6-40　预览宝石形状

④ 接着在材质选择器中单击【选择宝石材质】按钮 🖼，从弹出的【宝石材质选择器】对话框中选择一种材质（必须双击材质才能将其应用到宝石中），如图 6-41 所示。

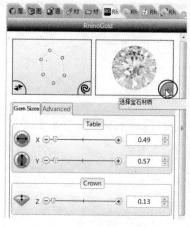

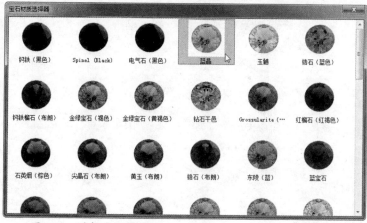

图 6-41　选择宝石材质

⑤ 最后单击控制面板底部的【确定】按钮 ✅，完成一颗宝石的创建。同理，可以继续选取其他封闭曲线来创建宝石。

6.3.2　排石

"排石" 就是在戒指曲面上排布钻石和钉镶。下面介绍排石工具的用法。

1.【双曲线排石】 ✏

使用【双曲线排石】工具可以在两条曲线中放置多颗宝石。

案例 ——【双曲线排石】应用练习

① 打开本练习模型文件"6-8.3dm"，如图 6-42 所示。

② 在【宝石】选项卡的【创建】面板中，单击【双曲线排石】按钮✏，在【RhinoGold】控制面板中显示双曲线排石的相关选项。

③ 在视图中按住 Shift 键选取两条曲线，如图 6-43 所示。

图 6-42 练习模型

两条曲线

图 6-43 选取两条曲线

④ 然后在【RhinoGold】控制面板中的参考曲线选择器中单击，将所选曲线添加到参考曲线选择器中。为宝石选择材质后，在控制面板底部单击【预览】按钮🔍，系统会自动计算两条曲线之间的距离和曲线长度，并自动插入符合计算结果的宝石，如图 6-44 所示。

图 6-44 双曲线排石

⑤ 单击【确定】按钮✔，完成宝石的创建。

2.【自动排石】 ❀

使用【自动排石】工具可以在任意物件上自动分布或动态摆放宝石。

案例 ——【自动排石】应用练习

① 打开本练习模型文件"6-9.3dm"，如图 6-45 所示。

② 在【宝石】选项卡的【排石】面板中，单击【自动排石】按钮❀，在【RhinoGold】控制面板中显示自动排石选项。

③ 在控制面板中单击参考曲面选择器，然后在视图中选取戒指头部的曲面，将其添加到参考曲面选择器中，如图 6-46 所示。

图 6-45　练习模型

图 6-46　选取曲面添加到曲面选择器

④ 然后在【RhinoGold】控制面板中设置宝石排布参数，并在【宝石尺寸】选项卡下设置宝石尺寸，如图 6-47 所示。

⑤ 在控制面板的【钉镶】选项卡下设置钉镶参数，如图 6-48 所示。

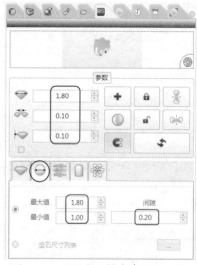

图 6-47　设置宝石排布参数及尺寸

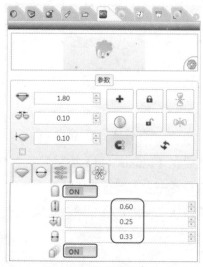

图 6-48　设置钉镶参数

⑥ 单击控制面板底部的【预览】按钮 🔍，并且在接着头部的曲面上指定中点，按 Enter 键确认，随后显示排石预览效果，如图 6-49 所示。

⑦ 单击【确定】按钮 ✓，完成自动排石操作，效果如图 6-50 所示。

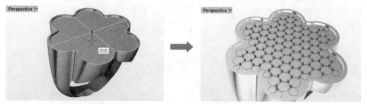

图 6-49　预览排石效果

图 6-50　自动排石的效果

3.【UV 排石】

使用【UV 排石】工具可以在任意形状的曲面上按照 U、V 方向完成排石工作。

案例 ——【UV 排石】应用练习

① 打开本练习模型文件"6-10.3dm"，如图 6-51 所示。

② 在【宝石】选项卡的【排石】面板中，单击【UV排石】按钮 💠，在【RhinoGold】控制面板中显示 UV 排石设置选项。

③ 在控制面板中单击参考曲面选择器，然后在视图中选取一个曲面，将其添加到参考曲面选择器中，如图 6-52 所示。

图 6-51　练习模型

图 6-52　选取参考曲面添加到参考曲面选择器

④ 宝石材质保持默认设置。在【Automatic】选项区域设置宝石尺寸及间距，单击【添加】按钮，如图 6-53 所示。

⑤ 然后到视图中所选的曲面上放置宝石，放置时注意宝石的位置，因为此位置的宝石也是 UV 排石的第一行，此行最为关键，如图 6-54 所示。

⑥ 确定第一行宝石位置后，系统会自动计算整个曲面，以自动的方式来排布宝石，直至排布均匀，如图 6-55 所示。

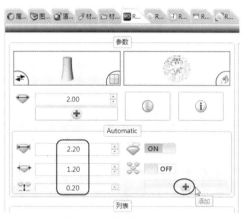

图 6-53　设置宝石尺寸

☀ 技术要点

如果自动排布的效果不好，可以在视图中的排石预览图中单击 ➕ 或者 ➖ 按钮，添加新行或者减少行数。

⑦ 最后单击【确定】按钮 ✔，完成 UV 排石操作，效果如图 6-56 所示。

图 6-54　确定第一行宝石位置

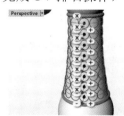

图 6-55　预览 UV 排石效果

图 6-56　UV 排石的效果

6.3.3　珍珠与蛋面宝石

珍珠与蛋面宝石属于宝石中的特殊品种。

1.【珍珠】工具 🔵

珍珠是一种古老的有机宝石，主要产在珍珠贝类和珠母贝类软体动物体内。使用【珍珠】工具可以创建圆形珍珠、珍珠线及半球罩。下面通过具体案例说明珍珠的创建过程。

案例 ——【珍珠】应用练习

① 打开本练习模型文件 "6-11.3dm"，如图 6-57 所示。

② 在【宝石】选项卡的【工具】面板中，单击【珍珠】按钮 ，在【RhinoGold】控制面板中显示珍珠创建选项。

③ 在控制面板中设置珍珠直径尺寸、珍珠线及半球罩的尺寸，如图 6-58 所示。

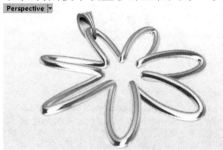

图 6-57　练习模型　　　　　　　　　图 6-58　定义珍珠、珍珠线及半球罩尺寸

④ 单击【确定】按钮 ，完成珍珠的创建，效果如图 6-59 所示。

⑤ 但是创建的珍珠并没有在预定的位置，在 Front 视图中可以通过操作轴将珍珠向下平移到首饰的中心位置，如图 6-60 所示。

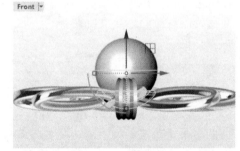

图 6-59　创建的珍珠　　　　　　　　　图 6-60　平移珍珠到合适的位置

⑥ 利用【布尔运算-并集】工具可以将珍珠半球罩与首饰的其他金属合并，得到如图 6-61 所示的完成效果图。

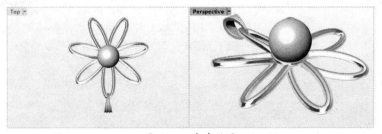

图 6-61　珍珠效果

2.【蛋面宝石工作室】工具

蛋面宝石主要指被加工成蛋面形状的玉石的叫法，比如祖母绿、翡翠、玛瑙等。使用【蛋面宝石工作室】工具能轻松地创建出 4 种蛋面形状的蛋面宝石。

案例 ——【蛋面宝石工作室】应用练习

① 打开本练习模型文件 "6-12.3dm"，如图 6-62 所示。

② 在【宝石】选项卡的【工具】面板中，单击【蛋面宝石工作室】按钮，在【RhinoGold】控制面板中显示蛋面宝石创建选项。

③ 在控制面板中设置蛋面类型为"椭圆形蛋面宝石"、侧面为"共同侧"，并设置所选蛋面类型的相关尺寸，如图 6-63 所示。

图 6-62 练习模型

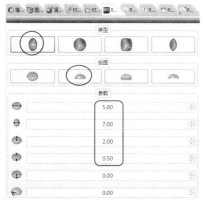

图 6-63 设置蛋面宝石类型及其他参数

图 6-64 创建的蛋面宝石

④ 单击【确定】按钮，完成蛋面宝石的创建，效果如图 6-64 所示。

6.4 珠宝工具

RhinoGold 的珠宝工具主要用来设计首饰中的金属部分，如戒指的戒环、宝石的钉镶/爪镶、首饰链条、吊坠及挂钩等。

设计珠宝的工具在【珠宝】选项卡中，如图 6-65 所示。

图 6-65 【珠宝】选项卡

6.4.1 戒指设计

1. 设计素戒指

在【戒指】面板的【戒指】下拉菜单中，有 4 种方式可以创建不带珠宝的戒指（也称"素戒指"），如图 6-66 所示。

接下来以案例的形式讲解 4 种素戒指的创建。

案例 ——利用【Wizard】戒指向导设计戒指

① 在菜单栏中选择【文件】|【新建】命令，新建 Rhino 文件，如图 6-67 所示。

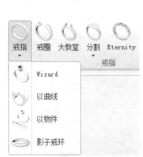

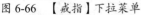

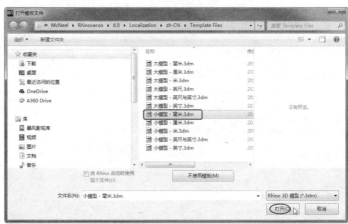

图 6-66 【戒指】下拉菜单

图 6-67 新建 Rhino 文件

② 单击【Wizard】按钮，【RhinoGold】控制面板中显示戒指向导选项界面，如图 6-68 所示。

③ 首先在【截面】选项卡中选择戒指的截面形状，双击编号为 008 的截面，在视图中显示预览效果，如图 6-69 所示。

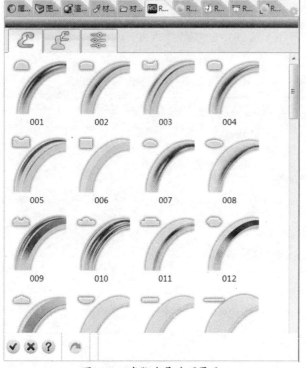

图 6-68 戒指向导选项界面

图 6-69 选择戒指截面

④ 在【参数设置】选项卡下，选择戒指设计标准（Hong Kong）、材质，并设置戒指参数，如图 6-70 所示。最后单击【确定】按钮 ✔，完成戒指的设计，如图 6-71 所示。

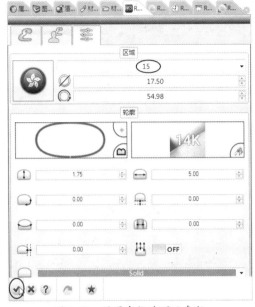

图 6-70 设置戒指选项及参数

图 6-71 戒指效果图

案例 ——利用【以曲线】设计戒指

① 在菜单栏中选择【文件】|【新建】命令，新建 Rhino 文件。

② 单击【以曲线】按钮，【RhinoGold】控制面板中显示戒指设计界面，系统会根据默认的参数创建一个戒指，如图 6-72 所示。

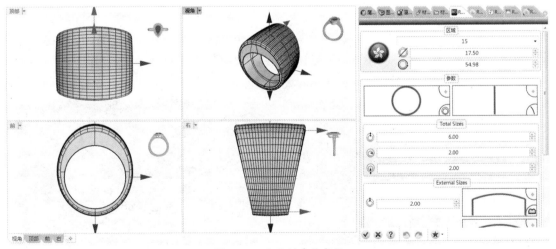

图 6-72 默认创建的戒指

③ 通过戒指设计界面，调整戒指设计标准、选择戒指材质、戒指头部形状、戒指侧面形状、截面形状等，设置的选项与参数，会及时反馈到视图中的戒指预览模型上，如图 6-73 所示。

④ 最后单击【确定】按钮 ✔，完成戒指的设计，如图 6-74 所示。

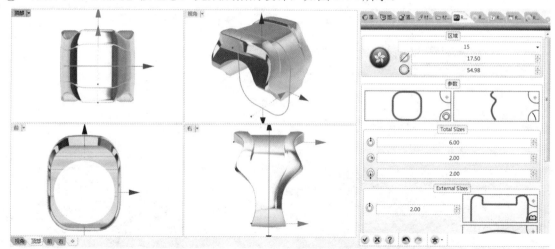

图 6-73　设置戒指选项及参数

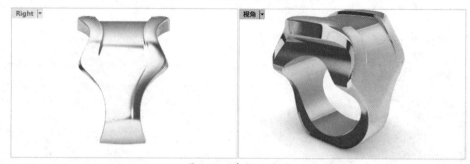

图 6-74　戒指效果图

案例 ——利用【以物件】设计戒指

① 打开本练习模型文件 "6-13.3dm"，如图 6-75 所示。

② 单击【以物件】按钮 ，【RhinoGold】控制面板中显示戒指设计界面。在视图中选取实体添加到控制面板中的选择器中，如图 6-76 所示。

图 6-75　练习模型

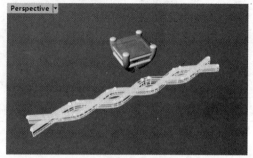

图 6-76　选择实体和曲线

③ 选择戒指设计标准为 Hong Kong 的 12 号，戒指直径为 16mm，系统会根据默认的参数创建一个戒指，如图 6-77 所示。

④　单击【确定】按钮 ✅，完成戒指的设计，如图 6-78 所示。

图 6-77　选择戒指设计标准

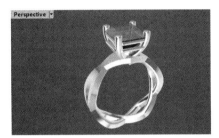

图 6-78　戒指效果图

案例 ——利用【影子戒环】设计戒指

①　在菜单栏中选择【文件】|【新建】命令，新建 Rhino 文件。

②　单击【影子戒环】按钮，【RhinoGold】控制面板中显示戒指设计界面，首先在控制面板中选择戒指设计标准为 Hong Kong 的 12 号，然后在【参数】选项卡下设置戒环的截面形状与参数，如图 6-79 所示。

③　然后在【宝石和刀具】选项卡下设置宝石参数，如图 6-80 所示。

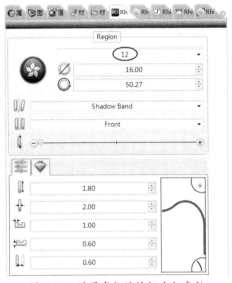

图 6-79　设置戒指设计标准与参数

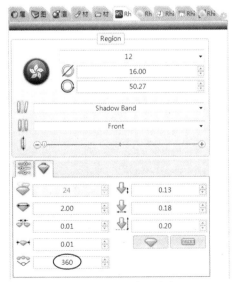

图 6-80　设置宝石参数

④　最后单击【确定】按钮 ✅，完成戒指的设计，如图 6-81 所示。

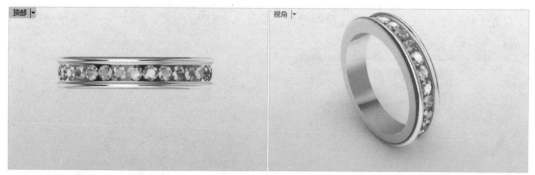

图 6-81　戒指效果图

2. 戒圈设计

利用戒指库中的戒圈外环样式，也可以创建戒环。

案例 ——利用【戒圈】设计戒指

① 在菜单栏中选择【文件】|【新建】命令，新建 Rhino 文件。

② 单击【戒圈】按钮，【RhinoGold】控制面板中显示戒指设计界面，此时系统会自动显示一个戒圈预览效果，如图 6-82 所示。

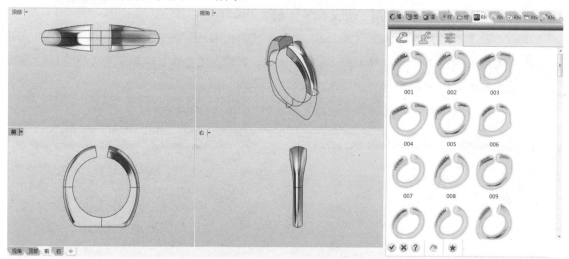

图 6-82　默认的戒圈预览效果

③ 在【截面库】选项卡 中选择一个戒圈外环截面，视图中的预览随之更新。选择编号为 083 的截面形状，然后在【参数】设置选项卡下选择戒指设计标准及戒圈参数，如图 6-83 所示。

④ 最后单击【确定】按钮，完成戒指的设计，如图 6-84 所示。

3. 空心环

【空心环】工具允许用户将戒指内侧掏空，再自定义自己想要的厚度。

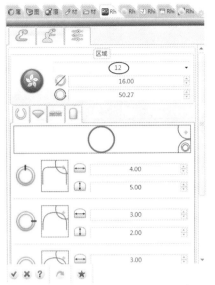

图 6-83 设置戒指设计标准与戒圈参数

图 6-84 戒指效果图

案例 ——利用【空心】命令设计戒指

① 打开本练习模型文件"6-14.3dm",如图 6-85 所示。。

② 单击【空心】按钮 🖐 ,【RhinoGold】控制面板中显示戒指设计界面。在视图中选取实体曲面添加到控制面板中的曲面选择器中。

③ 接着选取要删除的曲面,如图 6-86 所示,然后按 Enter 键确认。

图 6-85 练习模型

图 6-86 选择要删除的曲面

④ 保持控制面板中的默认设置,单击【确定】按钮 ✅ ,完成空心戒指的设计,如图 6-87 所示。

⑤ 空心戒指的效果如图 6-88 所示。

图 6-87 空心戒指选项设置

图 6-88 空心戒指效果图

4. 其他戒指设计工具

【戒指】面板中的其他戒指设计工具，与【戒圈】工具的应用方法一致。如图 6-89～图 6-94 所示为其他类型戒指的效果图。

图 6-89　大教堂戒

图 6-90　分叉柄戒

图 6-91　高级分叉柄戒

图 6-92　Eternity 环圈戒

图 6-93　花纹戒

图 6-94　印章戒

6.4.2　宝石镶脚设计

当完成首饰中宝石的创建后，还要添加镶脚将其固定。镶脚的设计工具如图 6-95 所示。

1. 爪镶

下面通过案例说明【爪镶】工具在首饰设计中的应用。在本例中，将会使用 Rhino Gold 中常用的建模工具，如：宝石工具、爪镶、智能曲线、挤出、圆管、动态弯曲，以及动态圆形数组等。本例的首饰效果如图 6-96 所示。

图 6-95　镶脚设计工具

图 6-96　花瓣形戒指

案例——爪镶设计

① 在菜单栏中选择【文件】|【新建】命令，新建 Rhino 文件。

② 在【珠宝】选项卡中，单击"戒指"面板中的【Wizard】按钮 ，定义一个 Hong Kong 的 16 号、RG004 号截面曲线、上方截面尺寸为 2mm×6mm、下方截面尺寸为 2mm×3mm 的戒圈，如图 6-97 所示。

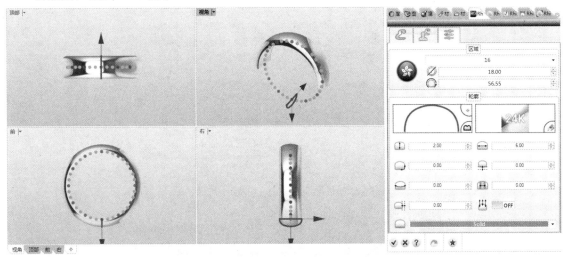

图 6-97　创建戒圈

💡 技术要点

　　默认状态下，只有一个操作轴，在戒圈下方的象限点（也叫方位球）上，可以先在对话框中设置下方的截面尺寸为 3mm×2mm。然后在视图中单击戒圈上方的象限点，显示操作轴，此时就有两个操作轴了。如果不想同时改变整个戒圈形状，请单击上方或下方的截面曲线，这样就会隐藏这一方的操作轴。那么在对话框中设置的截面参数仅仅对显示操作轴的那一方产生效果。如图 6-98 所示为添加操作轴示意图。

③ 在【珠宝】选项卡中，单击"戒指"面板中的【爪镶】按钮 ，在【RhinoGold】控制面板中的爪镶外形库中双击编号为 004 的爪镶外形，在视图中可以预览爪镶，如图 6-99 所示。

④ 在视图中选中宝石并按下 F2 键，在【RhinoGold】控制面板中编辑宝石参数，瓜镶会随着宝石尺寸的变化而变化，如图 6-100 所示。

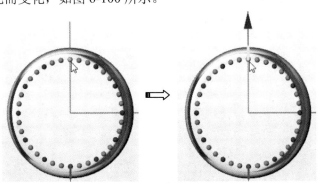

图 6-98　添加操作轴

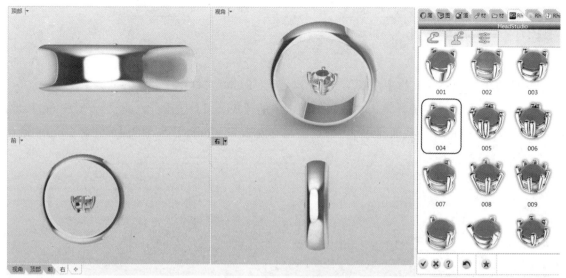

图 6-99　选择爪镶形状

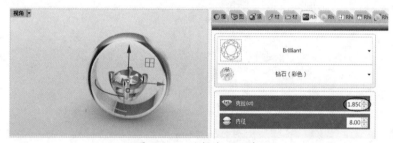

图 6-100　编辑宝石尺寸

⑤ 利用操作轴将爪镶及宝石平移到戒圈上，完成爪镶的设计，如图 6-101 所示。

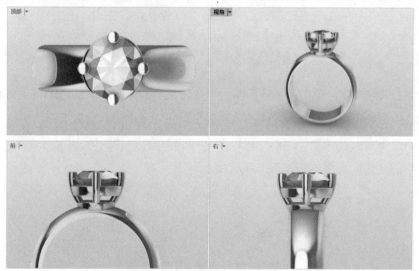

图 6-101　爪镶设计完成的效果

2. 钉镶

下面通过案例说明【钉镶】工具在首饰设计中的实战应用。本例是上一案例的延续。

案例 ——钉镶设计

① 在【绘制】选项卡中单击【智能曲线】按钮 ，在命令行中设置对称、垂直选项，然后绘制如图 6-102 所示的曲线。然后单击【插入控制点】按钮 和【控制点】按钮 ，调整曲线，如图 6-103 所示。

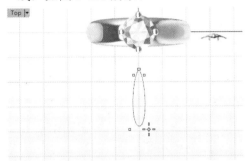
图 6-102　绘制智能曲线

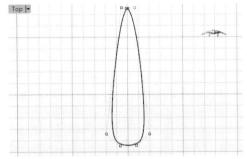
图 6-103　编辑曲线控制点

② 单击【偏移】按钮 ，创建偏移距离为 0.5mm 的偏移曲线，如图 6-104 所示。

③ 在【建模】选项卡中单击【挤出】按钮 ，选择里面的曲线创建挤出实体，厚度为 1mm，如图 6-105 所示。

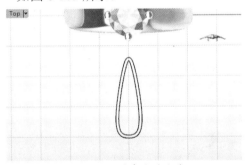
图 6-104　创建偏移曲线

图 6-105　创建挤出实体

④ 单击【圆管】按钮 ，沿着偏移曲线创建直径为 1mm 的圆管，如图 6-106 所示。

⑤ 在【变动】选项卡中单击【动态弯曲】按钮 ，按住 Shift 键选取挤出实体和圆管，进行动态弯曲，如图 6-107 所示。

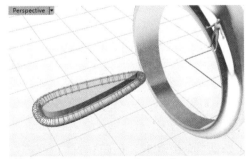
图 6-106　创建圆管

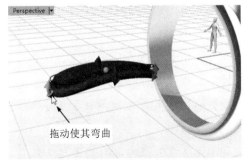
拖动使其弯曲
图 6-107　动态弯曲

⑥ 选中动态弯曲的两个实体，利用软件窗口底部状态栏中的【操作轴】工具，将实体移至爪钉位置。用同样的方法再使挤出实体和圆管实体重合，如图 6-108 所示。

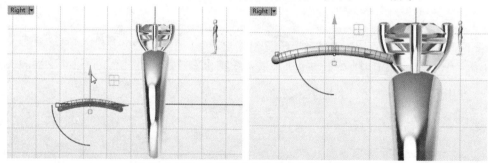

图 6-108 平移并重合挤出实体与圆管

⑦ 在【宝石】选项卡中，利用【宝石工具】在【RhinoGold】控制面板底部单击【插入平面原点】按钮 ⊕，再单击【选取对象上的点】按钮 ✍，依次放置 4 个内径平均相差 0.5mm（从 1.5mm 到 3mm）的钻石，如图 6-109 所示。

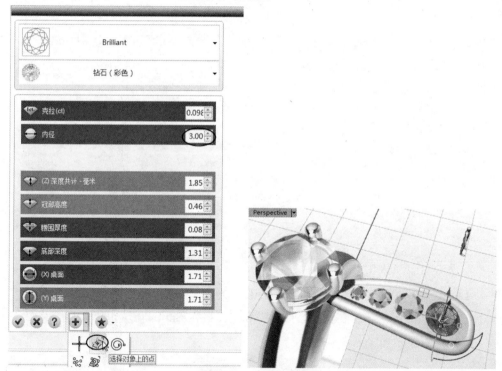

图 6-109 创建宝石

⑧ 在【珠宝】选项卡中单击【钉镶】下拉按钮，再单击【于线上】按钮 ⚙，【RhinoGold】控制面板中显示线性钉镶设置选项。按住 Shift 键选取 4 颗钻石，将其添加到选择器中，设置钉镶参数，依次为 4 颗钻石插入钉镶，如图 6-110 所示。注意，需要手动移动钉镶的位置。

⑨ 利用【珠宝】选项卡中的【刀具】工具，创建 4 颗钻石的开孔器，如图 6-111 所示。

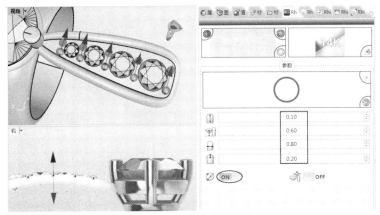

图 6-110　创建线性钉镶

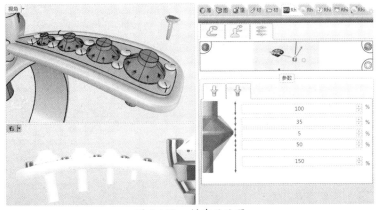

图 6-111　创建开孔器

⑩　利用【布尔运算-差集】工具，从挤出实体中修剪出开孔器。

⑪　利用【变动】选项卡中的【动态圆形阵列】工具，创建动态圆形阵列，如图 6-112 所示。

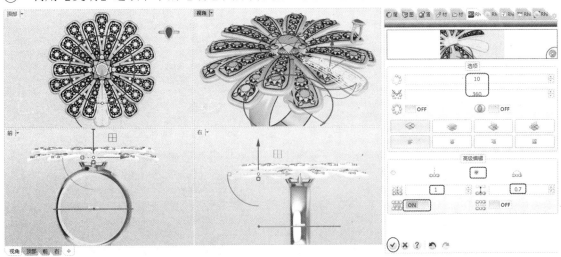

图 6-112　创建动态圆形阵列

⑫　至此，完成了花瓣形宝石戒指的造型设计。

3. 包镶

【包镶】工具允许用户创建参数化和可编辑的镶脚。在本例中，将会使用 RhinoGold 中常用的建模工具，如宝石工具、尺寸测量器、戒圈、包镶和布尔运算等。独粒宝石戒指造型如图 6-113 所示。

图 6-113　独粒宝石戒指

> ### 案例　——包镶设计

① 在菜单栏中选择【文件】|【新建】命令，新建 Rhino 文件。

② 设置戒指大小。在【珠宝】选项卡下，单击【手指尺寸】下拉按钮，再单击【尺寸测量器】按钮，在【RhinoGold】控制面板中显示尺寸测量器设置选项。

③ 在控制面板中按如图 6-114 所示设置戒指尺寸，单击【确定】按钮完成手指尺寸的测量操作。

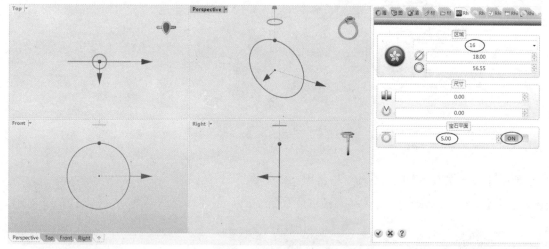

图 6-114　设置戒指尺寸

> ⚙ 技术要点
>
> 　　在这种情况下，选择 16 号 Hong Kong 测量标准，这是一个我们想要的内径的圆。我们也可以使用宝石平面选项来定义中心宝石的位置，在这种情况下，距离为 5mm。

④ 接下来在【珠宝】选项卡中单击【包镶】按钮，在【RhinoGlod】控制面板中显示包镶设置选项。在【截面形状】选项卡中双击 10 号样式，将其添加到模型中，如图 6-115 所示。

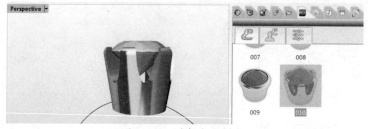

图 6-115　选择包镶样式

⑤ 在视图中选择宝石并按下 F2 键，设置其内径为 6mm，如图 6-116 所示。

图 6-116 编辑宝石内径

⑥ 在视图中选择包镶并按下 F2 键，然后设置包镶截面形状参数。接着设置缺口形状曲线，如图 6-117 所示。最后单击【确定】按钮 ✔，完成包镶设计。

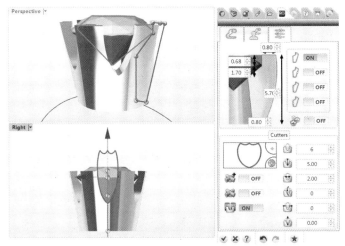

图 6-117 设置包镶缺口花纹

💡 技术要点

　　除了在控制面板中设置尺寸参数，还可以在视图中拖动控制点，手动改变包镶形状。

⑦ 现在为戒指创建一个戒指环。在【珠宝】选项卡中单击【戒圈】按钮 ◯，弹出【戒圈】对话框。选择 Hong Kong 标准，在【戒圈】选项卡下设置戒圈的截面曲线（选择 013 号曲线），并在视图中拖动操作轴箭头，改变戒圈的形状，如图 6-118 所示。其余选项保持默认，单击【确定】按钮，完成戒圈的设计。

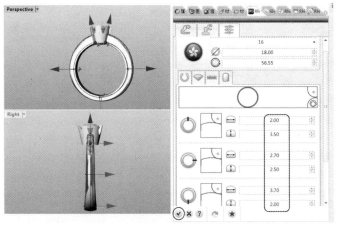

图 6-118 设置戒圈截面曲线并修改戒圈模型

⑧ 在【珠宝】选项卡中单击【刀具】按钮，弹出【开孔器】对话框。在控制面板中，为宝石选择 007 号开孔器样式，然后在控制面板中的【参数】设置选项卡下将宝石添加到选择器中。最后设置开孔器的参数，如图 6-119 所示。单击【确定】按钮，完成开孔器的创建。

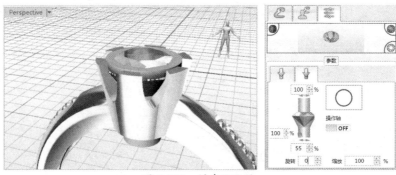

图 6-119 创建开孔器

⑨ 在【建模】选项卡的【修改实体】面板中，单击【布尔运算-差集】按钮，先选择包镶，按 Enter 键后再选择开孔器，按 Enter 键完成差集运算。

⑩ 最后单击【布尔运算-并集】按钮，将包镶和戒圈合并。至此，即完成了戒指设计。在菜单栏中选择【文件】|【另存为】命令，将戒指文件保存。

4. 轨道镶与动态截面

在这个案例中，将使用 RhinoGold 中的常用工具，如动态截面、布尔运算、轨道镶，以及开孔器等。双轨镶钻戒指造型如图 6-120 所示。

图 6-120 双轨镶钻戒指

案例 ——轨道镶与动态截面设计

① 在菜单栏中选择【文件】|【新建】命令，新建 Rhino 文件。

② 利用【珠宝】选项卡中的【尺寸测量器】工具测量手指尺寸，如图 6-121 所示。

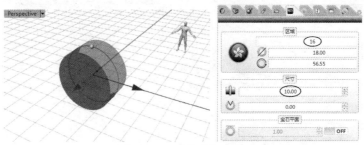

图 6-121 测量手指尺寸

③ 在【绘制】选项卡中，选择【曲线】下拉菜单中的【曲面上的内插点曲线】工具，在 Top 视图中的戒圈表面绘制曲线，绘制时请开启物件锁点的【最近点】功能，以便捕捉到

曲面边缘，如图 6-122 所示。

④ 单击【珠宝】选项卡中的【动态截面】按钮 ✎，选取曲面上的曲线创建动态截面实体，如图 6-123 所示。

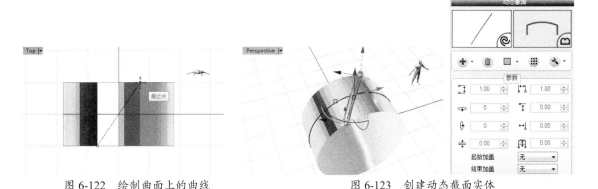

图 6-122　绘制曲面上的曲线　　　　　　图 6-123　创建动态截面实体

💡 技术要点

　　注意，两端需要往相反方向各旋转15°，使底部曲面与戒圈表面相切，为后续的设计减去不必要的差集布尔运算的麻烦，如图 6-124 所示。

⑤ 利用【变动】选项卡中的【动态圆形阵列】工具 ⁂，创建动态圆形阵列，如图 6-125 所示。

图 6-124　调整端面角度　　　　　　图 6-125　创建动态圆形阵列

⑥ 利用【变动】选项卡中【水平对称】工具 ⏳，将圆形阵列的成员进行水平镜像，结果如图 6-126 所示。选择镜像平面请在 Top 视图中进行选取。

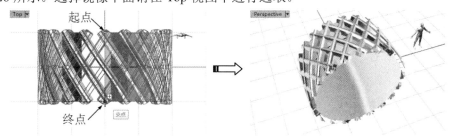

图 6-126　水平镜像

⑦ 单击【珠宝】选项卡中的【轨道镶】按钮 ✎，【RhinoGold】控制面板中显示轨道镶选项。选取戒圈的边缘，创建轨道镶，并使用同样的方法在另一侧也创建相同的轨道镶，如图 6-127 所示。

💡 技术要点

　　如果第一次不能选取边缘，可先选取戒圈曲面，取消选取后就可以拾取其边缘了。

⑧　最后删除中间的戒圈实体和曲线，完成本例双轨镶钻戒指的创建，如图 6-128 所示。

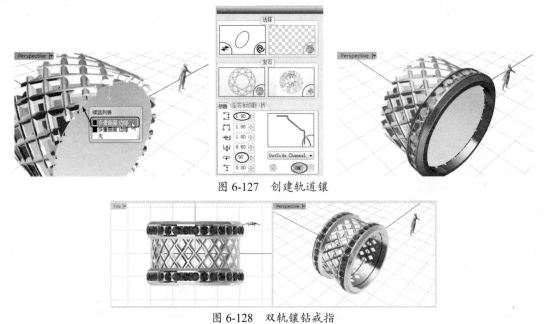

图 6-127　创建轨道镶

图 6-128　双轨镶钻戒指

6.4.3　链、挂钩和吊坠

1. 链

【链】工具用于设计贵金属项链、手链、脚链等。

案例　——项链设计

①　打开本练习模型文件"6-15.3dm"，如图 6-129 所示。

②　在【珠宝】选项卡的【Pendants】面板中，单击【链】按钮　，在【RhinoGold】控制面板中显示链设计选项。

③　在视图中选择要复制的金属圈，将其添加到第一个选择器中，再将链曲线添加到第二个选择器中，如图 6-130 所示。

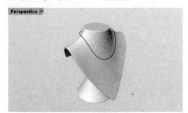

图 6-129　练习模型

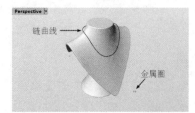

图 6-130　选择链曲线

④　在控制面板中设置金属圈的复制数目，并设置 X 旋转，如图 6-131 所示。

⑤　最后单击【确定】按钮　，完成项链的创建。

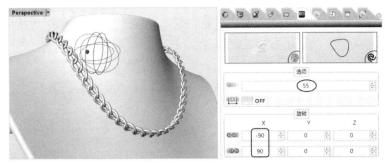

图 6-131 设置项链参数

2. 吊坠设计

利用【吊坠】工具既可以创建文字形状的吊坠，又可以创建动物形状的吊坠。

案例 ——文本吊坠设计

① 在菜单栏中选择【文件】|【新建】命令，新建 Rhino 文件。

② 在【Pendants】选项卡中单击【吊坠】下拉按钮，并在弹出的下拉菜单中单击【文本吊坠】按钮，在【RhinoGold】控制面板中显示吊坠设计选项。

③ 在【截面形状】选项卡 中双击一个文本样式，将此文本样式添加到模型中，如图 6-132 所示。

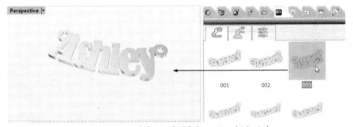

图 6-132 选择文本样式添加到模型中

④ 在【参数】选项卡 中，可以重新输入自定义的文本及参数，输入新文本后必须按 Enter 键确认，如图 6-133 所示。

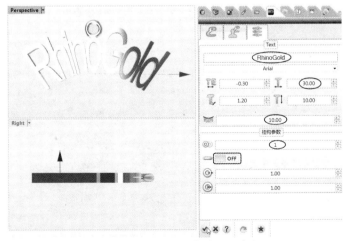

图 6-133 输入新文本并设置参数

⑤ 在视图中可以调整挂钩的位置，本案例是放置在字母 O 上，最后单击【确定】按钮 ✔，
完成文本吊坠的设计，如图 6-134 所示。

图 6-134　文本吊坠

案例 ——动物吊坠设计

① 在菜单栏中选择【文件】|【新建】命令，新建 Rhino 文件。

② 在【Pendants】选项卡中单击【吊坠】下拉按钮，并在弹出的下拉菜单中单击【吊坠曲线】
按钮 🗝，在【RhinoGold】控制面板中显示吊坠设计选项。

③ 在【截面形状】选项卡 🐛 中双击一个曲线样式（002 样式），将此曲线样式添加到模型中，
如图 6-135 所示。

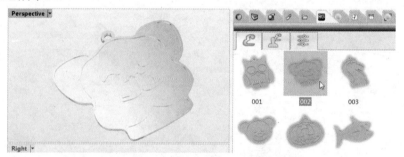

图 6-135　选择动物样式添加到模型中

④ 在【参数】选项卡 🟰 中，可以重新设置吊坠参数。最后单击【确定】按钮 ✔，完成动物
吊坠的设计，如图 6-136 所示。

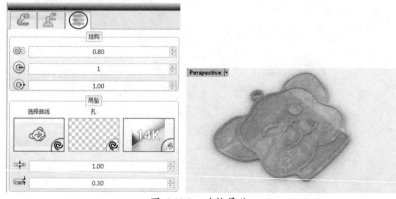

图 6-136　动物吊坠

⑤　当然，也可以自定义封闭曲线，在【参数】选项卡 ≣ 中，将自定义的曲线添加到曲线选择器中，即可创建出自定义图案的吊坠。如果自定义图案内部有圆孔曲线，请将圆孔曲线添加到孔选择器中。

3. 挂钩设计

【挂钩】工具用来创建吊坠首饰的挂钩。

在本案例中，将使用 RhinoGold 中常用的工具，如智能曲线、挤出、双曲线排石、宝石工具、包镶与圆管等，设计出如图 6-137 所示的心形吊坠。

图 6-137　心形吊坠

案例 ——心形吊坠设计

---

①　在菜单栏中选择【文件】|【新建】命令，新建珠宝文件。

②　利用【宝石】选项卡中的【包镶】工具 ，在控制面板中选择 028 号包镶样式。选中宝石后按 F2 键，设置宝石形状为心形，内径为 6mm，如图 6-138 所示。

③　选中包镶后按 F2 键，编辑包镶的尺寸，可以在视图中手动调整包镶截面形状，如图 6-139 所示。

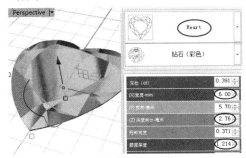

图 6-138　设置宝石形状为心形

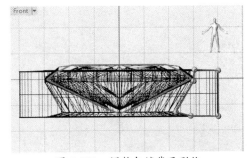

图 6-139　调整包镶截面形状

④　利用【绘制】选项卡中的【智能曲线】工具 ，以垂直对称的绘制方式绘制心形，注意曲线控制点的位置，然后利用操作轴移动宝石和包镶，如图 6-140 所示。

⑤　接着绘制心形曲线的偏移曲线，并对曲线进行修改，绘制曲线后将两个心形曲线一分为二（绘制一条竖直线将其左右分），如图 6-141 所示。

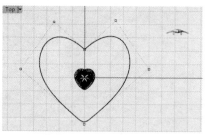

图 6-140　绘制智能曲线

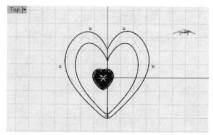

图 6-141　偏移曲线并将心形一分为二

⑥　利用【绘制】选项卡中的【延伸】工具 ▭┅┅，延伸右侧两条半边心形曲线交会于一点，如图 6-142 所示。

⑦　利用【修剪】工具修剪延伸的曲线。然后利用【组合】工具将所有心形曲线组合成整体，如图 6-143 所示。

图 6-142　延伸曲线

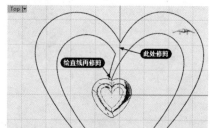

图 6-143　修剪曲线并组合成整体

⑧　利用【偏移】工具创建偏移曲线，偏移距离为 1mm，如图 6-144 所示。

⑨　利用【建模】选项卡中的【挤出】工具 ▮，向下挤出 2mm（在命令行输入-2），如图 6-145 所示。

图 6-144　偏移曲线

图 6-145　创建挤出实体

⑩　同理，再创建里面偏移曲线的挤出实体，向下挤出 1mm，然后进行差集布尔运算，得到如图 6-146 所示的结果。

⑪　利用【不等距圆角】工具，对挤出实体进行边圆角处理，圆角半径为 0.3mm，如图 6-147 所示。

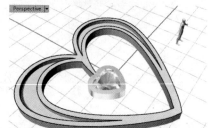

图 6-146　创建内部挤出并进行差集布尔运算

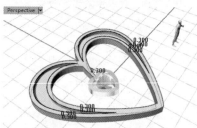

图 6-147　创建圆角

⑫ 利用【宝石】选项卡中的【双曲线排石】工具，选取偏移曲线（由于偏移曲线是组合曲线，可以利用【炸开】工具拆分成单条曲线）来放置宝石，宝石之间的距离为 0.1mm，如图 6-148 所示。同理，在另一侧也创建双曲线排石。

> **技术要点**
>
> 在【双曲线排石】对话框中要先单击【预览】按钮，预览认为无误后单击【确定】按钮完成创建，否则不能成功创建。

⑬ 利用【智能曲线】工具在 Top 视图中绘制一条智能曲线，如图 6-149 所示。

⑭ 在【绘制】选项卡中，选择【曲线】下拉菜单中的【螺旋线】工具，以"环绕曲线"的方式绘制螺旋线，如图 6-150 所示。

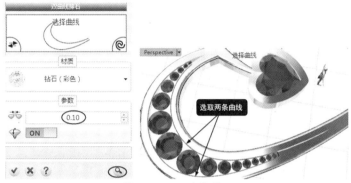

图 6-148　双曲线排石

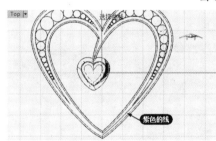

图 6-149　绘制智能曲线

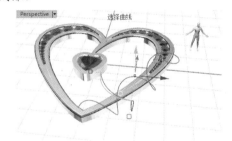

图 6-150　绘制螺旋线

⑮ 利用【建模】选项卡中的【圆管，圆头盖】工具，选取螺旋线，创建直径为 1mm 的圆管，如图 6-151 所示。

⑯ 利用【包镶】工具，在控制面板中选择 040 号包镶样式（含有眼形宝石）。选取宝石，按 F2 键，编辑眼形宝石，宽度为 3.5mm，如图 6-152 所示。

图 6-151　创建圆管

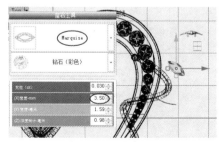

图 6-152　创建宝石

⑰ 在视图中选取包镶，按下 F2 键，在控制面板中编辑包镶参数，并且需要在视图中手动调

整截面形状，如图 6-153 所示。

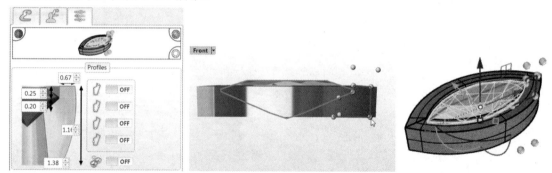

图 6-153　创建包镶

⑱　在视图中调整包镶和眼形宝石的位置，如图 6-154 所示。

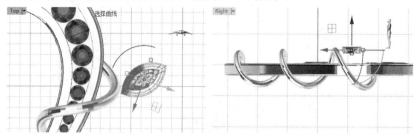

图 6-154　调整包镶和眼形宝石的位置

⑲　接着绘制智能曲线来连接包镶底座与圆管，如图 6-155 所示。再利用【圆管】工具创建圆管，起点直径为 0.5mm，终点直径为 0.25mm，如图 6-156 所示。

图 6-155　绘制智能曲线　　　　　　图 6-156　创建圆管

⑳　在【变动】选项卡中，选择【矩形阵列】下拉菜单中的【沿着曲面上的曲线阵列】工具，创建如图 6-157 所示的沿螺旋曲线的阵列。

㉑　利用操作轴调整阵列的包镶和宝石，如图 6-158 所示。

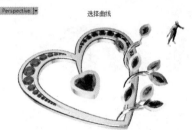

图 6-157　创建动态阵列　　　　　　图 6-158　调整包镶和宝石的位置

㉒　利用【圆弧】工具在 Top 视图中绘制如图 6-159 所示的圆弧。

㉓　接着利用【圆管】工具创建直径为 1mm 的圆管，如图 6-160 所示。

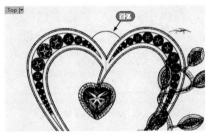

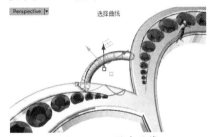

图 6-159　绘制圆弧　　　　　　　　　　图 6-160　创建圆管

㉔　利用【珠宝】选项卡中的【挂钩】工具，在控制面板中的【挂钩样式】选项卡下双击 004
　　号样式，将其添加到模型中。然后在【参数】设置选项卡下编辑挂钩参数，手动调整其位置，
　　如图 6-161 所示。

㉕　最后按照前面坠饰中创建线性钉镶的方法，创建心形坠饰的钉镶。至此，即完成了心形吊
　　坠的造型设计，结果如图 6-162 所示。

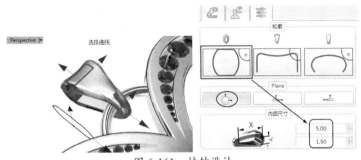

图 6-161　挂钩设计　　　　　　　　　　图 6-162　设计完成的心形吊坠

6.5　珠宝设计实战案例

本节将利用 Rhino 及 RhinoGold 的相关设计工具，进行首饰造型设计。

案例 ——绿宝石群镶钻戒设计

在这个案例中，将使用 RhinoGold 中常用的工具，如爪镶、自动
排石，以及动态圆形数组等。绿宝石群镶钻戒造型如图 6-163 所示。

①　在菜单栏中选择【文件】|【新建】命令，新建珠宝文件。

②　利用【绘制】选项卡中的【智能曲线】工具，以水平对称的
　　方式，绘制如图 6-164 所示的对称封闭曲线。

图 6-163　绿宝石群镶钻戒

> 💡 技术要点
>
> 为了保证对称，可以先绘制一半，另一半用镜像的方式绘制，如图 6-165 所示。镜像后利用【组
> 合】工具组合曲线。

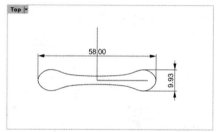

图 6-164　绘制对称封闭曲线

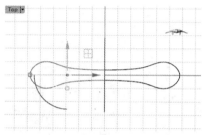

图 6-165　用镜像命令镜像出另一半

③　利用【建模】选项卡中的【挤出】工具🔲，创建挤出厚度为 2mm 的实体，如图 6-166 所示。

④　利用【不等距圆角】工具🔲，为挤出实体创建半径为 1mm 的圆角，如图 6-167 所示。

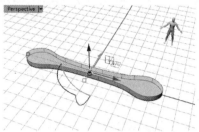

图 6-166　创建挤出实体

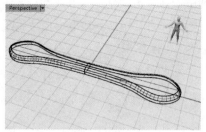

图 6-167　创建圆角

⑤　利用【智能曲线】工具🔲，以水平对称的方式，绘制如图 6-168 所示的对称封闭曲线，只需三个点即可绘制完成。然后开启【锁定格点】，并利用操作轴将曲线向上平移 1mm，如图 6-169 所示。

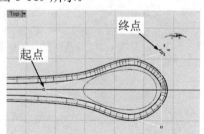

图 6-168　绘制对称封闭曲线

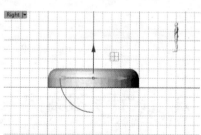

图 6-169　向上移动曲线

⑥　利用【建模】选项卡中的【挤出】工具🔲，创建挤出厚度为 2mm 的实体，如图 6-170 所示。利用【变动】选项卡中的【镜像】工具🔲，将减去的小实体镜像至对称侧，如图 6-171 所示。

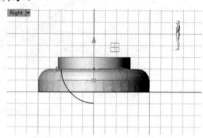

图 6-170　创建小的挤出实体

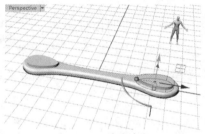

图 6-171　镜像实体

⑦　利用差集布尔运算工具减去小实体，如图 6-172 所示。利用操作轴将整个实体旋转 180°，让减去的槽在-Z 方向，如图 6-173 所示。

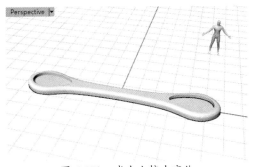

图 6-172 减去小挤出实体

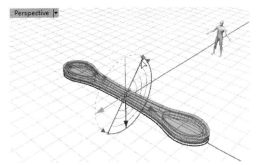

图 6-173 将实体旋转 180°

⑧ 在【珠宝】选项卡中，选择【戒指】面板中的【以物件】工具，选取旋转后的实体，创建环形折弯的实体，如图 6-174 所示。

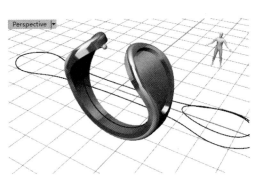

图 6-174 创建折弯实体

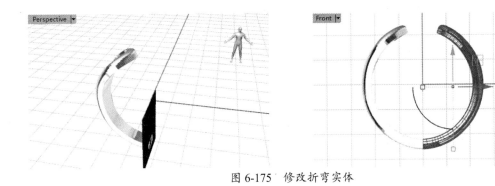

💡 技术要点

　　由于在 RhinoGlod 软件中，折弯实体不能按照安装示意图来创建角度，所以需要将折弯实体手动旋转一定角度，创建一个能分割实体的曲面，然后利用曲线分割折弯实体，这样就得到想要的一半折弯实体，最后进行镜像，得到最终的折弯实体，如图 6-175 所示。详细操作步骤请参考视频教程。

图 6-175 修改折弯实体

⑨ 在【珠宝】选项卡中单击【爪镶】工具，在【RhinoGold】控制面板中选择 008 号爪镶样式，如图 6-176 所示。在视图中选取宝石并按下 F2 键，编辑宝石的内径为 6mm。

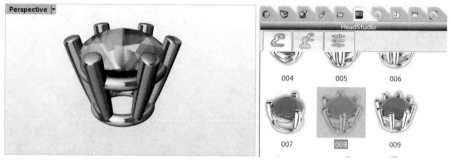

图 6-176　选择爪镶样式

⑩　在视图中选取爪镶并按下 F2 键，然后在【参数】设置选项卡下编辑爪镶参数，如图 6-177
　　所示。注意，钉镶和滑轨需要在视图中手动调节，以达到最佳的效果。

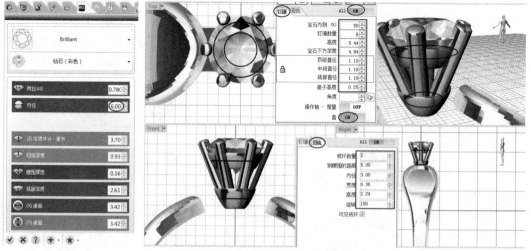

图 6-177　编辑宝石内径和爪镶参数

⑪　单击【爪镶】工具 🖐，选择 007 号爪镶样式，如图 6-178 所示。选中宝石后按下 F2 键，
　　编辑宝石内径为 2.5mm。

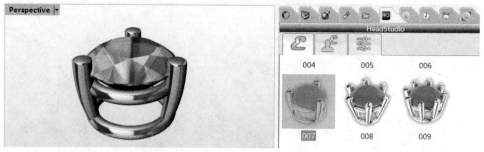

图 6-178　选择爪镶样式并编辑宝石尺寸

⑫　利用操作轴将爪镶及宝石旋转一定角度。再选中爪镶并按下 F2 键，编辑爪镶的参数，必
　　须在视图中调整爪镶结构，如图 6-179 所示。

⑬　利用【动态圆形阵列】工具 💠，将小宝石及爪镶进行动态圆形阵列，阵列 10 个副本，如
　　图 6-180 所示。

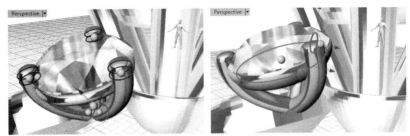

图 6-179　编辑爪镶

图 6-180　动态圆形阵列

⑭　利用【建模】选项卡中的【环状体】工具 ⬭ ，创建半径为 0.5mm 的环状体，并利用操作轴将其移动到圆形阵列的爪镶下方，如图 6-181 所示。

图 6-181　创建环状体并移动至合适的位置

⑮　在【建模】选项卡中，单击【修改实体】面板中的【抽离曲面】工具 🗇，选取折弯体中的凹槽表面进行面的抽取，如图 6-182 所示。同理，对另一侧也进行抽离曲面操作。

图 6-182　抽离曲面

⑯　利用【宝石】选项卡中的【自动排石】工具 ✶，选取上步抽离的曲面作为放置对象，然后在控制面板中设置参数，如图 6-183 所示。

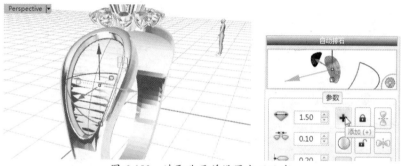

图 6-183　选取曲面并设置宝石尺寸

⑰　单击【添加】按钮，将宝石任意放置在所选曲面上，在控制面板第二个选项卡下设置宝石
　　【最小值】为 1mm，在第四个选项卡下开启钉镶的创建开关，并设置钉镶参数，最后单击
　　对话框下方的【预览】按钮，预览自动排布宝石情况，如图 6-184 所示。

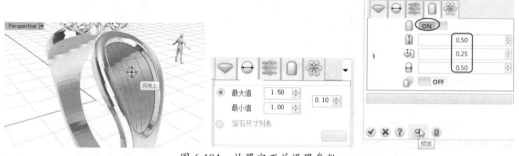

图 6-184　放置宝石并设置参数

⑱　创建预览后，单击【确定】按钮 ✓，完成自动排石操作，如图 6-185 所示。

⑲　同理，在另一侧也自动排石，或者将宝石镜像至对侧。至此，即完成了宝石群镶钻戒的造
　　型设计，效果如图 6-186 所示。

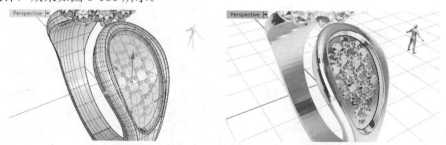

图 6-185　完成自动排石

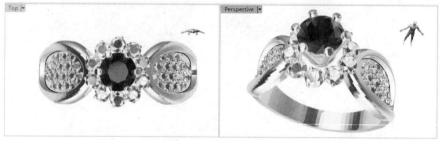

图 6-186　宝石群镶钻戒

案例 ——三叶草坠饰设计

本案例将使用 RhinoGold 中常用的工具，如包镶、宝石工作室、动态截面，以及单曲线排石等，完成三叶草坠饰的设计制作。三叶草坠饰造型如图 6-187 所示。

图 6-187 三叶草坠饰

① 在菜单栏中选择【文件】|【新建】命令，新建珠宝文件。

② 利用【珠宝】选项卡中的【包镶】工具 ，为宝石建立包镶台座，在【包镶】控制面板中选择 028 号包镶样式，在视图中手动调整外形曲线以达到想要的效果，如图 6-188 所示。

③ 按 F2 键编辑宝石，设置宝石的直径为 5mm，如图 6-189 所示。

图 6-188 为宝石创建包镶台座

图 6-189 编辑宝石尺寸

④ 利用【绘制】选项卡中的【圆：直径】工具 ，在 Top 视图中绘制圆，如图 6-190 所示。

⑤ 在【珠宝】选项卡中利用【动态截面】工具 ，选取圆曲线，在【动态截面】对话框中设置截面曲线和参数，创建如图 6-191 所示的宽为 2.6mm 的实体。

⑥ 通过操作轴，将动态截面实体向下平移，使其底端与包镶底端对齐，如图 6-192 所示。

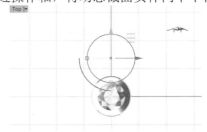

图 6-190 绘制圆

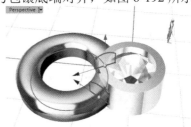

图 6-191 创建动态截面

⑦ 利用【布尔运算-分割】工具，分割出动态截面实体和包镶实体的相交部分，然后将分割出的这一小块实体删除。

⑧ 利用【建模】选项卡下【对象曲线】面板中的 ✎ 抽离结构线 工具，开启对象锁点的【中点】锁定功能，从上一步建立的实体中抽离结构线（可分多次抽离），如图 6-193 所示。

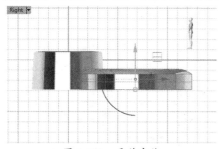

图 6-192　平移实体

图 6-193　抽离结构线

> 💡 **技术要点**
>
> 如果抽离的结构线是两条，那么接着需要利用【绘制】选项卡下【修改】面板中的【组合】工具，对两条曲线进行组合，否则，不利于后续的自动排石。

⑨ 利用【宝石】选项卡中的【单曲线排石】工具 🖊，沿着上一步抽离的曲线，在实体上放置直径为 2mm、数量为 7 的宝石，如图 6-194 所示。

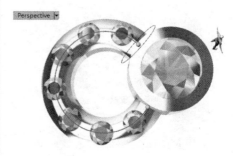

图 6-194　单曲线排石

⑩ 接下来利用【刀具】工具 ▾ 创建宝石的开孔器，并利用【布尔运算-差集】工具，在动态截面实体上创建单线排石的宝石洞，如图 6-195 所示。

⑪ 利用【珠宝】选项卡中的【钉镶】|【于线上】工具 🖌，选取单线排石的宝石，以便插入钉镶，如图 6-196 所示。

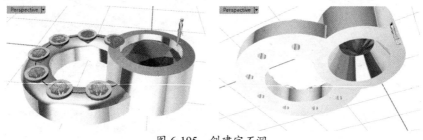

图 6-195　创建宝石洞

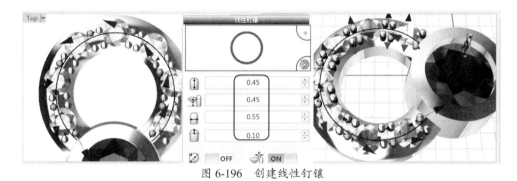

图 6-196　创建线性钉镶

⑫　利用【变动】选项卡中的【动态圆形阵列】工具，创建动态圆形阵列，如图 6-197 所示。

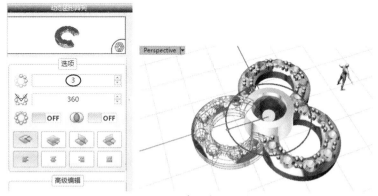

图 6-197　创建动态圆形阵列

⑬　利用【建模】选项卡中的【不等距斜角】工具，创建中间包镶的斜角（斜角距离为 0.8mm），如图 6-198 所示。

⑭　绘制圆曲线并创建圆管，然后利用【布尔运算-并集】工具，将圆管与其他实体合并，结果如图 6-199 所示。

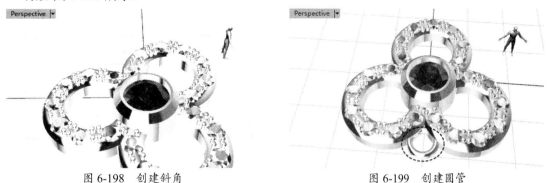

图 6-198　创建斜角　　　　　　　　　　图 6-199　创建圆管

⑮　利用【绘制】选项卡中的【椭圆】工具，在 Right 视图中绘制椭圆形曲线，如图 6-200 所示。

⑯　利用【珠宝】选项卡中的【动态截面】工具，选取椭圆形曲线创建动态截面实体，如图 6-201 所示。

图 6-200　绘制椭圆形曲线

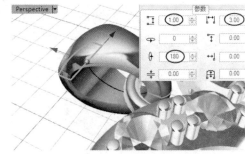

图 6-201　创建动态截面实体

⑰　至此，即完成了三叶草坠饰造型设计，保存结果文件。

07

Alias 数码科技产品设计

Autodesk Alias 是唯一一个能够满足整个工业设计流程中独特创意需求的设计软件。它采用行业领先的草图、建模和可视化工具优化设计流程，从而在简单的环境中将创意更加快速地转变为可见的结果。

本章以两款数码产品为例，介绍 Alias 软件的使用。

不同类型的手机的建模方法不同，建模精度也有很大的差别，但是使用的工具大多为拉伸曲面工具，通过构建基本的曲线，创建大体模型，再在原型上进行雕琢。

☑　　手机产品设计
☑　　HD MP4 播放器产品设计

扫码看视频

7.1 手机产品设计

完成本次操练后，读者可以掌握在 Alias 里精确建模的方法，并对手机等同类模型的建模有较深刻的认识，对于产品细节的把握也更为细腻。

设计完成的手机产品造型如图 7-1 所示。

图 7-1 手机产品造型

案例 ——手机边框设计

操作步骤

① 启动 Alias 软件，进入操作界面。

② 在菜单栏中选择【Preferences】|【Construction Options】命令，打开构建对话框，在【Linear】选项组中，设置【Main Units】为【mm】，如图 7-2 所示。

③ 在【Palette】工具箱的【Construction】工具组中，双击【Grid preset】工具图标，打开【Preset Grid Options】对话框，设置【Grid Spacing】为 10mm，设置【Perspective Grid Extent】为 320mm，如图 7-3 所示。

图 7-2 构建选项设置

④ 在 Top 视图中，选择【Line】工具，按住键盘上的 Alt 键，在原点附近单击，将直线的起点放置在原点。激活命令行，在命令行中用键盘输入 0、46、0，按键盘上的 Enter 键确定，即完成曲线的创建，如图 7-4 所示。

⑤ 在曲线处于被选中的状态下，选择【Move】工具，在命令行中输入-23，按 Enter 键确定，使曲线沿 X 轴向左移动 23mm，如图 7-5 所示。

⑥ 选择【Line】工具，在 Top 视图中，按住键盘上的 Ctrl 键，捕捉刚刚创建的曲线的上部

端点作为新创建的曲线的起点，然后按住鼠标中键向右侧平移，同时按下键盘上的 Alt 键，使曲线的终点位于 Top 视图的垂直坐标轴上，如图 7-6 所示。

图 7-3 【Preset Grid Options】对话框

图 7-4 创建曲线

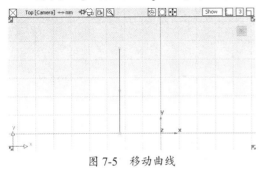

图 7-5 移动曲线

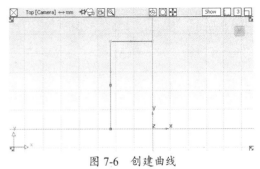

图 7-6 创建曲线

⑦ 选择【Arc Tangent to Curve】工具，单击刚刚创建的曲线，将起点放置在曲线的右端点。在垂直坐标轴的左侧放置另一点，以达到满意的弧度，如图 7-7 所示。

> **技术要点**
>
> 如果需要调节关键点曲线的形状，请尝试使用关键点曲线工具箱中的【Drag Keypoints】工具，选择关键点并拖动，从而修改关键点曲线的形状。此工具无法在透视图中使用，即使使用【ViewCube】工具从透视图切换至正交视图也不行。

⑧ 在以后的操作中不再需要第二条曲线，可以将其删除。在【Palette】工具箱的【Curves】工具组中按住【Duplicate Curve】工具图标，在弹出的工具列表中选择【Fillet Curves】工具。

⑨ 在 Top 视图中，首先选择垂直的曲线，再选择那条弧线。在命令行中输入 5，按 Enter 键确定。在视图下方单击【Accept】按钮，创建圆角曲线，如图 7-8 所示。

> **技术要点**
>
> 在创建关键点曲线的时候，在视图中会出现很多引导线，有时会影响视野。如果不希望看到它们，可以在菜单栏中选择【Delete】|【Delete Guidelines】命令，删除引导线。也可在菜单栏中选择【Preferences】|【General Preferences】命令，在弹出的窗口中单击【Modeling】选项卡，将其中的【Maximum Number of Guidelines】选项设置为 0，则在以后创建关键点曲线的时候都不会出现引导线。

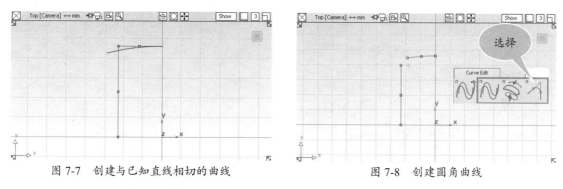

图 7-7　创建与已知直线相切的曲线　　　　图 7-8　创建圆角曲线

⑩　双击【Multi-surface Draft】工具图标 ◤，打开【Multi-surface Draft Control】对话框，在该对话框中设置相关参数，如图 7-9 所示。

⑪　关闭该对话框，在透视图中选取所有曲线，拉伸曲面，如图 7-10 所示。

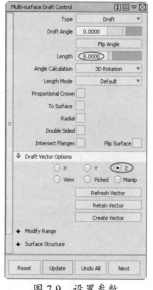

图 7-9　设置参数

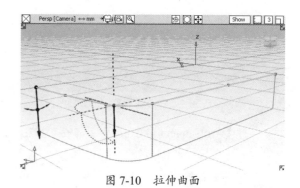

图 7-10　拉伸曲面

⑫　选择【Pick Surface】命令，选择刚刚创建的拉伸曲面的短边侧曲面。在【Control Panel】下的【Display】选项卡中，选中【CV/Hull】复选框，显示曲面的 CV 点。

⑬　选择【Pick CV】工具 ◤（选择【Pick Hull】工具更为方便），选择【Move】工具 ◤，按住键盘上的 Shift 键选择拉伸曲面中间的两行 CV 点。在 Top 视图中，按住鼠标右键，向上移动 CV 点，使得侧边曲面呈凸起状（如果不明显，可以对曲面进行着色显示，然后在调整的过程中切换至透视图中查看）。如图 7-11 所示。

⑭　选择【Pick Nothing】命令，选择【Align】工具 ◤，设置为【G2 Curvature】连续，在透视图中单击拉伸圆角曲面的一边，再单击上侧面的边缘，两面达到 G2 连续对齐，如图 7-12 所示。

⑮　继续使用【Align】工具 ◤，以及同样的设置，在透视图中单击拉伸圆角曲面的另一边，使其与左侧面的边缘对齐，如图 7-13 所示。

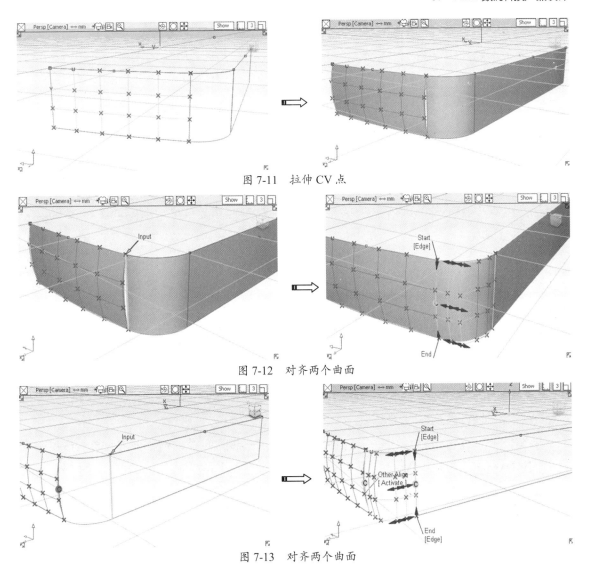

图 7-11 拉伸 CV 点

图 7-12 对齐两个曲面

图 7-13 对齐两个曲面

⑯ 选择【Pick Surface】命令，在透视图中圈选所有曲面。在菜单栏中选择【Edit】|【Duplicate】|
【Mirror】命令，在创建镜像副本的对话框中将【Mirror Across】设置为 XZ 平面。单击设置
窗口下方的【Go】按钮，镜像选择的曲面，如图 7-14 所示。

⑰ 再次选择【Pick Surface】命令，在透视图中圈选所有曲面，选择【Edit】|【Duplicate】|
【Mirror】命令，在创建镜像副本的对话框中将【Mirror Across】设置为 YZ 平面，单击选
项设置窗口下方的【Go】按钮，创建镜像副本，如图 7-15 所示。

⑱ 选择【Pick Nothing】命令，选择【New CV Curve】工具 ，在 Left 视图中创建一条曲线。
修改曲线，使其与创建的手机侧面相交，如图 7-16 所示。

⑲ 在曲线处于被选中的状态下，在菜单栏中选择【Edit】|【Copy】命令，然后选择【Edit】|
【Paste】命令，在曲线原来的位置复制一条曲线。选择【Move】工具 ，在 Top 视图中，
垂直移动两条曲线到合适的位置，如图 7-17 所示。

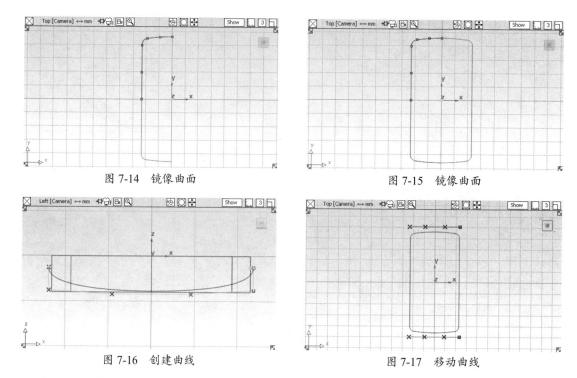

图 7-14　镜像曲面　　　　　　　　　　　图 7-15　镜像曲面

图 7-16　创建曲线　　　　　　　　　　　图 7-17　移动曲线

⑳　选择【Skin】工具，依次单击刚刚创建的两条曲线，放样曲面，并与手机的侧面处于相
　　交状态，可着色显示，进行查看，如图 7-18 所示。

㉑　选择【Surface Fillet】工具，在透视图中首先选择刚刚创建的放样曲面，单击透视图下
　　方的【Accept】按钮，然后用选取框圈选所有侧面，单击透视图下方再次出现的【Accept】
　　按钮。双击【Surface Fillet】工具，设置倒角的半径大小等，单击透视图中右下方的【Build】
　　按钮，创建倒角曲面，如图 7-19 所示。

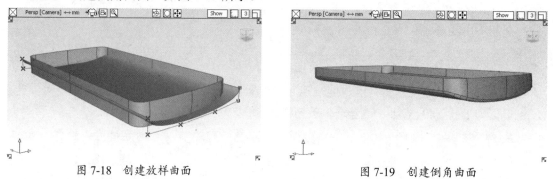

图 7-18　创建放样曲面　　　　　　　　　图 7-19　创建倒角曲面

㉒　创建一个新层，选择【Pick Curves】命令，在视图中选取不用的曲线，放置在新层中，并
　　隐藏新层。

㉓　在【Surfaces】工具组中选择【Plane】工具，按住键盘上的 Alt 键，在 Top 视图中的坐
　　标轴原点创建一个平面。使用操纵器缩放平面，使其大于手机的四边边缘作为上平面，如
　　图 7-20 所示。

㉔　选择【Surface Fillet】工具，在透视图中首先选择刚刚创建的平面，单击透视图下方的

【Accept】按钮，然后用选取框圈选所有侧面，单击透视图下方再次出现的【Accept】按钮。双击【Surface Fillet】工具 🔧，调整倒角的半径大小，单击透视图中右下方的【Build】按钮，创建倒角曲面，如图 7-21 所示。

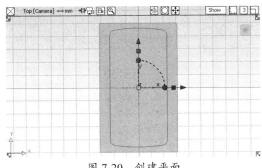

图 7-20　创建平面

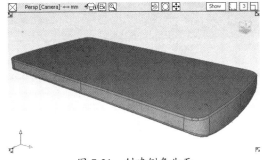

图 7-21　创建倒角曲面

㉕　选择【Line】工具 ✏️，在 Top 视图中创建一条水平直线。选择【Move】工具 🐭，同样在 Top 视图中移动这条直线到手机主体面下方的位置，如图 7-22 所示。

㉖　选择【Project】工具 📽️，在透视图中用选取框圈选所有曲面，切换至 Top 视图，在 Top 视图的右下方单击【Go】按钮，然后选取刚刚创建的直线，在 Top 视图的右下方，单击【Project】按钮，以投影的方式创建面上曲线。

㉗　选择【Trim】工具 ✂️，修剪曲面，在修剪过程中单击【Divide】按钮，依次将曲面的上下两部分进行分隔，如图 7-23 所示。

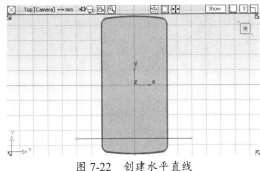

图 7-22　创建水平直线

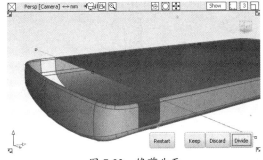

图 7-23　修剪曲面

㉘　选择【New CV Curve】工具 ✒️，在 Right 视图中创建一条曲线，利用【Pick CV】工具 ✒️ 和【Move】工具 🐭，调整曲线，如图 7-24 所示。

技术要点

创建曲线的时候，可以选择创建曲线的左侧或右侧的一部分，然后创建镜像副本，更为快捷。在调整 CV 点时，记得保证两条曲线相切。

㉙　与上面的操作类似，选择【Project】工具 📽️，在透视图中圈选被分割的手机上面部分的曲面，在 Right 视图中单击视图右下方的【Go】按钮，然后选取刚刚创建的那条曲线，单击视图右下方出现的【Project】按钮，创建面上曲线，如图 7-25 所示。

㉚　选择【Trim】工具 ✂️，修剪曲面，将获得投影曲线的侧面，在修剪过程中，同样单击【Divide】按钮，分隔曲面，如图 7-26 所示。

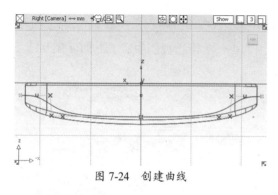

图 7-24　创建曲线

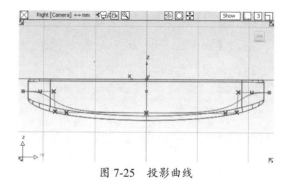

图 7-25　投影曲线

㉛　隐藏不用的曲线。选择【Duplicate Curve】工具，依次复制手机上边缘（除去圆角部分）的曲线，如图 7-27 所示。

图 7-26　修剪曲面

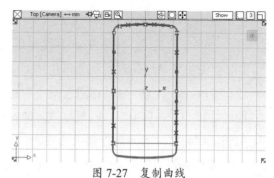

图 7-27　复制曲线

㉜　在所有曲线处于被选中的状态时，选择【Offset】工具，在 Top 视图中向内偏移这几条曲线，如图 7-28 所示。

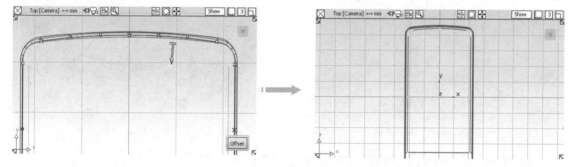

图 7-28　偏移曲线

㉝　选择【Fillet Curves】工具，为上端偏移的曲线创建圆角，结果如图 7-29 所示。

㉞　选择【Project】工具，在透视图中选择手机上平面，切换至 Top 视图单击偏移的曲线（包括那几条圆角曲线）。单击视图下方的【Project】按钮，在手机上面上创建面上曲线。

㉟　选择【Trim】工具，修剪面上曲线内

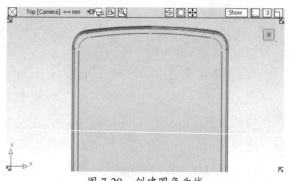

图 7-29　创建圆角曲线

部的那块曲面，如图 7-30 所示。

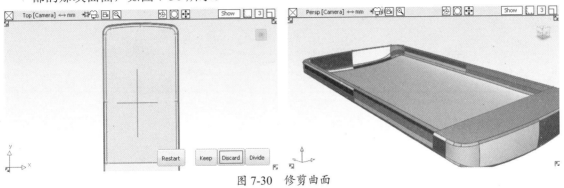

图 7-30 修剪曲面

㊱ 双击【Fillet Flange】工具 🖌️，设置圆角半径及构建凸缘的长度，在【Control Options】选项组中选中【Chain Select】复选框。在视图中单击刚刚修剪的曲面边缘，通过出现的操纵器调节所创建的圆角凸缘的方向。单击视图下方的【Build】按钮，创建圆角凸缘曲面，如图 7-31 所示。

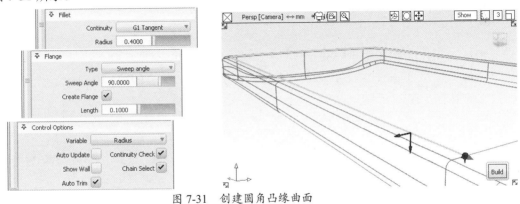

图 7-31 创建圆角凸缘曲面

㊲ 选择【Line】工具 🖉，按住键盘上的 Ctrl + Alt 组合键，捕捉刚刚创建的圆角凸缘曲面的下部端点作为直线的起点。同理，将圆角凸缘曲面的另一个端点作为直线的终点。绘制的直线如图 7-32 所示。

㊳ 选择【Set Planar】工具 🖢，依次单击圆角凸缘曲面的下边缘，即刚刚创建的直线。在视图的右下方单击【Go】按钮，创建一个剪切平面，并着色显示，如图 7-33 所示。

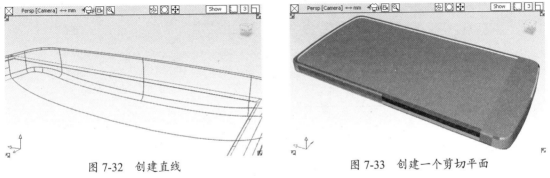

图 7-32 创建直线　　　　　　　　　　　　图 7-33 创建一个剪切平面

案例 ——手机面板设计

操作步骤

① 选择【Rectangle】工具▫（位于关键点工具箱中），在 Top 视图中创建一条矩形曲线。选择【Move】工具，将矩形曲线移至 Top 视图的中央。选择【Non-proportional Scale】工具，非等比缩放矩形曲线。最终效果如图 7-34 所示。

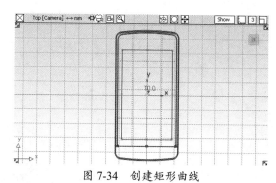

图 7-34　创建矩形曲线

② 双击【Trim】工具，在弹出的对话框中，选中【3D Trimming】复选框，同时选中下面的【Project】复选框。在 Top 视图中，以刚刚绘制的矩形曲线为投影曲线，以上面创建的平面为投影曲面，将投影后的面上曲线的内部曲面与大平面分离，作为手机屏幕平面，如图 7-35 所示。

③ 再次在 Top 视图中选择【Line-arc】工具，创建一条手机听筒形状的曲线。

④ 在屏幕面外侧的面上，以投影的方式创建面上曲线，选择【Trim】工具，剪去曲线内部的部分，如图 7-36 所示。

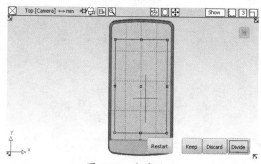

图 7-35　分离曲面

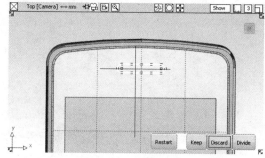

图 7-36　修剪曲面

⑤ 双击【Multi-surface Draft】工具，在打开的对话框中设置相关参数，如图 7-37 所示。

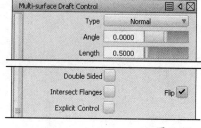

图 7-37　设置参数

⑥ 关闭该对话框，在透视图中选择刚刚修剪的听筒面的边缘，创建凸缘曲面，如图 7-38 所示。

⑦ 选择【Set Planar】工具，封闭凸缘曲面的底部。

⑧ 为听筒添加细节，镂空曲面，如图 7-39 所示。

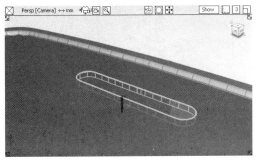

图 7-38　创建凸缘曲面

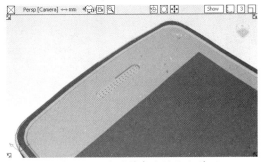

图 7-39　为听筒部分添加细节

⑨　回到手机的底部。选择【New CV Curve】工具 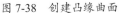，在 Top 视图中创建一条曲线，如图 7-40 所示。

⑩　将曲线投影到手机底部的曲面上，选择【Trim】工具，修剪曲面向内的部分，如图 7-41 所示。

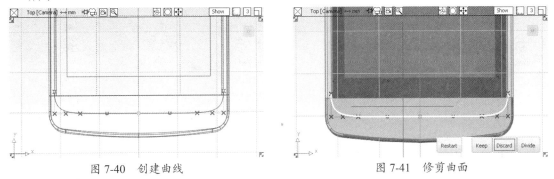

图 7-40　创建曲线　　　　　　　　　　　　图 7-41　修剪曲面

⑪　选择【Multi-surface Draft】工具，设置相关参数，修剪曲面部分，为手机创建按钮，如图 7-42 所示。

⑫　用与上面相同的方法，选择【Line】工具，捕捉凸缘曲面上的两个端点作一条直线。选择【Set Planar】工具，封闭按钮曲面，如图 7-43 所示。

⑬　选择【Multi-surface Draft】工具，单击刚刚创建的平面的边缘，向下创建凸缘曲面，封闭手机缝隙，如图 7-44 所示。

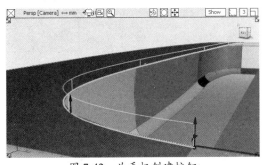

图 7-42　为手机创建按钮

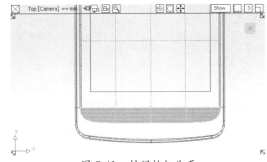

图 7-43　封闭按钮曲面

⑭　为按钮部分添加细节。用按钮形状的曲线在按钮曲面上投影，分割曲面，最终如图 7-45 所示。

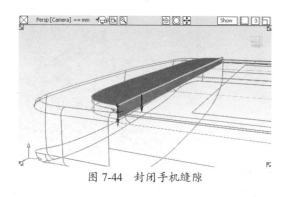

图 7-44 封闭手机缝隙

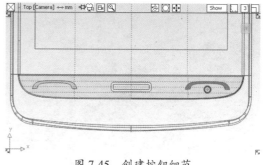

图 7-45 创建按钮细节

⑮ 至此，手机主体部分完成。着色显示，旋转查看，如图 7-46 所示。

图 7-46 手机模型主体完成

案例——手机其他细节设计

操作步骤

① 回到侧面部分，为侧面创建一条缝隙。在【Palette】工具箱中的【Surfaces】工具组中，按住【Fillet Flange】工具，在弹出的工具列表中选择【Tube Offset】工具。按住键盘上的 Shift 键，单击【Tube Offset】工具，在打开的对话框中按如图 7-47 所示设置参数。

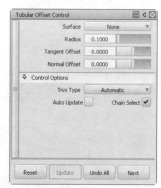

图 7-47 设置参数

② 在透视图中选择上侧面的下边缘，然后在视图下方单击【Update】按钮，在上下侧面之间创建出一条缝隙，如图 7-48 所示。注意：可以着色显示，再进行查看。

③ 取消着色显示。在 Back 视图中，选择【New CV Curve】工具，创建一条曲线，然后利用【Pick CV】工具和【Move】工具，调整曲线，如图 7-49 所示。

④ 双击【Trim】工具，在打开的对话框中，选中【3D Trimming】复选框，将【Method】设置为【Project】。在 Left 和 Back 视图中，依次修剪左右两侧的手机侧面，如图 7-50 所示。

⑤ 在 Back 视图中，在关键点工具箱中选择合适的工具，创建手机侧面按钮的形状曲线，如图 7-51 所示。

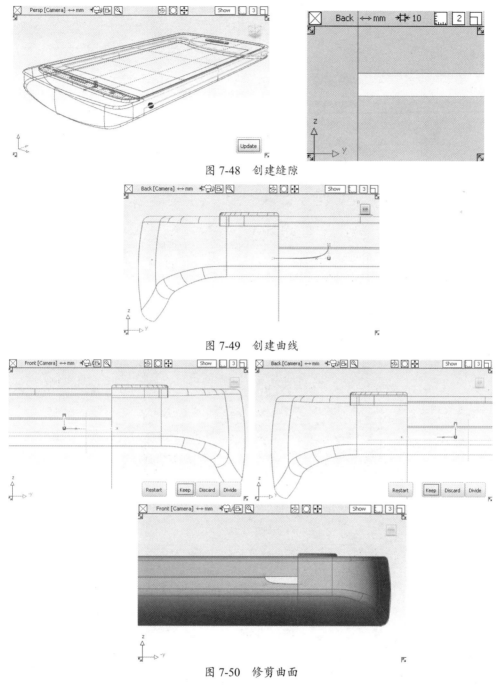

图 7-48　创建缝隙

图 7-49　创建曲线

图 7-50　修剪曲面

⑥　选择【Trim】工具 ，保持选中【3D Trimming】复选框，在手机侧面的下部修剪出按钮的轮廓，如图 7-52 所示。

⑦　在 Back 视图中，选择【Offset】工具 ，将按钮形状曲线向内偏移一定的距离，为手机创建侧面的按钮，最终效果如图 7-53 所示。

⑧　选择【Multi-surface Draft】工具 ，在侧面的缝隙之间创建凸缘曲面，如图 7-54 所示。

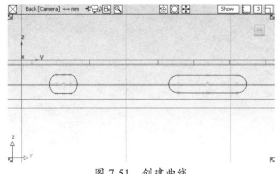

图 7-51 创建曲线

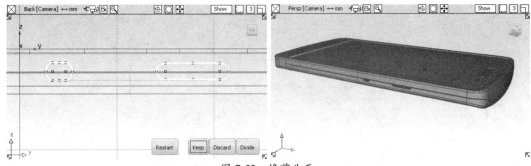

图 7-52 修剪曲面

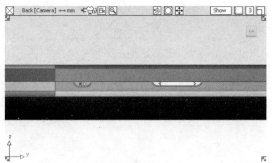

图 7-53 创建手机侧面按钮

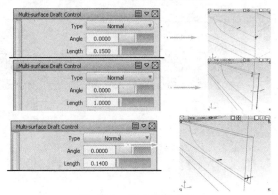

图 7-54 创建凸缘曲面

⑨ 最后丰富手机的细节，添加插孔，如图 7-55 所示。

⑩ 至此，整个手机模型构建完成。将手机模型着色显示，旋转手机模型查看效果，如图 7-56 和图 7-57 所示。

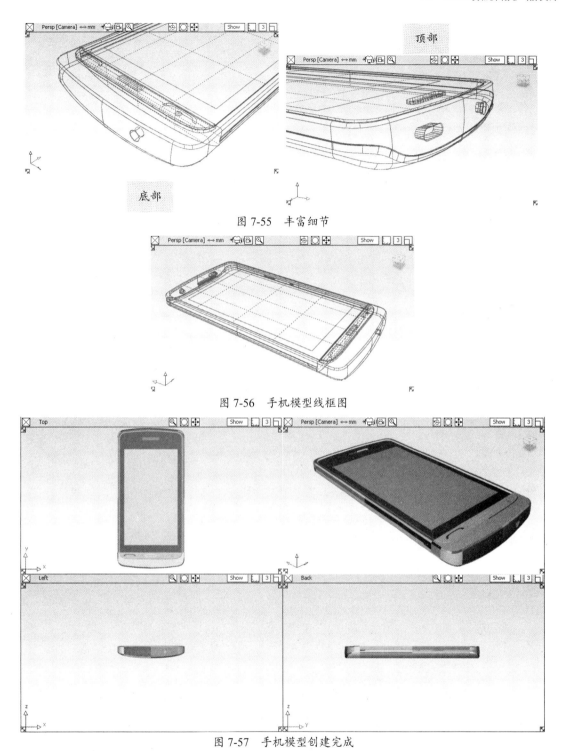

图 7-55　丰富细节

图 7-56　手机模型线框图

图 7-57　手机模型创建完成

7.2　HD MP4 播放器产品设计

　　HD MP4 播放器的设计过程与手机产品设计是类似的，不同的是一些细节部分的处理。下面介绍详细的造型设计过程。设计完成的 HD MP4 播放器产品造型如图 7-58 所示。

案例 ——主体结构设计

操作步骤

① 启动 Alias 软件，进入操作界面。

② 在 Left 视图中，创建一组曲线。然后在 Back 视图中，选择【Move】工具，水平移动这
组曲线到合适的位置，如图 7-59 所示。

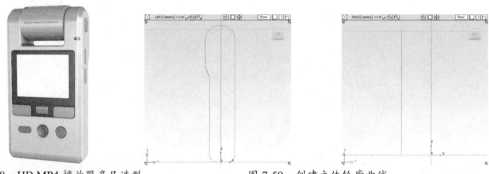

图 7-58 　HD MP4 播放器产品造型　　　　　图 7-59 　创建主体轮廓曲线

💡 技术要点

　　这里需要提示一下，创建这组曲线用到的工具有【Line】工具和【Fillet Curves】工具。在创
建倒角的过程中，最好手动输入倒角的数值，因为用鼠标拖动控制倒角大小的方式产生的误差很大，
会导致倒角创建失败。

③ 选择【Multi-surface Draft】工具，在视图中圈选这组曲面，沿 Y 轴正向创建拉伸曲面。
如图 7-60 所示。

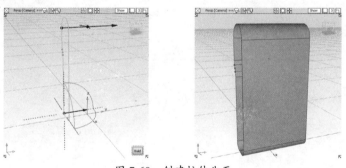

图 7-60 　创建拉伸曲面

④ 选取这组曲面，然后在菜单栏中选择【Delete】|【Delete Construction History】命令，删除
拉伸曲面的构建历史。在【Object Edit】工具组中，选择【Symmetry Modeling】工具，
选取这些拉伸曲面，拉伸曲面沿镜像平面做对称调整，如图 7-61 所示。

💡 技术要点

　　如果镜像平面不是 XZ 平面，则需要选择【Layers】|【Symmetry】|【Set Plane】命令，然后在视
图中调整镜像平面。

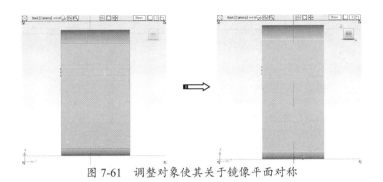

图 7-61　调整对象使其关于镜像平面对称

⑤　继续使用【Multi-surface Draft】工具，以刚刚形成的曲面边缘为基准拉伸曲面，然后通过控制器，调节拉伸曲面的角度与长度，如图 7-62 所示。

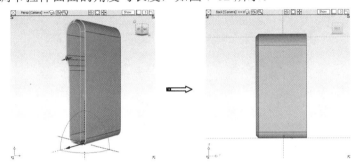

图 7-62　创建主体的边缘曲面

技术要点

　　选中工具控制窗口中的【Chain Select】复选框，可以一次选中整个曲面边缘。

⑥　选择【Set Planar】工具，为侧边封口。然后选中侧边拉伸曲面与封口面，在菜单栏中选择【Edit】|【Duplicate】|【Mirror】命令，以 XZ 平面为镜像平面创建所选曲面的镜像副本，如图 7-63 所示。

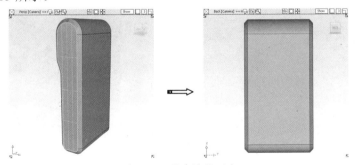

图 7-63　创建镜像副本

⑦　选择【Surface Fillet】工具，将这些曲面边缘的锐角创建为圆角，如图 7-64 所示。

⑧　选择【Cube】工具，在 Back 视图中创建一个立方体，确保立方体关于 XZ 平面对称（可按住【Alt】键，使立方体的轴心点位于 Z 轴上）。在 Left 视图中调整立方体的长度与位置。最终效果如图 7-65 所示。

⑨　删除立方体位于曲面外侧的底面。选择【Surface Fillet】工具，为立方体及立方体与主体面相交处创建倒角曲面，如图 7-66 所示。

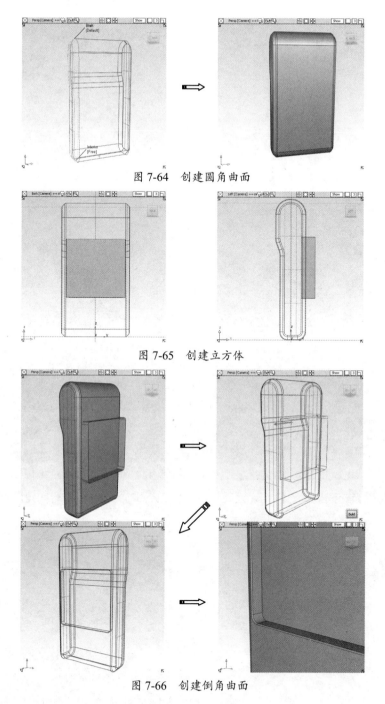

图 7-64　创建圆角曲面

图 7-65　创建立方体

图 7-66　创建倒角曲面

⑩　在 Top 视图中创建一组曲线，然后选择【Multi-surface Draft】工具 ，将其沿 X 方向创建拉伸曲面，与主体面相交，如图 7-67 所示。

⑪　选择【Intersect】工具 ，以相交的方式创建面上曲线，然后选择【Trim】工具 ，修剪曲面，如图 7-68 所示。

⑫　选择【Round】工具 ，在形成的曲面锐边边缘创建圆角，输入合适的角度，效果如图 7-69 所示。

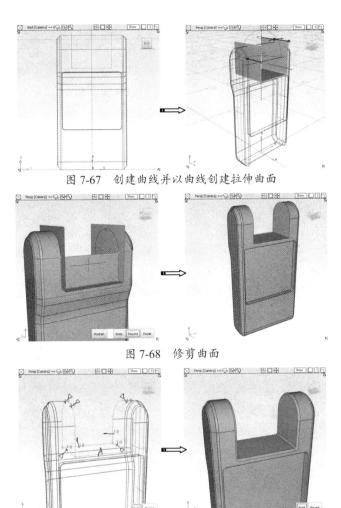

图 7-67 创建曲线并以曲线创建拉伸曲面

图 7-68 修剪曲面

图 7-69 创建圆角

案例 ——细部结构设计

操作步骤

① 在 Left 视图中，创建一组曲线，然后选择【Multi-surface Draft】工具，沿 Y 轴以这几条曲线为基准创建拉伸曲面，如图 7-70 所示。

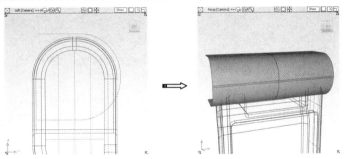

图 7-70 创建拉伸曲面

技术要点

在【Multi-surface Draft】🖌️工具控制窗口中，选中【Double Sided】以及【Single Surface】复选框，可在原始曲线的两侧创建一个单一的拉伸曲面。

② 在【Back】视图中创建几条曲线，然后选择【Multi-surface Draft】工具🖌️，沿 X 轴为这几条曲线创建拉伸曲面，保证拉伸曲面与刚刚创建的曲面相交，如图 7-71 所示。

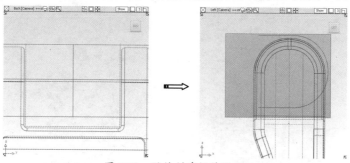

图 7-71　继续创建拉伸曲面

③ 选择【Intersect】工具🖌️，为刚刚创建的两组拉伸曲面创建相交线（面上曲线），然后选择【Trim】工具🖌️，修剪最新创建的拉伸曲面。第一组拉伸曲面保持不变，暂时将其隐藏。如图 7-72 所示。

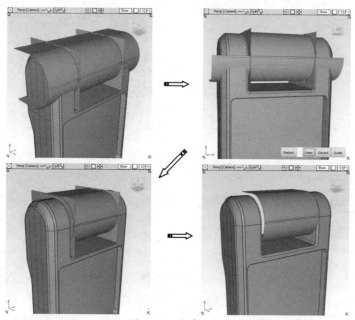

图 7-72　修剪曲面

技术要点

这里不为第二组曲面执行修剪操作，一是因为其上面的剪切曲线未形成封闭，二是因为接下来还要通过其他方式创建面上曲线。

④ 选择【New Edit Point Curve】工具🅝，连接视图中修剪后的曲面的角点，创建两条编辑点曲线，在 Left 视图中修改两条曲线的形状，如图 7-73 所示。

技术要点

为了确保两条曲线的一致性，可以先创建其中一条曲线，然后将其镜像复制到另一侧。

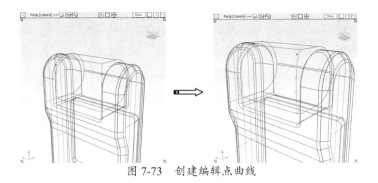

图 7-73　创建编辑点曲线

⑤　选择【Square】工具 ，以这两条曲线以及拉伸曲面的边缘为基础，创建四边曲面，如图 7-74 所示。

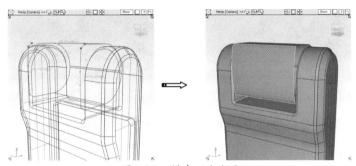

图 7-74　创建四边曲面

⑥　选择【Surface Fillet】工具 ，为四边曲面与拉伸曲面的锐边创建倒角曲面，如图 7-75 所示。

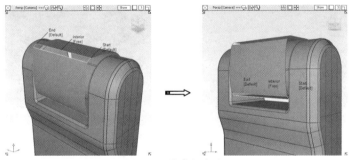

图 7-75　创建倒角曲面

⑦　显示刚才隐藏的拉伸曲面组。选择【Project】工具 ，在投影矢量中选择【Normal】选项，将四边曲面以及倒角曲面的边缘投影到拉伸曲面上，创建面上曲线，然后选择【Trim】工具 ，修剪曲面，如图 7-76 所示。

💡 技术要点

可以不改变投影矢量，仍然采用【View】模式，而在 Left 视图中，将边缘线投影到曲面上。这里两种模式可以替换使用，这与拉伸曲面的性质有关，因为它的法线方向是单一的。

⑧　选择【Round】工具 ，为整块曲面的锐边创建圆角过渡曲面，如图 7-77 所示。

⑨　在 Back 视图中，于主体面的下部创建一组曲线。作为创建 HD MP4 播放器按钮的轮廓线。然后选择【Multi-surface Draft】工具 ，沿 X 轴正向创建拉伸曲面，如图 7-78 所示。

⑩　选择【Surface Fillet】工具 ，为拉伸曲面与前侧主体面创建倒角曲面，如图 7-79 所示。

⑪ 选择修剪后的拉伸曲面组，复制一份，然后利用【Center Pivot】工具 、【Scale】工具 、
【Move】工具 ，对其进行缩放，移动到稍突出的位置，如图 7-80 所示。

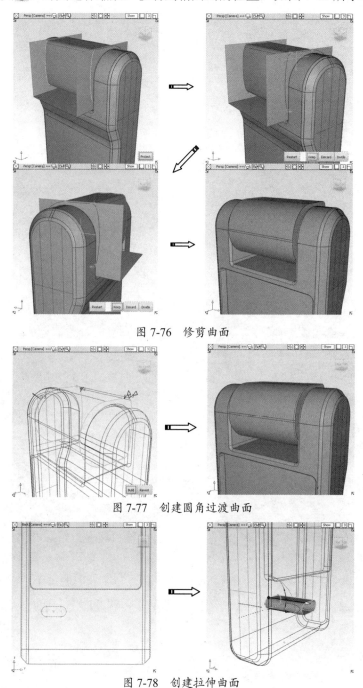

图 7-76　修剪曲面

图 7-77　创建圆角过渡曲面

图 7-78　创建拉伸曲面

⑫ 选择【Set Planar】工具 ，为复制的拉伸曲面组封口。然后选择【Round】工具 ，在边
缘处创建圆角曲面，如图 7-81 所示。

💡 技术要点

　这里的制作有多种不同的方法，用户可以按照自己的思路来试着完成。

⑬ 在刚刚创建的按钮右侧附近，创建一个圆柱体，并将其移动到合适的位置，同时删除圆柱体的底面，如图 7-82 所示。

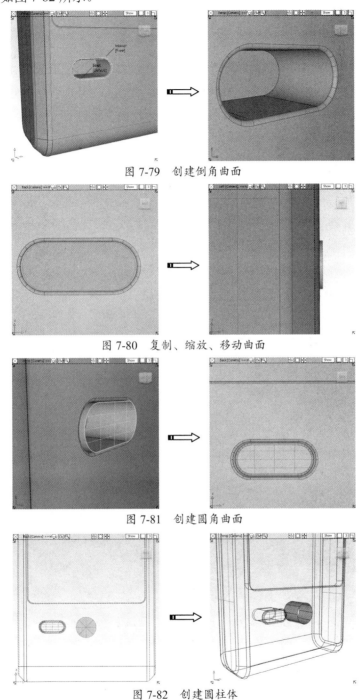

图 7-79 创建倒角曲面

图 7-80 复制、缩放、移动曲面

图 7-81 创建圆角曲面

图 7-82 创建圆柱体

⑭ 选择【Surface Fillet】工具 ，为圆柱体侧面与主体面创建倒角曲面，如图 7-83 所示。

⑮ 在圆洞内部创建一个稍小的圆柱体，用同样的方法移动圆柱体，创建圆角曲面，如图 7-84 所示。

⑯ 再在圆柱体上创建一个圆柱体作为按钮，然后创建圆角曲面，最终如图 7-85 所示。

⑰ 用类似的方法创建另外一个按钮，如图 7-86 所示。

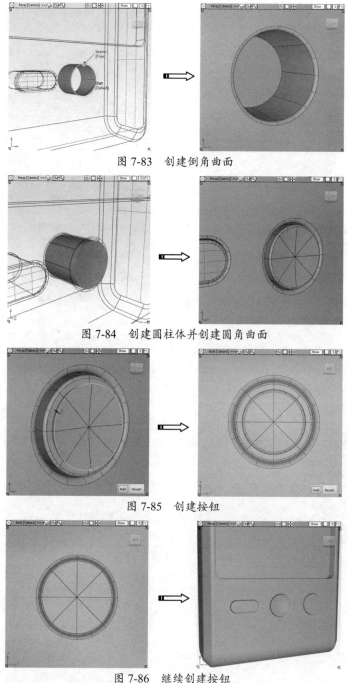

图 7-83　创建倒角曲面

图 7-84　创建圆柱体并创建圆角曲面

图 7-85　创建按钮

图 7-86　继续创建按钮

💡 技术要点

　　这里使用的方法较为简单，只是步骤较为复杂，用户可以调整圆柱体上底面的 CV 点，使其形成凸凹的效果。

⑱　在 Back 视图中创建一个立方体，使用操纵器对它进行移动、缩放，如图 7-87 所示。

⑲　创建两条曲线，选择【Multi-surface Draft】工具 ，在 X 轴方向以这两条曲线为基础创建拉伸曲面。选择【Trim】工具 ，修剪立方体，如图 7-88 所示。

⑳　选择【Intersect】工具 ，以相交的方式创建面上曲线。然后选择【Trim】工具 ，修剪

立方体与拉伸曲面。最后删除多余的曲面。效果如图 7-89 所示。

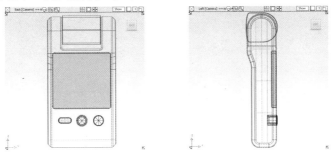

图 7-87　创建立方体并对其进行移动、缩放

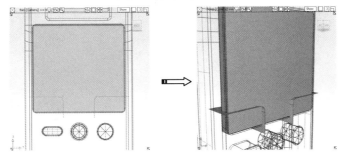

图 7-88　创建拉伸曲面并修剪

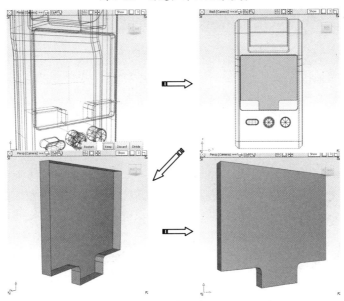

图 7-89　创建面上曲线并修剪立方体与拉伸曲面

技术要点

图 7-89 下方的两个图，将 HD MP4 播放器的主体曲面分配到了另一个图层，并进行了隐藏。

㉑ 选择【Round】工具，在这些曲面的锐边以合适的角度创建圆角曲面，如图 7-90 所示。

㉒ 在 Right 视图中创建一条曲线，作为创建按钮的轮廓曲线，选择【Multi-surface Draft】工具，创建拉伸曲面，如图 7-91 所示。

㉓ 在Back 视图中继续创建一组曲线，然后在 Right 视图中，将这组曲线水平移动到合适的位置，如图 7-92 所示。

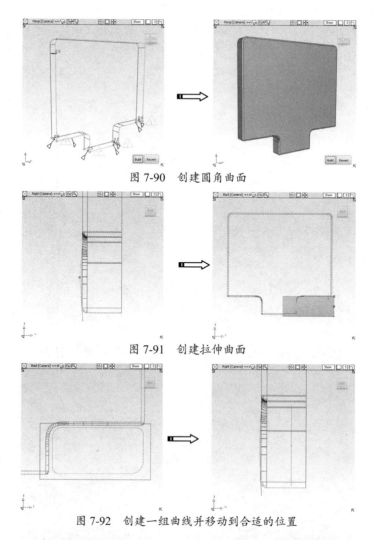

图 7-90　创建圆角曲面

图 7-91　创建拉伸曲面

图 7-92　创建一组曲线并移动到合适的位置

㉔　选择【Multi-surface Draft】工具，将这组曲线沿 X 轴正向创建拉伸曲面，如图 7-93 所示。

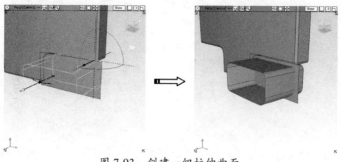

图 7-93　创建一组拉伸曲面

㉕　选择【Surface Fillet】工具，为这两组拉伸曲面创建倒角曲面，最终效果如图 7-94 所示。

技术要点

　　在创建倒角曲面的过程中，系统可能会提示选择的曲面组之间未形成相切连续，因此创建倒角曲面失败。这时候需要检查各曲面之间的连续性，如未达到相切连续，请使用对齐工具将其对齐，形成相切连续。

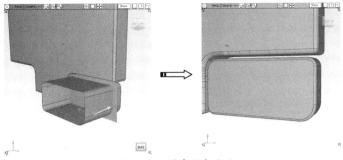

图 7-94　创建倒角曲面

㉖　选中整个按钮曲面，在菜单栏中选择【Edit】|【Duplicate】|【Mirror】命令，以 XZ 为镜像平面创建另一侧的按钮曲面，如图 7-95 所示。

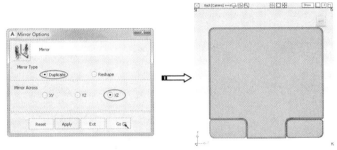

图 7-95　镜像复制按钮曲面

㉗　在 Back 视图中创建一组曲线。然后选择【Project】工具，在 Back 视图中将这组曲线投影到前侧曲面上。选择【Trim】工具，对曲面进行分割，如图 7-96 所示。

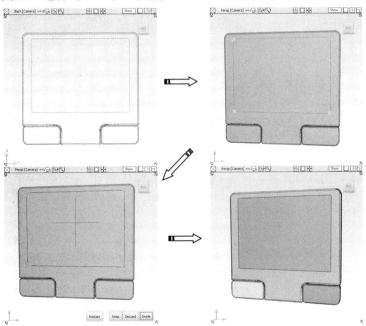

图 7-96　分割曲面

㉘　继续在 Back 视图中创建一组曲线，用同样的方法将这组曲线在 Back 视图中投影到小块曲面上，然后选择【Trim】工具，修剪曲面，保留曲线内部的部分，如图 7-97 所示。

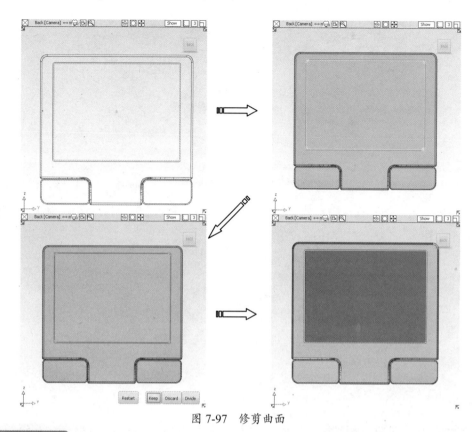

图 7-97　修剪曲面

💡 技术要点

　　对于这类曲线的创建，可以先创建一个长方形，然后将其在角点处分割，再为这些曲线两两之间创建倒角。

㉙　选取修剪后的曲面，在 Left 视图中，将其稍微向内移动一段距离。然后选择【Skin】工具，在与前侧曲面形成的缝隙处，以曲面的边缘为基础创建放样曲面，如图 7-98 所示。

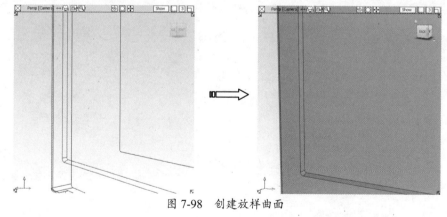

图 7-98　创建放样曲面

㉚　使用上面讲到的方法，为屏幕部分创建中间的按钮，大致的步骤如图 7-99 所示。

㉛　显示主体面，在它的侧面创建按钮，并为后侧添加细节（开一个圆柱体凹槽），如图 7-100 所示。

㉜　为头部添加细节，在底部侧面开槽，如图 7-101 所示。

㉝　至此，HD MP4 播放器的模型构建完成，整体效果如图 7-102 所示。

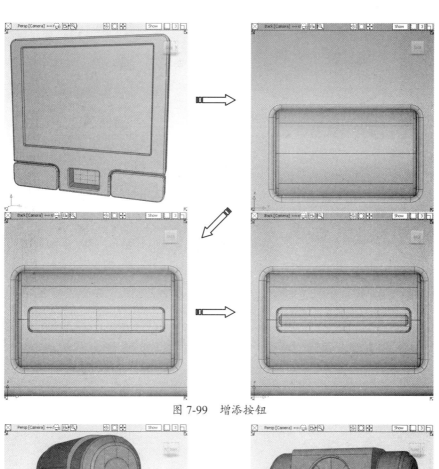

图 7-99　增添按钮

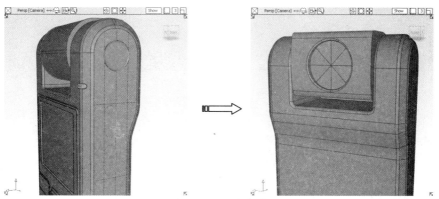

图 7-100　添加细节

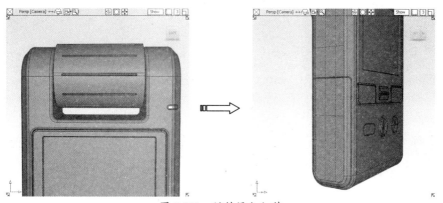

图 7-101　继续添加细节

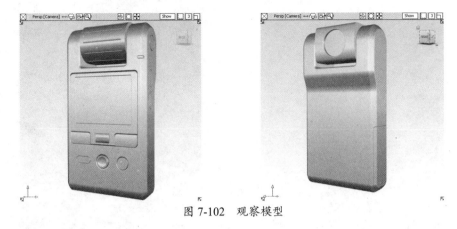

图 7-102　观察模型

08

时尚生活产品建模

本章主要练习前面章节介绍过的工具的应用，熟练掌握这些工具的使用以后，再来学习外观的设计。前期太注重外观设计，会给软件的学习带来不利的影响。

对本章展示的模型的制作，如果大家遇到一些不能独立完成的步骤，可以试着查看前面介绍的相关知识，然后接着进行操作。

 项目分解

- ☑ 吸尘器产品建模
- ☑ 剃须刀产品建模

扫码看视频

8.1 吸尘器产品建模

本节以吸尘器的建模为主要内容。建模的方法主要是载入外部图像文件，然后进行三视图的轮廓构建，利用掌握的曲面工具，建立合适的曲面。设计完成的吸尘器产品造型如图 8-1 所示。

图 8-1 吸尘器产品造型

案例 ——构建吸尘器器身外形曲面

操作步骤

① 启动 Alias 软件，进入操作界面。

② 在菜单栏中选择【Layouts】|【All Windows】|【All Windows】命令，在工作区域打开 4 个视图。

③ 在 Left 视图的标题栏处单击，激活该视图。在菜单栏中选择【File】|【Import】|【Canvas Image】命令，将主视图图片导入 Left 视图中，如图 8-2 所示。

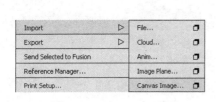

图 8-2 将主视图图片导入 Left 视图

④ 用同样的方法，激活 Back 视图，将侧视图图片导入 Back 视图，如图 8-3 所示。

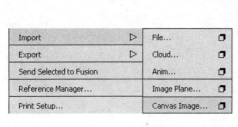

图 8-3 将侧视图图片导入 Back 视图

⑤ 选择变换工具，移动、缩放这两块画布，参照这两块画布的信息窗口，使它们的尺寸相当，最终调整到合适的位置，如图 8-4 所示。

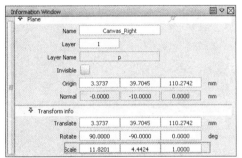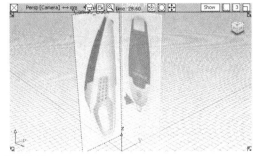

图 8-4　对齐画布平面

💡 **技术要点**

　　在图 8-4 中，不仅对齐了画布平面，而且为其设置了不透明度。用户可以在控制面板中，在【Display】选项卡下的【Transparency】选项组中，调节【Canvas】的不透明度，这样可以更好地描绘曲线的特征。

⑥　由于模型整体左右对称，所以只需创建整体模型的一半。选择【New CV Curve】工具 ⚡，依据参考图片，创建两条曲线，作为吸尘器鼓起的上曲面，在 Left 视图中沿上曲面边沿创建一条曲线，以切割创建的上曲面，如图 8-5 所示。

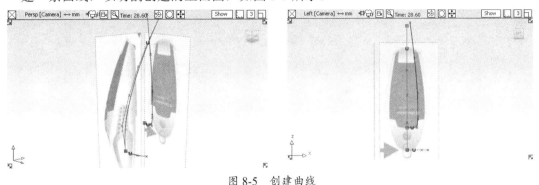

图 8-5　创建曲线

⑦　选择【Rail Surface】工具 ，以首尾相接的两条曲线为基础创建扫掠曲面，如图 8-6 所示。

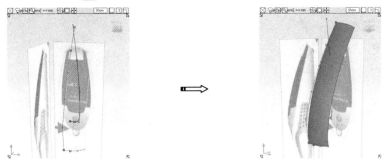

图 8-6　创建扫掠曲面

⑧　选择【Project】工具 ，在 Left 视图中将上曲面边沿线投影到扫掠曲面上。选择【Trim】工具 ，修剪扫掠曲面，吸尘器鼓起的曲面即形成了，如图 8-7 所示。

⑨　隐藏不再使用的曲线。选择【New CV Curve】工具 ⚡，在 Left 视图中创建一条曲线，作为吸尘器侧面的轮廓曲线，并将这条曲线进行偏移、旋转、移动，创建另外两条曲线，如图 8-8 所示。

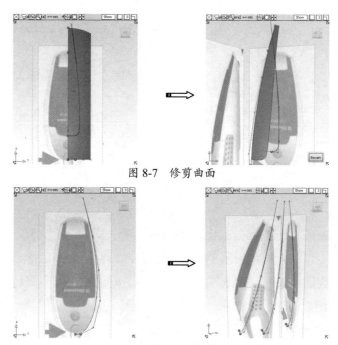

图 8-7　修剪曲面

图 8-8　创建侧面轮廓曲线

⑩　选择【Skin】工具 ，依次选取之前创建的 3 条曲线（顺序错了会在很大程度上影响曲面的形成），形成吸尘器侧面，如图 8-9 所示。

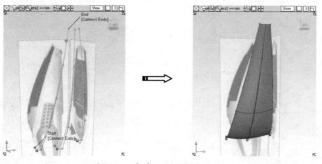

图 8-9　完成吸尘器的侧面

⑪　隐藏暂时不用的曲线和曲面。依据参考图片，选择【New CV Curve】工具 ，在 Back 和 Left 视图中创建吸尘器底部的轮廓曲线，如图 8-10 所示。

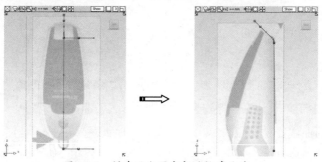

图 8-10　创建吸尘器底部的轮廓曲线

⑫　双击【Rail Surface】工具 ，在弹出的对话框中将【Generation Curves】（轮廓曲线）设置

为 2，将【Rail Curves】（轨道曲线）设置为 1，并选中【Rail 1】的重建选项，创建扫掠曲面，如图 8-11 所示。

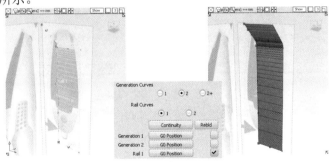

图 8-11　创建扫掠曲面

💡 **技术要点**

　　在隐藏曲线和曲面的时候，应多创建几个图层，将曲线与曲面放置到不同的位置，这样可以很好地避免工作窗口中的混乱。

⑬　隐藏这些曲线和曲面。选择【New CV Curve】工具 ✎，创建两条曲线，然后选择【Rail Surface】工具 ◰，创建扫掠曲面，作为吸尘器上表面较为平坦处的曲面，如图 8-12 所示。

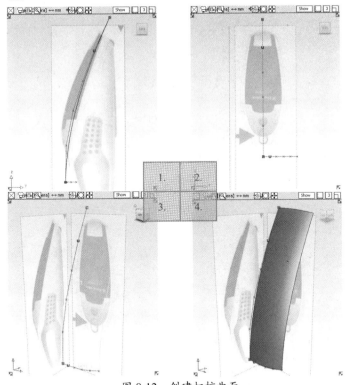

图 8-12　创建扫掠曲面

⑭　隐藏曲线，显示刚刚创建的曲面，选择【Intersect】工具 ◰，使它们相交。

⑮　选择【Trim】工具 ◰，对这些曲面进行修剪，修剪出吸尘器上部的大致形状，效果如图 8-13 所示。

⑯　在 Back 视图中创建一条直线，作为吸尘器上部与把手部分的截线，选择【Project】工具 ◰，在 Back 视图中将这条直线投影到之前创建的几个曲面上，如图 8-14 所示。

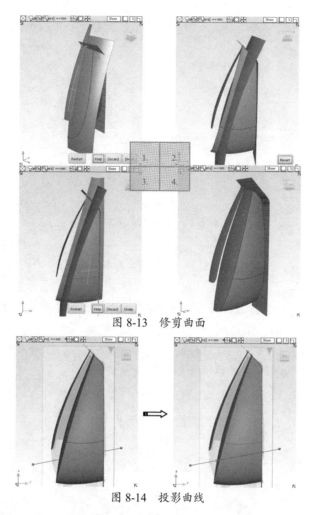

图 8-13　修剪曲面

图 8-14　投影曲线

⑰　然后选择【Trim】工具 ，继续修剪曲面，如图 8-15 所示。

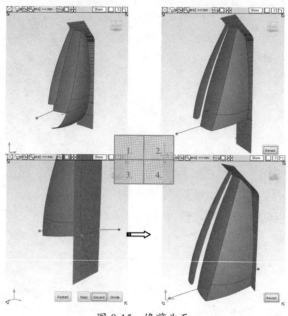

图 8-15　修剪曲面

⑱ 显示刚刚创建的曲线，然后选择【New CV Curve】工具 ⛏，在 Back 视图中创建一条曲线，作为把手的轮廓。选择【Align】工具 ，将这条曲线与上表面平坦曲面的轮廓线对齐，形成曲率连续，如图 8-16 所示。

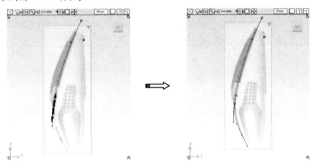

图 8-16 创建曲线并对齐

⑲ 选择【New Edit Point Curve】工具 ，在 Left 视图中创建另一条曲线，然后在 Back 视图中调整。继续使用【New Edit Point Curve】工具 ，连接两条曲线的首尾，并在 Left 视图中调整曲线的形状，如图 8-17 所示。

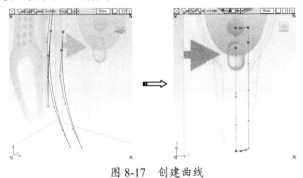

图 8-17 创建曲线

⑳ 选择【Square】工具 ，以刚刚创建的 4 条曲线为基础创建一个曲面，如图 8-18 所示。

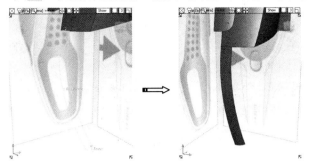

图 8-18 以 4 条曲线为基础创建曲面

㉑ 在 Left 视图中创建两条直线，选择【Project】工具，将这两条直线在 Left 视图中投影到刚刚创建的曲面上，如图 8-19 所示。

㉒ 选择【Trim】工具 ，修剪曲面，保留中间部分，隐藏多余的曲线，如图 8-20 所示。

㉓ 选择【Freeform Blend】工具 ，在吸尘器上部曲面的边缘与刚刚修剪的曲面边缘之间创建过渡曲面，在对话框中保证过渡曲面与两个曲面之间形成曲率连续，如图 8-21 所示。

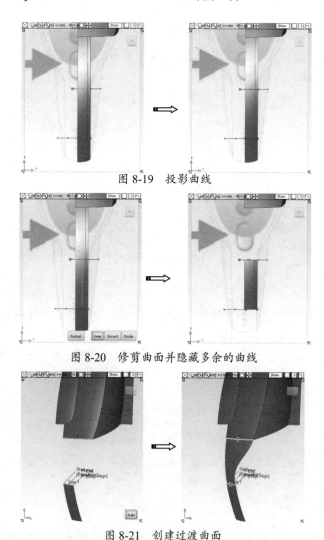

图 8-19　投影曲线

图 8-20　修剪曲面并隐藏多余的曲线

图 8-21　创建过渡曲面

> ☀ 技术要点
>
> 　　注意：图 8-21 中曲线与另一条曲线对齐的点刚好是截线与轮廓线的交点，因此更为简单的方法就是使用对齐工具，直接将曲线与剪切后曲面的一端对齐。对于另一条曲线，可以选择使用【Project Tangent】工具 ✕ 使其与上面的曲面对齐，省去了调整曲线 CV 点的麻烦。很多时候，通过工具使曲线达到某种约束，要比手动调节的结果好。

㉔　选择【New CV Curve】工具 ↗，在 Left 视图中创建一条曲线。然后选择【Project】工具 ☞，将这条曲线投影到过渡曲面与吸尘器上表面的中间曲面上，设置投影选项为创建曲线，如图 8-22 所示。

㉕　选择【Attach】工具 ✎，将这两条投影曲线连接为一条曲线。选择【New Edit Point Curve】工具 ↗，连接这条投影曲线与吸尘器上表面的端点。然后选择【Align】工具 ✎ 将这条曲线与上表面边缘形成曲率连续，再调整其余的 CV 点，如图 8-23 所示。

㉖　选择【New Edit Point Curve】工具 ↗，连接鼓起曲面上端与平坦曲面上端的面上曲线端点。创建一条曲线，并调整曲线的 CV 点。选择【Rebuild Curve】工具 ✎，重建投影曲线，如图 8-24 所示。

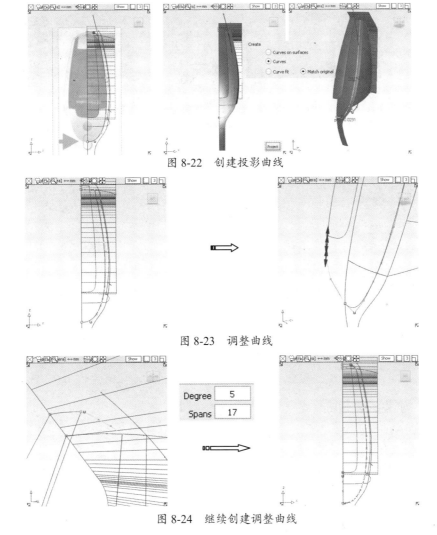

图 8-22　创建投影曲线

图 8-23　调整曲线

图 8-24　继续创建调整曲线

㉗　选择【Square】工具，以前面创建的 3 条曲线，以及鼓起曲面的一边为基础创建曲面，并在对话框中选中剪切边缘的重建选项，调整为相切连续，如图 8-25 所示。

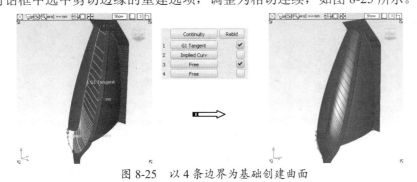

图 8-25　以 4 条边界为基础创建曲面

㉘　选择【Intersect】工具，使刚刚创建的曲面和与它相交的曲面形成相交线，然后选择【Trim】工具，进行修剪，如图 8-26 所示。

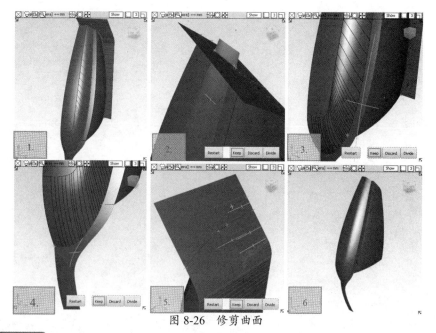

图 8-26　修剪曲面

💡 技术要点

如果四边曲面未与下面的曲面相交，使用【Extend】工具🖑延伸曲面，然后相交。

案例 ——构建手柄曲面

操作步骤

① 选择【New CV Curve】工具✍，沿吸尘器背侧曲面的边界创建两条曲线。然后选择【Align】工具🪥，将这两条曲线与曲面对齐，形成曲率连续。选择【New Edit Point Curve】工具🅽，连接这两条曲线的端点，并调整这条曲线的 CV 点，如图 8-27 所示。

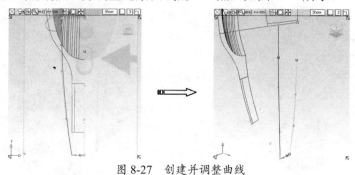

图 8-27　创建并调整曲线

② 选择【Square】工具🪥，以这几条曲线以及背侧曲面的边界为基础创建一个四边曲面，并将连续级别设置为曲率连续，如图 8-28 所示。

③ 选择【New Edit Point Curve】工具🅽，在 Right 视图中拉出两条直线，选择【Project】工具🅼，在 Right 视图中为这两条曲线在刚刚创建的四边曲面上创建投影曲线，如图 8-29 所示。

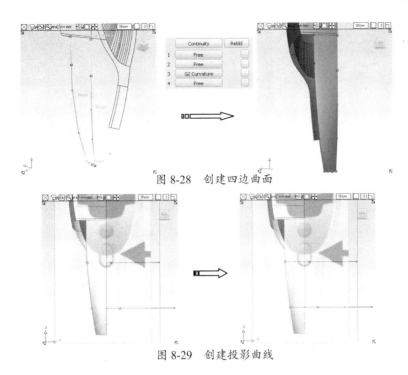

图 8-28 创建四边曲面

图 8-29 创建投影曲线

④ 选择【Trim】工具，修剪四边曲面，保留两条面上曲线中间的部分，如图 8-30 所示。

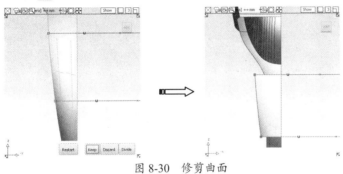

图 8-30 修剪曲面

⑤ 选择【Freeform Blend】工具，在吸尘器背侧两个曲面的边界创建过渡曲面，如图 8-31 所示。

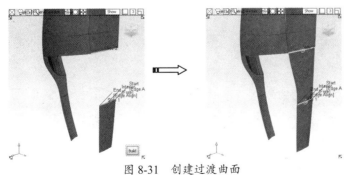

图 8-31 创建过渡曲面

⑥ 继续使用【Freeform Blend】工具，在前后两个曲面之间形成过渡，使其与两曲面达到曲率连续，如图 8-32 所示。

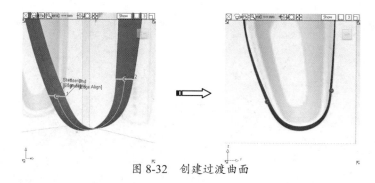

图 8-32　创建过渡曲面

⑦　接下来选择【New CV Curve】工具 ，创建把手部分的轮廓曲线，如图 8-33 所示。

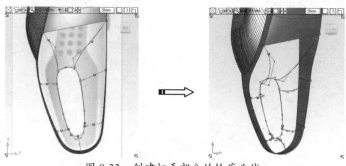

图 8-33　创建把手部分的轮廓曲线

💡 技术要点

　　如果根据参考图片发现过渡曲面与原图有出入，可以调节过渡曲面对话框中的【Shape Control】选项，从而调节过渡曲面的形状。在创建把手轮廓曲线的过程中，可能要用到构建平面、对齐投影曲线等操作。

---

⑧　选择【Square】工具 ，以四边成面，创建把手曲面，如图 8-34 所示。

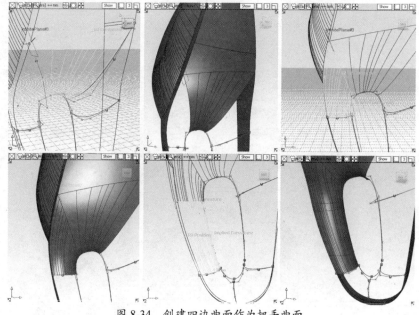

图 8-34　创建四边曲面作为把手曲面

⑨　在对话框中调节曲面的连续性，完成所有四边曲面的创建，如图 8-35 所示。

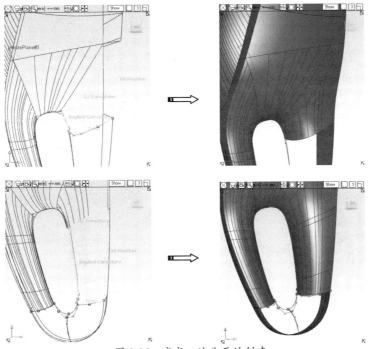

图 8-35　完成四边曲面的创建

⑩　选择【Rail Surface】工具 ，利用 3 条轮廓曲线和两条路径曲线创建扫掠曲面，补完最后的曲面，如图 8-36 所示。

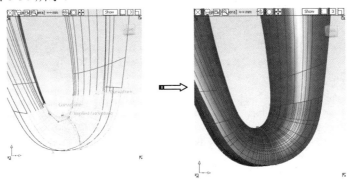

图 8-36　创建扫掠曲面

⑪　开启镜像显示，观察吸尘器的主体模型，如图 8-37 所示，之后对检查到的问题进行更改。

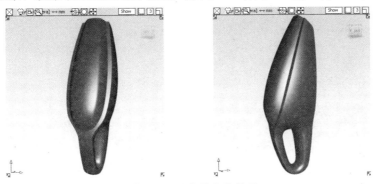

图 8-37　吸尘器主体模型

案例 ——细部曲面设计

操作步骤

① 创建吸尘器底部的凸起曲面。选择【New Edit Point Curve】工具 ，在 Back 视图中创建
一条曲线。选择【Multi-surface Draft】工具 ，将这条曲线沿 X 轴拉伸一定的距离，如
图 8-38 所示。

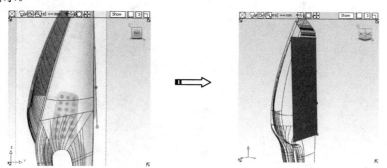

图 8-38　创建拉伸曲面

② 选择【Freeform Blend】工具 ，以吸尘器头部的一条 ISO 线与拉伸曲面的上边缘为基础
创建过渡曲面，然后在工具对话框中调节两边的对齐类型，如图 8-39 所示。

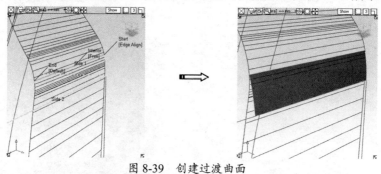

图 8-39　创建过渡曲面

③ 选择【Rebuild Curve】工具 ，然后单击 ISO 线，在此处创建一条面上曲线，然后在 Right
视图中创建一条曲线，如图 8-40 所示。

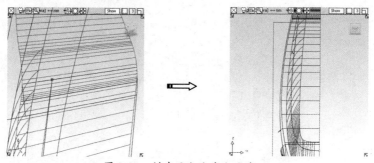

图 8-40　创建面上曲线和曲线

④ 选择【Project】工具 ，同样在 Right 视图中将这两条曲线投影到过渡曲面与拉伸曲面上，
如图 8-41 所示。

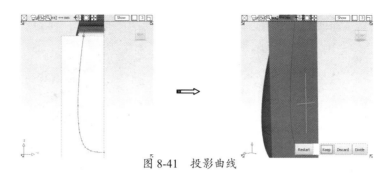

图 8-41　投影曲线

⑤ 选择【Trim】工具，对拉伸曲面与过渡曲面进行修剪，如图 8-42 所示。

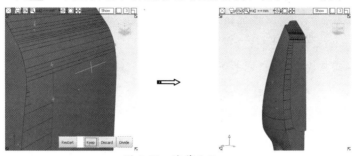

图 8-42　修剪曲面

⑥ 选择【Multi-surface Draft】工具，将【Type】（拉伸类型）改为【Normal】，单击拉伸曲面与过渡曲面的边缘，调整角度，创建凸缘曲面，如图 8-43 所示。

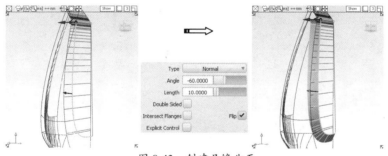

图 8-43　创建凸缘曲面

⑦ 选择【Intersect】工具，使刚刚创建的凸缘曲面与底部曲面相交形成曲线。选择【Trim】工具，修剪曲面，如图 8-44 所示。

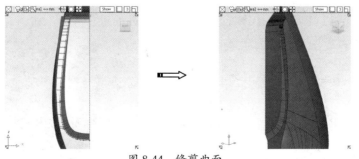

图 8-44　修剪曲面

⑧ 选择【New CV Curve】工具，在 Top 视图中创建一条曲线，然后选择【Multi-surface Draft】

工具 🥄，将这条曲线沿 Z 轴负方向拉伸，与吸尘器相交，如图 8-45 所示。

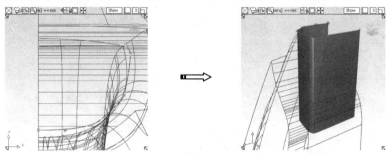

图 8-45　创建拉伸曲面

⑨　选择【Intersect】工具 🥄，将创建的曲面与底面相交。然后选择【Trim】工具 🖼，修剪多余的部分，如图 8-46 所示。

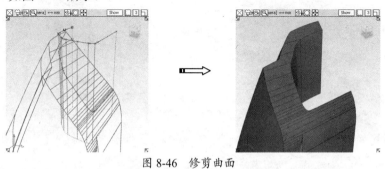

图 8-46　修剪曲面

⑩　在 Back 视图中创建一些圆形曲线，选择【Project】工具 🖼，同样在 Back 视图中将其映射到吸尘器的侧面上，如图 8-47 所示。

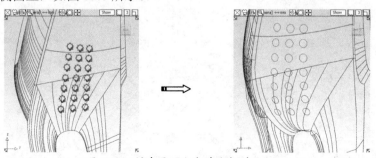

图 8-47　创建圆形曲线并映射到面上

⑪　然后选择【Trim】工具 🖼，在侧面上对这些圆形曲面进行分离，如图 8-48 所示。

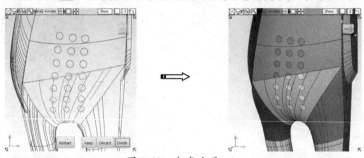

图 8-48　分离曲面

⑫ 选择【Round】工具 ，为吸尘器的尖锐边缘创建圆角曲面，如图 8-49 所示。

图 8-49 创建圆角曲面

⑬ 至此，吸尘器的大体模型已经创建完成。之后为其添加其他细节（按钮和小轮），如图 8-50 所示。

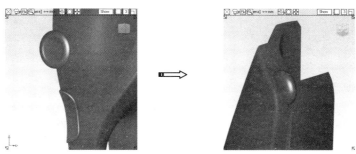

图 8-50 添加细节

⑭ 选择【New CV Curves】工具 ，在 Back 和 Left 视图中创建几条曲线，后面将以这些曲线为基础为吸尘器模型分模，如图 8-51 所示。

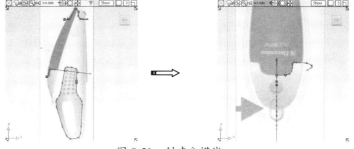

图 8-51 创建分模线

⑮ 选择【Project】工具，将这些曲线投影到曲面上，以这些面上曲线为基础为曲面分模，如图 8-52 所示。

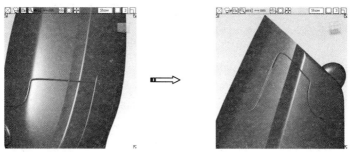

图 8-52 为曲面分模

> ☀ **技术要点**
>
> 为曲面分模可以使用【Fillet Flange】🔧工具、【Tube Flange】工具🔧和【Panel Flange】工具🔧，在模型大体创建完成之后经常用到。

⑯ 在菜单栏中选择【Layers】|【Symmetry】|【Create Geometry】命令，创建整个模型的镜像实体。至此，完成整个吸尘器建模过程，如图 8-53 所示。

⑰ 将不同颜色、材质的曲面分配到不同的图层，也可以分别成组，为它们附上材质，并进行渲染，还可实时查看渲染的效果，如图 8-54 所示。最后将文件保存。

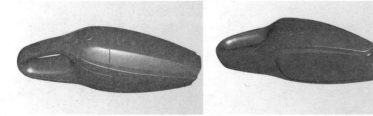 

图 8-53 将模型镜像转化为实体   图 8-54 吸尘器渲染效果

8.2 剃须刀产品建模

本节以剃须刀产品的建模为例，着重讲解一些不规则曲面的创建，以及怎样将几个曲面组合到一起形成一个光滑的曲面。设计完成的剃须刀产品选型如图 8-55 所示。

案例 ——构建剃须刀主体曲面

操作步骤

① 启动 Alias 软件，进入操作界面。

② 在菜单栏中选择【Layouts】|【All Windows】|【All Windows】命令，在工作区域打开 4 个视图。

③ 将剃须刀的 Front 和 Right 参考图片分别导入 Left、Back 视图中，并调整它们的位置与大小，如图 8-56 所示。

图 8-55 剃须刀产品选型

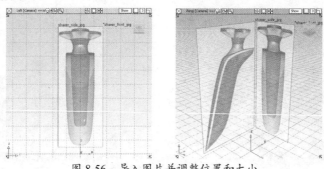

图 8-56 导入图片并调整位置和大小

在 Left 视图中，将画布平面调整为 YZ 平面对称，这样在创建剃须刀主体面的时候就可以创建它的一半，然后通过镜像来完成另一半。

④ 在菜单栏中多次选择【Layers】|【New】命令，创建几个新图层。将两个画布平面分配到一个图层中。然后将该图层的类型设置为【Inactive】，从而避免因不小心对画布平面进行的移动，而且还能够通过显示和隐藏，来观察创建的曲线与曲面是否与原图相匹配。

⑤ 依据参考图片创建 3 条曲线，作为剃须刀主体上侧曲面的轮廓曲线，如图 8-57 所示。

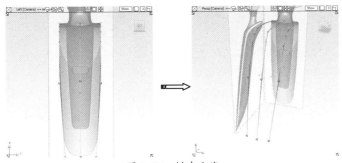

图 8-57 创建曲线

可以只创建两条曲线，然后将一侧的曲线进行镜像来创建另外一条曲线，这样还能够使得这几条曲线的参数具有一定的相关性，这些因素将会影响曲面的质量。

⑥ 选择【Skin】工具，在透视图中依次单击这 3 条曲线，创建放样曲面，如图 8-58 所示。

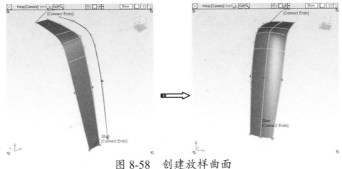

图 8-58 创建放样曲面

⑦ 选取刚刚创建的放样曲面，在控制面板的对象信息区域调整曲面的 U、V 阶数，以及跨距等，如图 8-59 所示。

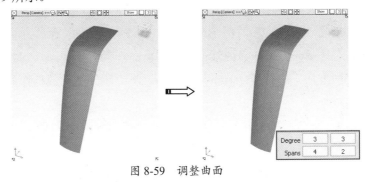

图 8-59 调整曲面

⑧ 选择【Detach】工具，将曲面从中间分为两个曲面，如图 8-60 所示。

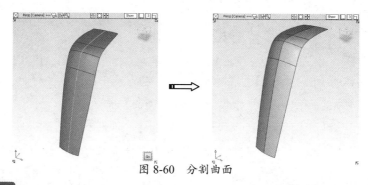

图 8-60　分割曲面

💡 技术要点

更改曲面的跨距是为了在其中间显示一条 ISO 等参线，然后依据这条等参线分割曲面，在确定分割位置的时候要按下 Ctrl 键，将分割线移动到中间的等参线处。

⑨　删除绿色曲面（图 8-60）。选择【New CV Curve】工具 ，在 Left 视图中创建一条曲线。选择【Project】工具 ，将这条曲线投影到曲面上，如图 8-61 所示。

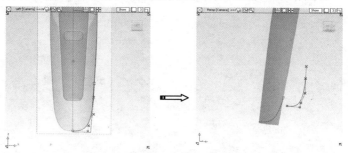

图 8-61　绘制曲线并投影到曲面上

⑩　然后选择【Trim】工具，修剪曲面，如图 8-62 所示。

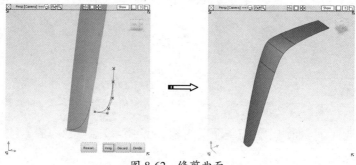

图 8-62　修剪曲面

⑪　用同样的方法创建 3 条剃须刀背侧轮廓曲线，如图 8-63 所示。

⑫　选择【Skin】工具 ，用这 3 条曲线创建放样曲面作为背部曲面，如图 8-64 所示。

⑬　用与上面相同的方法，选择【Detach】工具 ，将刚刚创建的放样曲面分割为两个曲面，如图 8-65 所示。

⑭　在 Back 视图中，创建一条直线，将其投影到背部曲面上，并对曲面进行修剪，如图 8-66 所示。

⑮　选择【New Edit Point Curve】工具 ，连接两曲面的内侧端点，然后选择【Align】工具，将曲线与曲面边缘对齐，参考实物图片调整曲线的形状，如图 8-67 所示。

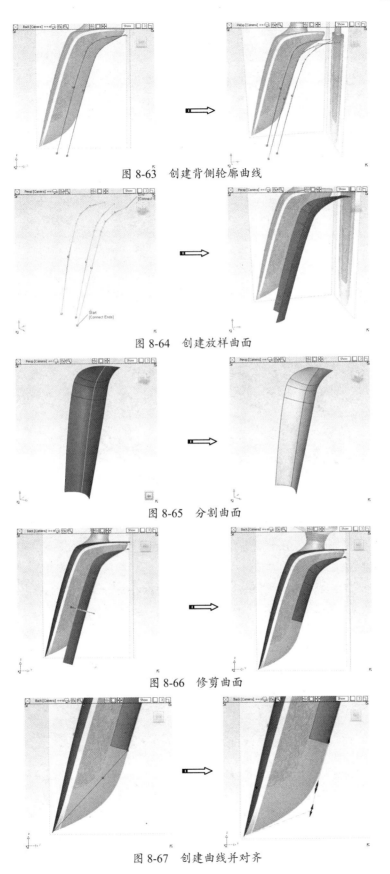

图 8-63　创建背侧轮廓曲线

图 8-64　创建放样曲面

图 8-65　分割曲面

图 8-66　修剪曲面

图 8-67　创建曲线并对齐

⑯ 选择【New Edit Point Curve】工具 N，用同样的方法，创建另外一条曲线，并对齐背部曲面的边缘曲线，如图 8-68 所示。

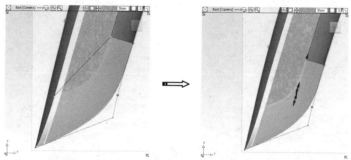

图 8-68　创建曲线并对齐背部曲面的边缘曲线

> 🔆 技术要点
>
> 在这两条曲线创建完成之后，可以使用【Square】工具，以这两条曲线以及两个曲面的边缘为基础创建曲面。但是创建的曲面不够"饱满"，需要通过下面的步骤来解决。

⑰ 再次选择【New Edit Point Curve】工具 N，连接这两条曲线上的两点，如图 8-69 所示。

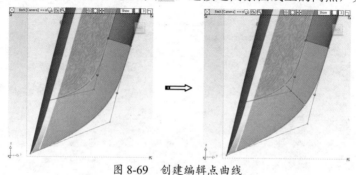

图 8-69　创建编辑点曲线

⑱ 在【Construction】工具组中选择【Plane】工具，将类型设置为【Slice】。以这条编辑点曲线上的两点为基础，在 Back 视图中创建一个参考平面，并将该参考平面设置为构建平面，如图 8-70 所示。

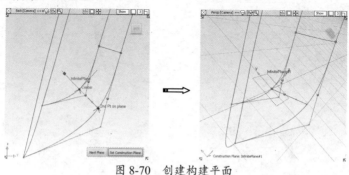

图 8-70　创建构建平面

⑲ 在构建平面的 Top 视图中，调整曲线的形状，如图 8-71 所示。

⑳ 选择【Square】工具，以这几条曲线为基础创建两个曲面，在对话框中调节它们的连续性级别，如图 8-72 所示。

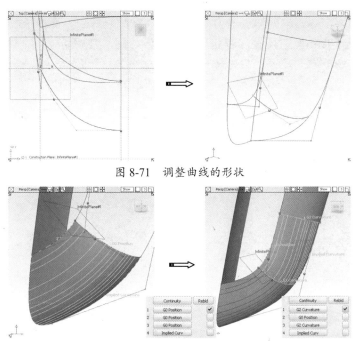

图 8-71　调整曲线的形状

图 8-72　创建曲面并调整连续性级别

⚡ 技术要点

　　第二个四边曲面的边界应以第一个四边曲面的边缘为边界，这样可以形成两曲面之间的连续性，并且可以通过调整曲线，来控制两个曲面的变化。

㉑　调出剃须刀上面与背面的轮廓曲线，选择【Skin】工具，以外侧的两条曲线为基础创建一个放样曲面，作为剃须刀的侧面，如图 8-73 所示。

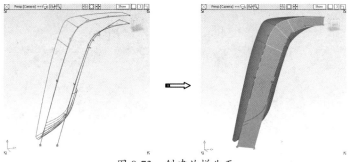

图 8-73　创建放样曲面

㉒　选择【Detach】工具，在其中一个等参线处将侧面分割为两个曲面，如图 8-74 所示。

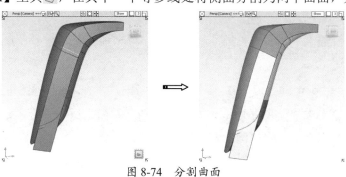

图 8-74　分割曲面

㉓ 在 Back 视图中创建一条曲线，然后选择【Project】工具👆，将其投影到上步分割的曲面上。最后选择【Trim】工具👆，对其进行修剪，如图 8-75 所示。

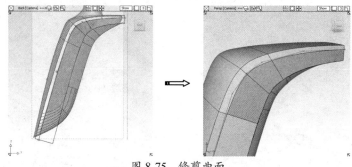

图 8-75　修剪曲面

㉔ 选择【New CV Curves】工具👆，参考图片创建一条曲线，并将这条曲线与刚刚分割曲面的边缘对齐。然后选择【Project】工具👆，将这条曲线以及创建背部曲面的原始曲线在 Back 视图中投影到侧面上，如图 8-76 所示。

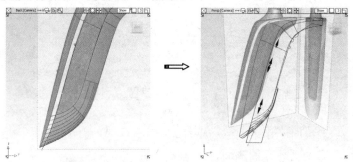

图 8-76　创建曲线并进行对齐、投影操作

㉕ 选择【Trim】工具👆，修剪并分割曲面，如图 8-77 所示。

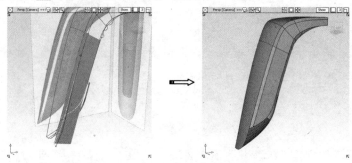

图 8-77　修剪并分割曲面

㉖ 继续使用【Project】工具👆，将刚刚创建的曲线投影到背部曲面上，并同样分割曲面，如图 8-78 所示。

㉗ 选择【New Edit Point Curve】工具👆，依据参考图片，在 Back 视图中，在剃须刀后侧创建两条曲线，然后复制这两条曲线，并将其移动到左侧合适的位置，如图 8-79 所示。

㉘ 选择【Project】工具👆，将内侧的两条曲线投影到侧面上，并进行修剪，如图 8-80 所示。

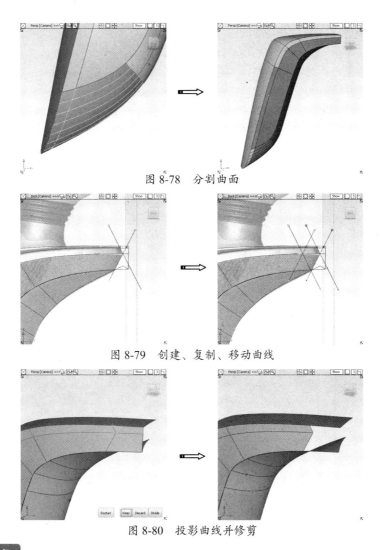

图 8-78　分割曲面

图 8-79　创建、复制、移动曲线

图 8-80　投影曲线并修剪

💡 技术要点

可能会存在形成的两条面上曲线的端点未能处于同一位置的问题，这时需要在 Back 视图中对两条投影曲线进行微调。

㉙　选择【Curve Section】工具，创建两条截面曲线。然后选择【Multi-surface Draft】工具，将这两条曲线沿 X 轴正向拉伸，如图 8-81 所示。

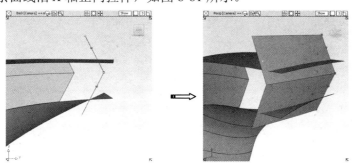

图 8-81　拉伸曲线形成曲面

也可以先不修剪曲线，等拉伸曲面形成之后相交再进行修剪，但是操作有些麻烦。

㉚ 选择【Intersect】工具，使拉伸曲面与剃须刀上表面以及背面相交，选择【Trim】工具，
修剪多余的部分，如图 8-82 所示。

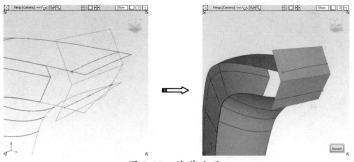

图 8-82　修剪曲面

㉛ 选择【New Edit Point Curve】工具，在 Right 视图中创建一条曲线，选择【Project】工
具，将这条曲线投影到拉伸曲面上，如图 8-83 所示。

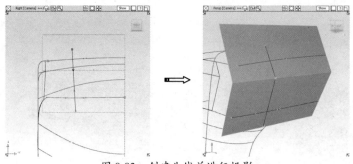

图 8-83　创建曲线并进行投影

㉜ 随后选择【Trim】工具，修剪拉伸曲面，如图 8-84 所示。

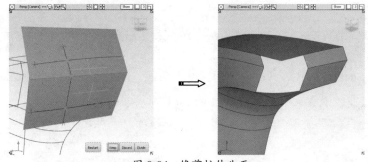

图 8-84　修剪拉伸曲面

㉝ 选择【Freeform Blend】工具，分别在这些曲面的边缘创建过渡曲面，如图 8-85 所示。

在对话框中调节过渡曲面的类型，这里选择的连续性为相切连续。

㉞ 选择【Intersect】工具，使两个过渡曲面与上表面以及背部曲面相交，然后选择【Trim】
工具，修剪曲面，如图 8-86 所示。

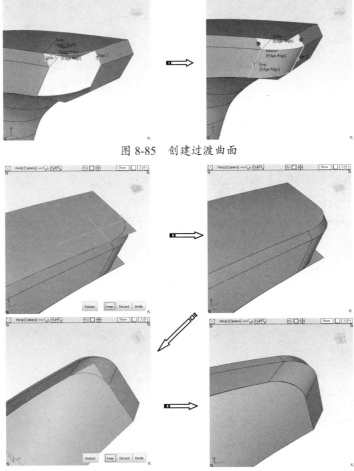

图 8-85   创建过渡曲面

图 8-86   修剪曲面

㉟   选择【Round】工具 🖌️，为侧面与上面的锐边创建圆角曲面，圆角半径为 0.5，如图 8-87
所示。

图 8-87   创建圆角曲面

💡 技术要点

　　注意：上面的过渡曲面的可控性较差，如果在创建圆角曲面时出现了问题，试着多创建几条曲线，
然后使用【Square】工具 🖌️ 创建曲面，在四边面的边界控制连续性的级别。

㊱   选择【Tubular Offset】工具 🖌️，沿侧面与背部曲面的交界处创建圆管，并关闭自动修剪功
能，如图 8-88 所示。

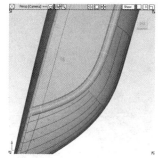

图 8-88　创建圆管曲面

㊲ 选择圆管曲面，然后选择【Intersect】工具，使之与相邻的各个曲面相交，创建面上曲线，之后删除圆管曲面，最后选择【Trim】工具，修剪曲面，如图 8-89 所示。

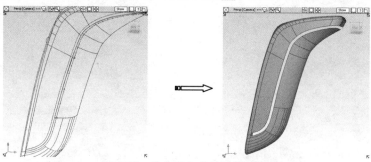

图 8-89　使曲面相交并修剪曲面

💡 技术要点

在这里，由于修剪曲面比较复杂，【Tubular offset】工具的自动修剪功能用不到。手动修剪可以对曲面进行很好的控制。在必要的时候通过控制面板中的调节工具或命令可以使它们能够更好地发挥作用。

㊳ 选择【Freeform Blend】工具，在曲面间缝隙的边界创建过渡曲面，最终效果如图 8-90 所示。

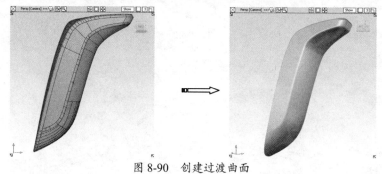

图 8-90　创建过渡曲面

㊴ 在 Top 视图中创建两条曲线，选择【Fillet Curves】工具，为这两条曲线倒角，如图 8-91 所示。

㊵ 选择【Project】工具，将创建类型更改为【Curves】，然后在 Top 视图中，将这几条曲线投影到剃须刀的上曲面，如图 8-92 所示。

㊶ 在 Left 视图中，选择【New Edit Point Curve】工具，创建一条曲线，确保这条曲线的首尾分别位于剃须刀上曲面边缘，以及刚刚创建的投影曲线上，然后选择【Align】工具，将这条曲线与投影曲线对齐，形成曲率连续，如图 8-93 所示。

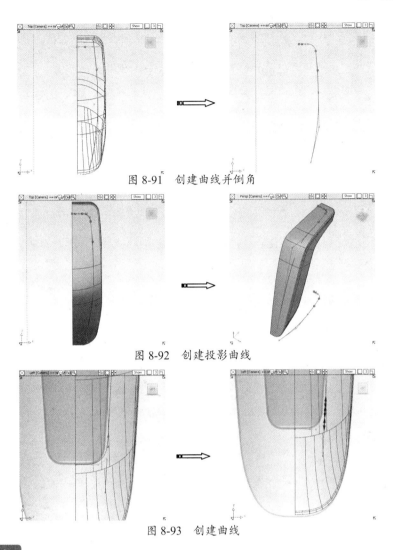

图 8-91　创建曲线并倒角

图 8-92　创建投影曲线

图 8-93　创建曲线

> 💡 **技术要点**
>
> 　　在这里同样可以使用【Blend Curve】工具来创建过渡曲线，曲线的形状参考在 Left 视图中导入的图片。

㊷　选择【Curve Section】工具，修剪这几条曲线多余的部分，然后选择【Attach】工具，将这几段曲线连接为一段曲线，如图 8-94 所示。

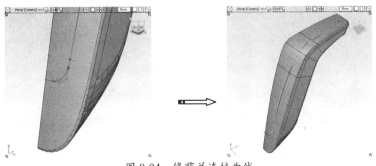

图 8-94　修剪并连接曲线

㊸　选择【Project】工具，设置创建类型为【Curve on Surfaces】，设置投影矢量为【Normal】，

然后将曲线沿曲面的法线方向投影到剃须刀的上表面，如图 8-95 所示。

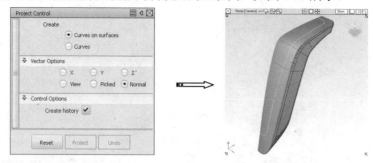

图 8-95　创建投影曲线

㊹　选择【Panel Gap】工具，选取面上曲线，创建间隙，如图 8-96 所示。

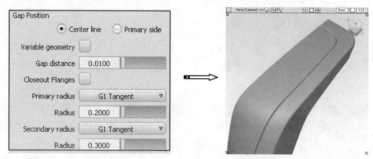

图 8-96　为曲面分模

💡 技术要点

　　这里可以使用两次【Fillet Flange】工具来完成。【Panel Gap】工具是 Alias 2013 新增加的内容，熟练掌握它会在此类曲面创建上节省时间。

㊺　用同样的方法，在剃须刀的上表面创建间隙。最后在菜单栏中选择【Layers】|【Symmetry】|【Create Geometry】命令，创建模型的另一半，如图 8-97 所示。

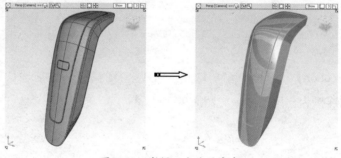

图 8-97　剃须刀主体面完成

案例——构建剃须刀的刀头曲面

操作步骤

①　接下来创建剃须刀的头部。新建一个图层，根据参考图片中的曲线特征创建 3 条圆形曲线。修改这些圆形曲线，效果如图 8-98 所示。

② 选择【Skin】工具，由上至下依次选取这 3 条曲线（在选取第 3 条曲线的时候记得按下键盘上的【Shift】键）。以这 3 条曲线为原始曲线创建放样曲面，如图 8-99 所示。

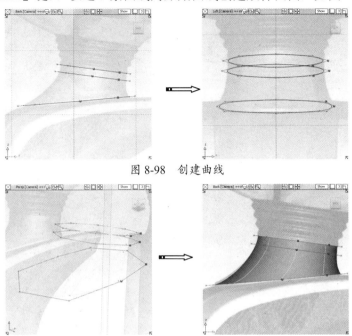

图 8-98　创建曲线

图 8-99　创建放样曲面

🔆 技术要点

　　使用【Skin】工具可能不能够很好地控制曲面，大家可以自己尝试一下，会发现这两个工具所创建出的放样曲面的不同，尤其是在多条曲线的情况下，会有很大的差异。

③ 从图 8-99 中也可以看到，曲面与参考图片略有差异，这时候可以选取曲面开启它的 CV 点，通过调整部分 CV 点，使曲面达到令人满意的结果，如图 8-100 所示。

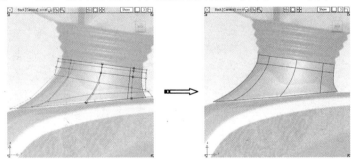

图 8-100　通过移动 CV 点调整曲面

④ 复制下边的大圆形曲线，然后将其移动到稍靠下的位置，以这两条曲线为基础创建放样曲面，如图 8-101 所示。

⑤ 选择【Surface Fillet】工具，在这两个曲面之间，创建倒角曲面，如图 8-102 所示。

⑥ 选择【Line】工具，以刚刚创建的放样曲面前后两端的端点为直线上的点创建一条直线。然后在【Construction】工具组中选择【Plane】工具，并设置为【Slice】类型，在 Back 视图中，以直线的中点为第一点，以直线的其中一个端点为第二点，确定参考平面坐标，

并将其设置为构建平面，如图 8-103 所示。

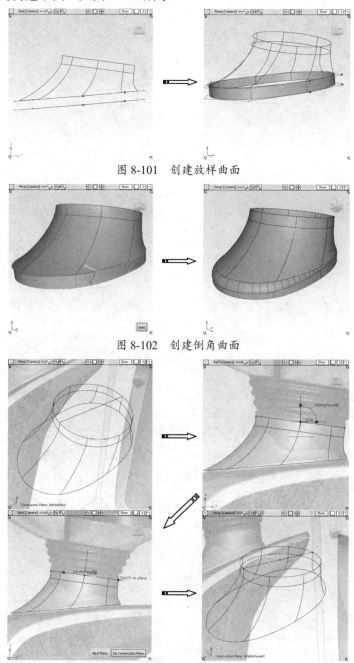

图 8-101　创建放样曲面

图 8-102　创建倒角曲面

图 8-103　创建参考平面

💡 技术要点

先创建一条直线，是为了确定参考平面的坐标原点。在创建完参考平面之后，最好删除参考平面的构建历史，避免在不小心移动了直线之后，参考平面随之发生变化。

⑦ 在构建平面的 Front 视图中，选择【Line】工具 📏，以上步放样曲面一边上的点为起点，创建一条直线。然后选择【Revolve】工具 📐，将这条曲线绕 Z 轴旋转，创建旋转曲面，如图 8-104 所示。

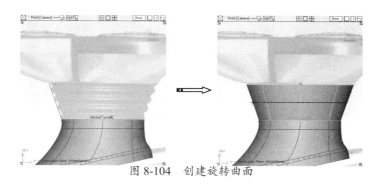

图 8-104　创建旋转曲面

⑧　选取旋转曲面，在控制面板中更改它的参数，并显示它的 CV 点，如图 8-105 所示。

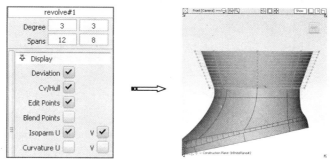

图 8-105　修改曲面参数

⑨　选择【Pick Hull】工具 ，然后选择其中的一排 Hull，随即选择【Center Pivot】工具 ，将这排外壳线的轴心点放置在其中心位置，然后选择【Scale】工具 ，缩放这排外壳线，使得曲面形成凸凹的形状，最终效果如图 8-106 所示。

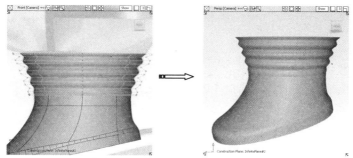

图 8-106　通过 CV 点修改曲面形状

⑩　选择【Duplicate Curve】工具 ，复制旋转曲面的上侧边缘，形成一条新的曲线。在这条曲线处于选中的状态下，选择【Center Pivot】工具 ，然后将这条曲线在 Top 视图中稍微放大，如图 8-107 所示。

⑪　选择【Set Planar】工具 ，为这条圆形曲线创建一个剪切曲面，隐藏曲线与下部的曲面，如图 8-108 所示。

💡 技术要点

在接下来的操作中提到的各个视图均为构建平面的视图，当返回到时间坐标的时候，会做出返回世界坐标的说明。

⑫　在 Top 视图中创建一个平面，在 Front 视图中将其移动到如图 8-109 所示的位置。

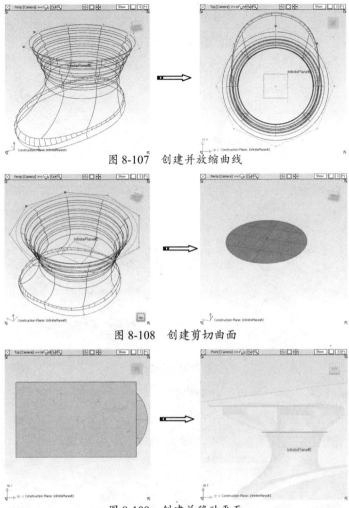

图 8-107　创建并放缩曲线

图 8-108　创建剪切曲面

图 8-109　创建并移动平面

⑬　在 Top 视图中创建几条曲线，选择【Project】工具，将其投影到刚刚创建的平面上，如图 8-110 所示。

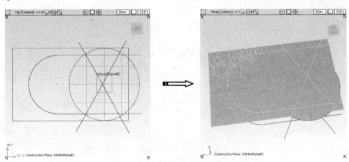

图 8-110　创建曲线并将其投影到平面上

⑭　然后选择【Trim】工具，修剪平面，如图 8-111 所示。

技术要点

　　曲线的绘制这里没有过多地介绍具体步骤，需要说明的是，两条直线的角度为 120°，这样方便另外两个刀头的创建。

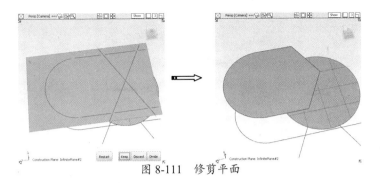

图 8-111 修剪平面

⑮ 选择【Multi-surface Draft】工具🥄，拉伸刚刚修剪后的平面的边缘，创建拉伸曲面如图 8-112 所示。

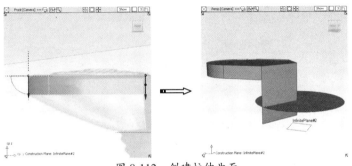

图 8-112 创建拉伸曲面

💡 技术要点

　需要两次操作来完成拉伸，一次拉伸右侧的尖角部分，使拉伸曲面与下面的圆形剪切曲面相交。然后拉伸其他的边缘，并在 Front 视图中显示参考图片，以此来控制拉伸曲面的拉伸长度。

⑯ 选择【Intersect】工具🖱，使圆形剪切曲面与拉伸曲面相交形成面上曲线，然后选择【Trim】工具🖱，修剪圆形曲面，如图 8-113 所示。

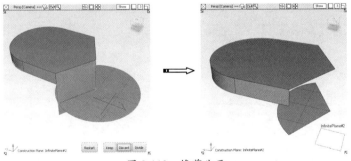

图 8-113 修剪曲面

💡 技术要点

　在图 8-113 中，由于拉伸曲面未与圆形曲面完全相交，所以为了避免它对下面的操作产生干扰，暂时隐藏拉伸曲面，请不要删除拉伸曲面上的面上曲线，接下来还有用处。

⑰ 选择【New Edit Point Curve】工具，过拉伸曲面边缘上的点与圆弧形剪切曲面边缘上的点创建几条曲线，并调整这几条曲线的形状，如图 8-114 所示。

⑱ 选择【Square】工具🥄，过这几条曲线创建四边曲面，并调整曲面间的连续性，如图 8-115 所示。

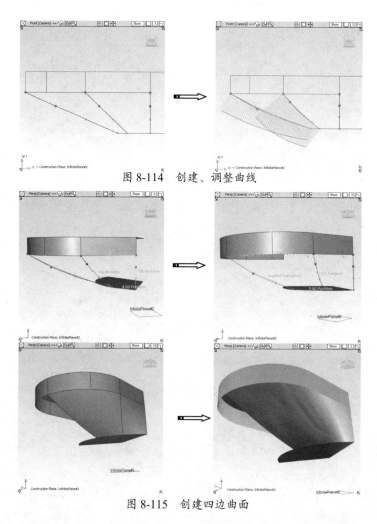

图 8-114　创建、调整曲线

图 8-115　创建四边曲面

⑲　取消对拉伸曲面的隐藏。选择【Extend】工具，拉伸右侧的四边曲面，使其与拉伸曲面相交，然后选择【Intersect】工具，使四边曲面与拉伸曲面相交，创建面上曲面，如图 8-116 所示。

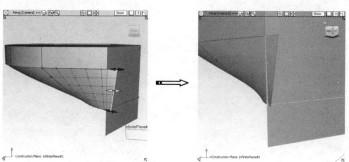

图 8-116　创建拉伸曲面并与四边曲面相交

⑳　然后选择【Trim】工具，修剪曲面，如图 8-117 所示。

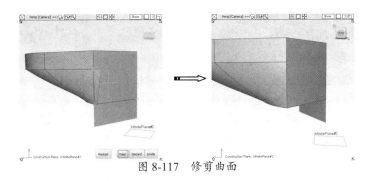

图 8-117　修剪曲面

㉑ 删除另一个拉伸曲面，然后选择两个四边曲面以及右侧的拉伸曲面。在菜单栏中选择【Edit】|【Duplicate】|【Mirror】命令，在弹出的镜像对话框中将镜像平面设置为 YZ 平面，单击【Go】按钮，另一半曲面创建完成，如图 8-118 所示。

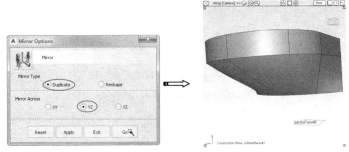

图 8-118　镜像曲面

㉒ 选择【Round】工具，在整块刀头部分的锐边边缘创建圆角曲面，如图 8-119 所示。

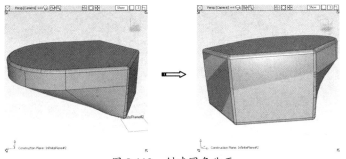

图 8-119　创建圆角曲面

㉓ 选择【Cylinder】工具、【Tube Flange】工具和【Surface Fillet】工具等，在剃刀曲面上创建刀片盖曲面，最终效果如图 8-120 所示。

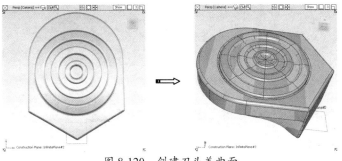

图 8-120　创建刀头盖曲面

> **技术要点**
>
> 　这里创建的刀盖曲面虽然是较为简单的曲面，但是创建起来也较为复杂，步骤较为烦琐。也可以不使用上面提到的这些工具，根据自己的思路将这些曲面创建出来。

㉔ 选择整个剃刀曲面，然后在菜单栏中选择【Edit】|【Group】命令，在该群组处于选定的状态下，在菜单栏中选择【Edit】|【Duplicate】|【Object】命令，打开创建副本对话框，设置相关参数，单击【Go】按钮，完成副本的创建，如图 8-121 所示。

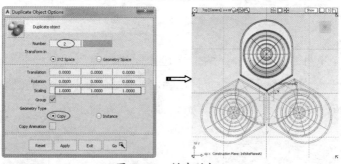

图 8-121　创建副本

㉕ 将这些曲面所在图层全部显示，整个剃须刀的模型即创建完成，如图 8-122 所示。

图 8-122　剃须刀模型创建完成

09

KeyShot 7 产品渲染

本章主要介绍 Rhino 6.0 的渲染辅助软件 KeyShot 7，通过学习与掌握 KeyShot 的相关命令，进一步对利用 Rhino 构建的数字模型进行后期渲染处理，直到最终输出符合设计要求的渲染图。

项目分解

- ☑ KeyShot 简介
- ☑ KeyShot 7 软件的安装
- ☑ KeyShot 7 工作界面
- ☑ 材质库
- ☑ 颜色库
- ☑ 灯光
- ☑ 环境库
- ☑ 【背景】库和【纹理】库
- ☑ 渲染
- ☑ 案例——渲染"成熟的西瓜"

扫码看视频

KeyShot

9.1　KeyShot 简介

Luxion HyperShot 和 KeyShot 均是基于 LuxRender 开发的渲染器，目前，Luxion 与 Bunkspeed 因技术问题分道扬镳，Luxion 不再授权给 Bunkspeed 核心技术，Bunkspeed 也不能再销售 Hypershot，以后将由 Luxion 公司自己销售，并更改产品名称为 KeyShot，所有原 Hypershot 用户可以免费升级为 KeyShot。KeyShot 软件图标如图 9-1 所示。

图 9-1　KeyShot 软件图标

KeyShot 是一个互动性的光线追踪与全域光渲染程序，无须复杂的设定即可产生非常真实的 3D 渲染影像。无论是渲染效率，还是渲染质量，均非常优秀，非常适合展示即时方案效果渲染。同时，KeyShot 对目前绝大多数主流建模软件支持良好，尤其对犀牛模型文件的支持更是完美。KeyShot 所支持的模型文件格式如图 9-2 所示。

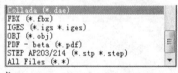

图 9-2　KeyShot 支持的模型文件格式

KeyShot 最惊人之处就是能够在几秒之内即渲染出令人惊讶的效果。沟通早期的设计理念、尝试设计决策、创建市场和销售图像，无论你想要做什么，KeyShot 都能打破一切复杂的限制，帮助你创建照片级的逼真图像。相比从前更快、更方便、更加惊人，如图 9-3 和图 9-4 所示为使用 KeyShot 渲染的高质量图片。

图 9-3　KeyShot 渲染的高质量图片（一）

图 9-4　KeyShot 渲染的高质量图片（二）

9.2　KeyShot 7 软件的安装

首先登录 KeyShot 官方网站（www.keyshot.com），根据计算机系统下载相应的 KeyShot 软件试用版本，目前官方提供的最新版本为 KeyShot 7。

案例　——安装 KeyShot 7

① 双击 KeyShot 7 安装程序图标◉，启动 KeyShot 7 安装程序，如图 9-5 所示。

② 单击【Next】按钮，弹出授权协议界面，单击【I Agree】按钮，如图 9-6 所示。

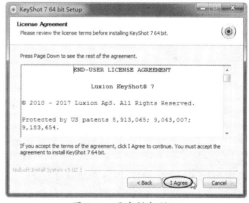

图 9-5　启动安装程序　　　　　　　　　　　图 9-6　同意授权协议

③ 随后弹出选择使用用户界面，可以任选一项，可以选择 ◉ Install for anyone using this computer，也可以选择 ○ Install just for me，然后单击【Next】按钮，如图 9-7 所示。

④ 在随后弹出的安装路径选择界面中，设置安装 KeyShot 7 的计算机硬盘路径，可以使用默认安装路径，再单击【Next】按钮，如图 9-8 所示。

💡 **技术要点**

强烈建议修改安装路径，最好不要安装在 C 盘，C 盘是系统盘，本身会有很多系统文件，再加上运行系统时会产生垃圾文件，严重影响 CPU 的运行。

⑤ 此时，在弹出的界面中可以设置 KeyShot 7 材质库文件的存放路径，保持默认设置即可，单击【Install】按钮开始安装，如图 9-9 所示。

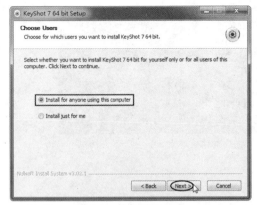

图 9-7　选择使用用户

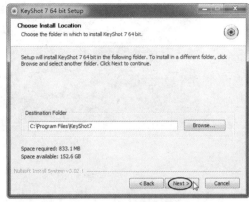

图 9-8　设置安装路径

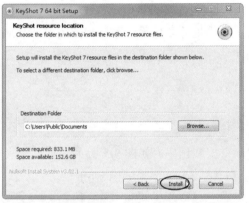

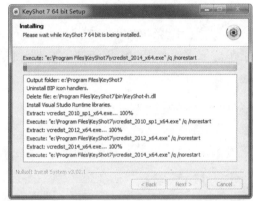

图 9-9　安装 KeyShot 7

💡 技术要点

注意：KeyShot 7 安装目录下的所有安装文件路径名称不能为中文，否则无法启动软件，同时也打不开文件。

⑥ 安装完成后会在计算机桌面上生成 KeyShot 和材质库的快捷方式，如图 9-10 所示。

⑦ 第一次启动 KeyShot 7，还需要激活许可证，如图 9-11 所示。到官网购买正版软件，会提供一个许可证文件，直接选中【安装许可证文件】单选按钮即可。

图 9-10　KeyShot 和材质库的快捷方式

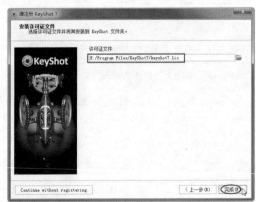

图 9-11　安装许可证

⑧ 双击计算机桌面上的 KeyShot 7 快捷方式 ，启动 KeyShot 渲染主程序，如图 9-12 所示。

⑨ KeyShot 7 渲染窗口如图 9-13 所示。

图 9-12 KeyShot 初始化界面

图 9-13 KeyShot 7 渲染窗口

9.3 KeyShot 7 工作界面

学习使用 KeyShot 7，可以按照学习其他软件的方法，首先了解界面及其常见的视图操作、环境配置等。鉴于 KeyShot 7 是一个独立的软件程序，其涉及的知识内容较多，下面粗略地介绍其基本操作。在后面的渲染环节将重点介绍相关操作。

9.3.1 窗口管理

在 KeyShot 7 的窗口左侧，是渲染材质面板；中间区域是渲染区域；底部则是人性化的控制按钮。下面介绍底部窗口控制按钮的含义，如图 9-14 所示。

图 9-14 窗口控制按钮

1. 导入

【导入】按钮用于导入由其他3D 软件生成的模型文件。单击【导入】按钮，打开【导入】对话框，从中导入适合 KeyShot 7 的格式文件，如图 9-15 所示。

在菜单栏中选择【文件】菜单中的相关命令，可以对文件进行各项操作。

2. 库

【库】按钮用于控制左侧材质【库】面板的显示与否。【库】面板用来添加材质、颜色、环境、背景、纹理等。

3. 项目

【项目】按钮用于控制右侧各渲染环节的参数与选项设置面板，如图 9-16 所示。

4. 动画

【动画】按钮用于控制【动画】面板的显示与否，【动画】面板在工作界面下方，如图 9-17 所示。

图 9-15　导入要渲染的由其他 3D 软件生成的图形文件

图 9-16　【库】面板与【项目】控制面板

5. 渲染

单击【渲染】按钮，打开【渲染】对话框。设置渲染参数后，单击对话框中的【渲染】按钮即可对模型进行渲染，如图 9-18 所示。

图 9-17　显示【动画】面板

图 9-18　【渲染】对话框

9.3.2　视图控制

在 KeyShot 7 中，视图的控制是通过相机功能来实现的。

要显示 Rhino 中原先的视图，在 KeyShot 7 的菜单栏中选择【相机】|【相机】命令，打开【相机】菜单，如图 9-19 所示。

在渲染区域按住鼠标中键拖动可以平行移动相机，按下鼠标左键旋转相机，可以多个视角查看模型。

图 9-19　【相机】菜单

> **工程点拨**
>
> 这个操作跟旋转模型有区别。也可以在工具栏中单击【平移】按钮和【翻滚】按钮来完成相同的操作。

要旋转模型，将鼠标指针移动到模型上，然后单击鼠标右键，弹出快捷菜单，选择快捷菜单中的【移动模型】命令，渲染区域中显示三轴控制球，如图 9-20 所示。

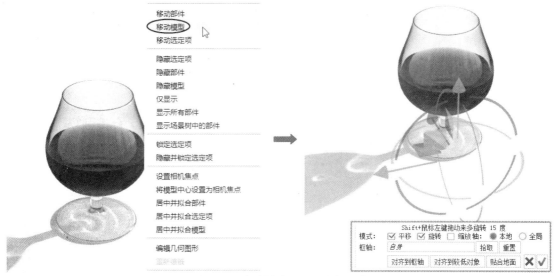

图 9-20 移动模型显示三轴控制球

> 🔆 **工程点拨**
>
> 快捷菜单中的【移动部件】命令，针对的是导入的装配体模型，可以移动装配体中的单个或多个零部件。

拖动控制环可以旋转模型，拖动控制轴可以定向平移模型。

默认情况下，是在透视图观察模型的，可以在工具栏中设置不同角度的视角，如图 9-21 所示。

图 9-21 视角设置

还可以设置视图模式为【正交】,【正交】模式就是 Rhino 中的【平行】视图模式。

9.4 材质库

为模型赋予材质是渲染的第一步，这个步骤将直接影响最终的渲染结果。KeyShot 7 材质库中的材质是以英文显示的，若需要用中文或者双语显示材质，可以安装由热心网友提供的"KeyShot 6 中英文双语版材质.exe"程序。

> 🔆 **工程点拨**
>
> 为方便大家学习，本章提及的插件程序以及汉化程序会供大家下载。当然也可以下载并安装 KeyShot 5 版本的材质库，将安装后的中文材质库复制并粘贴到桌面上的【KeyShot 7 Resources】材质库文件夹中，与【Materials】文件夹合并即可。但还需要在 KeyShot 7 中的菜单栏中选择【编辑】|【首选项】命令，打开【首选项】对话框，定制各个文件夹，也就是编辑材质库的新路径，如图 9-22 所示。重新启动 KeyShot 7，中文名称的材质库即生效。

本章将以中文名称的材质库为例进行介绍，方便大家学习。

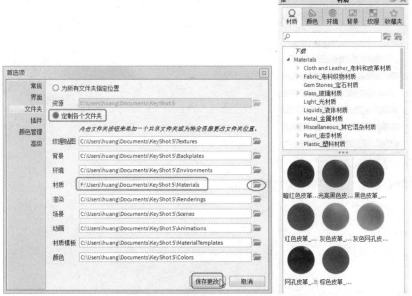

图 9-22　定制文件夹加载中文名称的材质库

9.4.1　赋予材质

KeyShot 7 的材质赋予方式与 Rhino 渲染器的材质赋予方式相同，选择好材质后，直接拖动该材质到模型中的某个面上，释放鼠标即可完成赋予材质的操作，如图 9-23 所示。

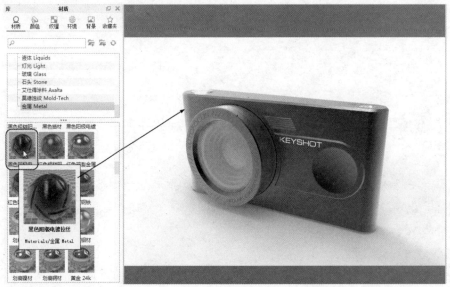

图 9-23　将材质赋予对象

9.4.2　编辑材质

首先要单击【项目】按钮，打开【项目】控制面板。为对象赋予材质后，在渲染区域中双击材质，【项目】控制面板中将显示此材质的【材质】属性面板，如图 9-24 所示。

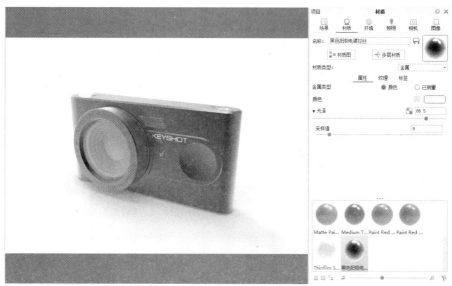

图 9-24 控制面板中的【材质】属性面板

在【材质】属性面板中有 3 个选项卡：【属性】、【纹理贴图】和【标签】。

1.【属性】选项卡

【属性】选项卡用来编辑材质的属性，包括颜色、粗糙度、高度和缩放等属性。

2.【纹理贴图】选项卡

此选项卡用来设置贴图。贴图也是材质的一种，只不过贴图附着在物体的表面，而材质附着在整个实体中。【纹理贴图】选项卡如图 9-25 所示。双击【未加载纹理贴图】块，可以从【打开纹理贴图】对话框中打开贴图文件，如图 9-26 所示。

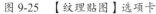

图 9-25 【纹理贴图】选项卡

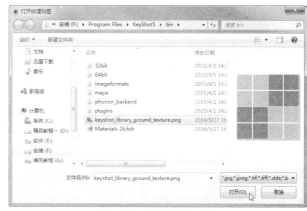

图 9-26 打开纹理贴图

打开贴图文件后，【纹理贴图】选项卡会显示该贴图的属性设置选项，如图 9-27 所示。

【纹理贴图】选项卡中包含多种纹理贴图类型（参见图 9-25），贴图类型主要用定义贴图的纹理。相同的材质，可以有不同的纹理，如图 9-28 所示为"纤维编织"类型与"蜂窝式"类型的对比。

"纤维编织"类型　　　　　　　　　　"蜂窝式"类型

图 9-27　贴图属性设置　　　　　　　　　　　　图 9-28　纹理贴图类型

3.【标签】选项卡

KeyShot 7 中的"标签"就是其他渲染器中的"印花",同样也是材质的一种,只不过"标签"与贴图都附着于物体的表面,"标签"常用于产品的包装、商标、公司徽标等。

【标签】选项卡如图 9-29 所示。单击【未加载标签】块,可以打开【加载标签】对话框,选择标签图片文件,如图 9-30 所示。

选择标签图片文件后,同样可以编辑标签图片,包括投影方式、缩放比例、移动等属性,如图 9-31 所示。

图 9-29　【标签】选项卡　　　　图 9-30　选择标签图片　　　　图 9-31　标签属性设置

9.4.3　自定义材质

当 KeyShot 材质库中的材质无法满足渲染要求时,可以自定义材质。自定义材质有两种方式:一种是加载网络中其他 KeyShot 用户自定义的材质,放到 KeyShot 材质库文件夹中;另一种就是在【材质】属性面板的下方有最基本的材质,选择一个材质编辑其属性,然后保存到材质库中。

下面以建立珍珠白材质为例,讲述自定义材质的流程。

案例——自定义珍珠材质

① 首先,在窗口左侧的材质库中选中【Materials】选项,然后单击鼠标右键,选择快捷菜单

中的【添加】命令，弹出【添加文件夹】对话框，输入新文件夹的名称，单击【确定】按钮，如图 9-32 所示。

图 9-32　新建材质库文件夹

② 随后在【Materials】下方增加了一个【珍珠】文件夹，单击这个文件夹使其处于激活状态。

③ 在菜单栏中选择【编辑】|【添加几何图形】|【球形】命令，建立一个球体。此球体为材质特性的表现球体，非模型球体。在窗口右侧【材质】属性面板下方的基本材质列表中，双击添加的球形材质，如图 9-33 所示。

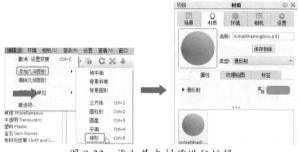

图 9-33　添加基本材质进行编辑

④ 给所选的基本材质命名为"珍珠白"，设置材质【类型】为【金属漆】，然后设置【基色】为白色、【金属颜色】为浅蓝色，如图 9-34 所示。

⑤ 然后设置其余各项参数，如图 9-35 所示。

⑥ 最后在【材质】属性面板中单击【保存到库】按钮，将设定的珍珠材质保存到材质库中，如图 9-36 所示。

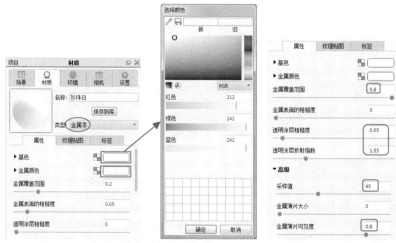

图 9-34　设置材质类型与材质颜色　　图 9-35　设置各项参数　　图 9-36　保存材质到材质库

9.5　颜色库

颜色不是材质，只是体现材质的一种基本色彩。KeyShot 7 的【颜色】库如图 9-37 所示。

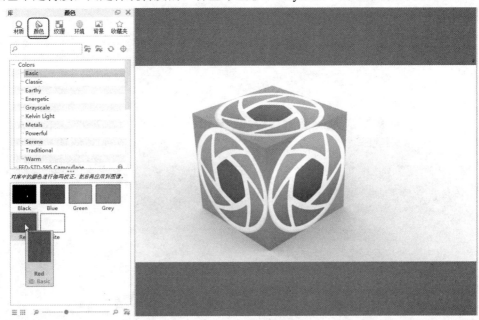

图 9-37　颜色库

要更改模型的颜色，除了在【颜色】库中拖动颜色赋予模型，还可以在编辑模型材质的时候，直接在【材质】属性面板中设置材质的【基色】。

9.6　灯光

实际上，KeyShot 7 中是没有灯光的，但一款功能强大的渲染软件是不可能不涉及灯光的渲染的。那么，在 KeyShot 7 中如何操作灯光呢？

9.6.1　光源材质

在材质库中，光源材质如图 9-38 所示。为了便于学习，本书特地将所有灯光材质做了汉化处理。

💡 工程点拨

选中材质后单击鼠标右键，选择【重命名】命令，即可将材质以中文命名，以后使用材质的时候比较方便。

从图 9-39 中不难发现，可用的光源包括 4 种类型：区域光源、发射光、IES 光源和点光源。

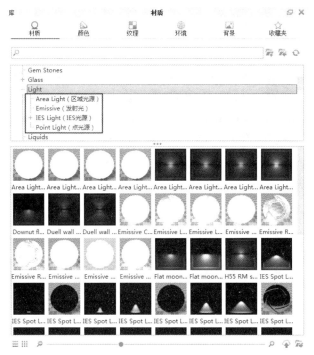

图 9-38　光源材质

1. 区域光源

区域光源指的是局部照射、穿透的光源，比如，窗户外照射进来的自然光源、太阳光源，光源材质列表中有 4 个区域光源材质，如图 9-39 所示。

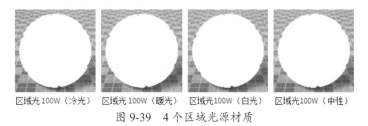

区域光 100W（冷光）　区域光 100W（暖光）　区域光 100W（白光）　区域光 100W（中性）

图 9-39　4 个区域光源材质

添加区域光源，也就是将区域光源材质赋予窗户中的玻璃等模型。区域光源一般适用于建筑室内灯光渲染。

2. 发射光

发射光材质主要用于车灯、电筒、电灯、路灯及室内装饰灯的渲染。光源材质列表中的发射光材质如图 9-40 所示。

发射光源材质中英文对照如下：

- Emissive Cool（发射光—冷）

- Emissive Neutral（发射光—中性）

- Emissive Warm（发射光—暖）

- Emissive White #1（发射光—白色#1）

- Light linear sharp（线性锐利灯光）

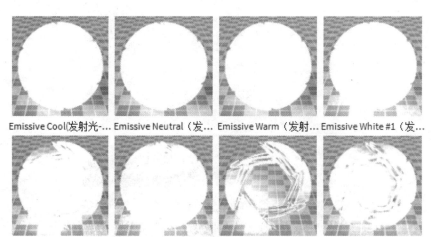

图 9-40　发射光源材质

- Light linear soft（线性软灯光）
- Light radial sharp（径向锐利灯光）
- Light radial soft（径向软灯光）

3. IES 光源

IES 光源是由美国照明工程学会制定的各种照明设备的光源标准。

在制作建筑效果图时，经常会使用一些特殊形状的光源，例如射灯、壁灯等，为了准确、真实地表现这类光源，可以使用 IES 光源导入 IES 格式的文件来实现。

IES 文件就是光源（灯具）配光曲线文件的电子格式，因为它的扩展名为【*.ies】，所以，平时人们直接称它为 IES 文件。

IES 格式的文件包含准确的光域网信息。光域网是光源灯光强度分布的 3D 表示，平行光分布信息以 IES 格式被存储在光度学数据文件中。光度学 Web 分布使用光域网定义分布灯光，可以加载各个制造商所提供的光度学数据文件，将其作为 Web 参数。在视图中，灯光对象会更改为所选光度学 Web 的图形。

KeyShot 7 提供了 3 种 IES 光源材质，如图 9-41 所示。

图 9-41　3 种 IES 光源材质

IES 光源对应的中英文材质说明如下：

- IES Spot Light 15 degrees（IES 射灯 15°）
- IES Spot Light 45 degrees（IES 射灯 45°）

- IES Spot Light 85 degrees（IES 射灯 85°）

4. 点光源

点光源从其所在位置向四周发射光线。KeyShot 7 材质库中的点光源材质如图 9-42 所示。

Point Light 100W Cool Point Light 100W Ne... Point Light 100W Warm Point Light 100W White

图 9-42　点光源材质

点光源对应的中英文材质说明如下：

- Point Light 100W Cool（点光源 100W—冷）
- Point Light 100W Neutral（点光源 100W—中性）
- Point Light 100W Warm（点光源 100W—暖）
- Point Light 100W White（点光源 100W—白色）

9.6.2　编辑光源材质

光源不能被凭空添加到渲染环境中，需要建立实体模型。在菜单栏中选择【编辑】|【添加几何图形】|【立方体】命令，或者其他图形命令，可以创建用于赋予光源材质的物件。

如果已经有光源材质附着体，就不需要创建几何图形了。把光源材质赋予物体后，即可在【材质】属性面板中编辑光源属性，如图 9-43 所示。

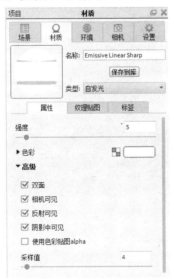

图 9-43　在【材质】属性面板中编辑光源属性

9.7 环境库

渲染离不开环境，尤其是需要在渲染的模型表面表现发光效果时，更需要加入环境。在工作界面左侧的【环境】库中列出了 KeyShot 7 的全部环境，如图 9-44 所示。

> **⚙ 工程点拨**
>
> 作者花了一些时间将【环境】库中的英文名环境全部做了汉化处理，也会将汉化的环境库一并放置在本书下载文件中。

要设置环境，先在【环境】库中选择一种环境，双击环境缩览图，或者拖动环境缩览图到渲染区域，释放鼠标后，即可将环境添加到渲染区域，如图 9-45 所示。

添加环境后，可以在【环境】属性面板中设置当前渲染环境的属性，如图 9-46 所示。

如果不需要环境中的背景，在【环境】属性面板中的【背景】选项区域选中【颜色】单选按钮，并设置【颜色】为白色即可。

图 9-44 【环境】库

图 9-45 添加环境

图 9-46 设置环境属性

9.8 【背景】库和【纹理】库

【背景】库中的背景文件主要用于室外与室内的场景渲染。【背景】库如图9-47 所示。背景的添加方法与环境的添加方法是相同的。

【纹理】库中的纹理是用来作为贴图的材质。纹理既可以被单独赋予对象，也可以在为对象赋予材质时添加纹理。KeyShot 7 的【纹理】库如图 9-48 所示。

图 9-47 【背景】库

图 9-48 【纹理】库

9.9 渲染

在工作界面底部单击【渲染】控制按钮，弹出【渲染】设置对话框，如图 9-49 所示。【渲染】对话框中包括【输出】、【选项】和【Monitor】等 3 个渲染设置类别，下面仅介绍【输出】和【选项】渲染设置类别。

9.9.1 【输出】类别

【输出】设置界面中有 4 个选项卡：【静态图像】、【动画】、【KeyShotXR】和【配置程序】，下面介绍前 3 个输出类型。

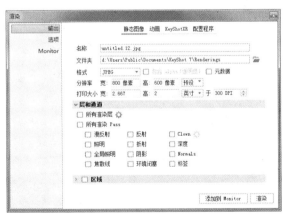

图 9-49 【渲染】设置对话框

1. 静态图像

【静态图像】就是输出渲染的位图格式的文件，该选项卡中各选项功能介绍如下。

① 名称：设置输出图像的名称，可以是中文名称。

② 文件夹：设置渲染后图片的保存位置，默认情况下是【Renderings】文件夹。如果需要保存到其他文件夹，同样要注意的是路径全英文的问题，不能出现中文字符。

③ 格式：设置文件保存格式，在【格式】下拉列表中，KeyShot 7 支持 3 种格式的输出：JPEG、

TIFF、EXR。人们最熟悉的是 JPEG 格式，一般情况下，选择此格式进行保存即可；TIFF 格式的文件可以在 Photoshop 中给图片去掉背景；至于 EXR，是涉及色彩渠道、阶数的格式，简单来说，就是 HDR 格式的 32 位文件。

④ 包含 alpha（透明度）：选中此复选框，可以输出 TIFF 格式的文件，在 Photoshop 软件中进行后期处理时将自带一个渲染对象及投影的选区。

⑤ 分辨率：设置图片大小，在这里可以改变图片的大小。在右侧的下拉列表中可以选择一些常用的图片输出大小。

⑥ 打印大小：保持纵横比例与打印图像尺寸单位。中间的下拉列表框用于设置英寸和厘米，右侧的选项调整的是 DPI 的精度，看个人需要，一般使用的打印尺寸为 300DPI。

⑦ 层和通道：设置图层与通道的渲染。

⑧ 区域：设置渲染的区域。

2. 动画

当创建渲染动画后会显示【动画】选项卡。制作动画非常简单，只需在动画区域中单击【动画向导】按钮 ![动画向导]，选择动画类型、相机、动画时间等，就可以完成动画的制作。每种类型都有预览，如图 9-50 所示。

完成动画制作后，在【渲染】对话框的【输出】类别里单击【动画】按钮，即可显示【动画】选项卡，如图 9-51 所示。

图 9-50　制作动画的类型

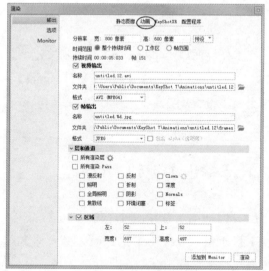

图 9-51　【动画】选项卡

在此选项卡中根据需求设置分辨率、视频与帧的输出名称、路径、格式、性能及渲染模式等。

3. KeyShotXR

KeyShotXR 是一种动态展示。动画也是 KeyShotXR 的一种类型。除了动画，其他的动态展示大多绕自身的重心进行旋转、翻滚、球形翻转、半球形翻转等定位运动。在菜单栏中选择【窗

口】|【KeyShotXR】命令，打开【KeyShotXR 向导】对话框，如图 9-52 所示。

KeyShotXR动态展示与动画类似，只需按步骤进行操作即可。定义了KeyShotXR 动态展示后，在【渲染】设置对话框的【输出】类别里单击【KeyShotXR】按钮，才会显示【KeyShotXR】选项卡，如图 9-53 所示。

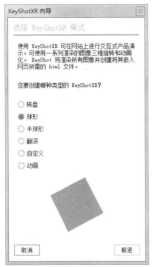

图 9-52 【KeyShotXR 向导】对话框

图 9-53 【KeyShotXR】选项卡

设置完成后，单击【渲染】按钮，即可进入渲染过程。

9.9.2 【选项】类别

【选项】设置界面中的各个选项用来控制渲染模式和渲染质量。【选项】渲染设置界面如图 9-54 所示。

【质量】包括 3 种设置：【最大时间】、【最大采样】和【自定义控制】。

1. 最大时间

【最大时间】定义每一帧和总时长，如图 9-55 所示。

2. 最大采样

【最大采样】定义每一帧采样的数量，如图 9-56 所示。

图 9-54 【质量】渲染设置界面

图 9-55 【最大时间】设置

图 9-56 【最大采样】设置

3. 自定义控制

【自定义控制】设置界面中各选项功能介绍如下。

① 采样值：控制图像每个像素的采样数量。在大场景的渲染中，模型自身反射与光线折射的强度或者质量需要较高的采样数量。较高的采样数量设置可以与较高的抗锯齿设置（Anti aliasing）配合。

② 全局照明：提高这个参数的值可以获得更加详细的照明和小细节的光线处理。一般情况下，没有必要调整这个参数。如果需要在阴影和光线的效果上做处理，可以考虑改变它的参数。

③ 射线反弹：这个参数用于控制光线在每个物体上反射的次数。

④ 像素过滤值：这是一个新的功能，增加了一个模糊的图像，得到柔和的图像效果。建议使用 1.5~1.8 范围内的参数设置。不过在渲染珠宝首饰的时候，大部分情况下有必要将参数值降低到 1~1.2 范围内的某个地方。

⑤ 抗锯齿级别：提高抗锯齿级别可以将物体的锯齿边缘细化，这个参数值越大，物体的抗锯齿质量也会越高。

⑥ 景深：提高这个参数的数值将导致画面出现一些小颗粒状的像素点以体现景深效果。一般将参数设置为 3，足以得到很好的渲染效果。不过要注意的是，数值变大将会增加渲染时间。

⑦ 阴影：这个参数控制的是物体在地面的阴影质量。

⑧ 焦散线：指当光线穿过一个透明物体时，由于对象表面的不平整，使得光线反射并没有平行发生，出现漫反射，投影表面出现光子分散。

⑨ 阴影锐化：这个选项默认状态是被选中的，通常情况下尽量不要改动。否则，将会影响画面小细节方面阴影的锐利程度。

⑩ 锐化纹理过滤：检查当下选择的材质与贴图，从而得到更加清晰的纹理效果，不过这个选项通常情况下是没有必要开启的。

⑪ 全局照明缓存：选中此复选框，可以使细节得到较好的效果，时间上也可以得到一个好的平衡。

9.10 案例——渲染"成熟的西瓜"

模型渲染是产品在设计阶段向客户展示的重要手段。本节将详细介绍利用 Creo 的渲染引擎进行产品的渲染，让读者能从中掌握渲染过程及渲染方法。

一幅好的渲染作品，必须满足以下 4 点：

① 正确地选择材质进行组合。

② 合理、适当的光源。

③ 现实的环境。

④ 细节的处理。

渲染西瓜的难点是灯光的布置和贴图的制作，其他的渲染参数按默认设置即可，本案例西瓜的渲染效果如图 9-57 所示。

图 9-57 西瓜渲染效果

1. 在 KeyShot 中导入.bip 渲染文件

① 启动 KeyShot 7，在菜单栏中选择【文件】|【打开】命令，打开本案例的素材文件【西瓜.bip】，如图 9-58 所示。

图 9-58 导入西瓜模型文件

💡 **工程点拨**

在【KeyShot 导入】对话框中，在【位置】选项组中选中【贴合地面】复选框，并在【向上】选项组中选择【Z】选项，能保证导入模型后可以自由地旋转模型。

② 打开的西瓜模型如图 9-59 所示。

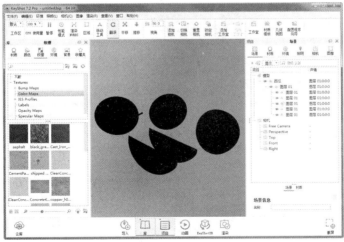

图 9-59 导入的西瓜模型

2. 给西瓜模型赋予材质

① 在左侧的材质库中，首先将【塑料 Plastic】材质文件夹下的【黑色柔软粗糙塑料】材质拖到窗口右侧【场景】属性面板下的 5 个模型图层中，如图 9-60 所示。

图 9-60　给西瓜添加材质

② 在窗口右侧切换到【材质】属性面板中，在材料表中双击第一个西瓜材质，然后单击【材质图】按钮，如图 9-61 所示。

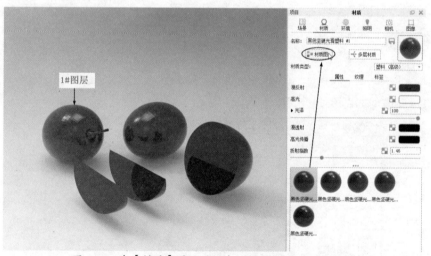

图 9-61　在【材质】属性面板中编辑 1#图层的西瓜材质

③ 随后在弹出的【材质图】窗口中，单击工具栏上的【将纹理贴图节点添加到工作区】按钮 ，然后将源文件夹中的【1.png】图片打开，如图 9-62 所示。

④ 添加贴图节点后，将其导引到【塑料（高级）】节点上，如图 9-63 所示。

⑤ 继续为这个西瓜添加凹凸贴图，如图 9-64 所示。

⑥ 关闭【材质图】窗口，可以看到第一个西瓜被添加了贴图，但是贴图的方向不对，需要更改，如图 9-65 所示。

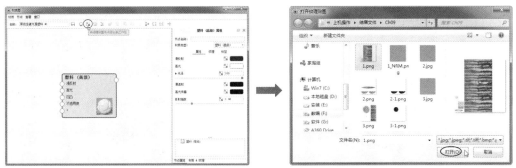

图 9-62　选择材质贴图文件

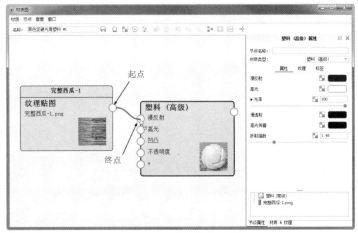

图 9-63　添加节点贴图

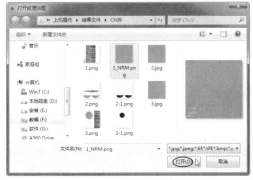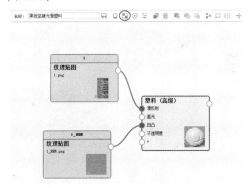

图 9-64　添加凹凸贴图

图 9-65　查看贴图后的西瓜

⑦ 首先，在【材质】面板中，从默认的【属性】选项卡切换到【纹理】选项卡。然后设置【映射类型】为【UV】，如图 9-66 所示，可以看到，材质贴图很好地与西瓜模型匹配。

⑧ 同理，给第二个完整的西瓜模型添加相同的材质贴图，并进行纹理设置，如图 9-67 所示。

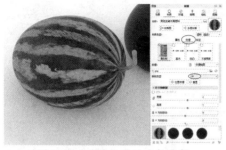
图 9-66　设置纹理的映射类型

图 9-67　给第二个西瓜模型添加相同材质贴图

⑨ 继续给第三个西瓜模型（小块西瓜）添加材质贴图，并设置纹理的【映射类型】为【UV】，如图 9-68 所示。

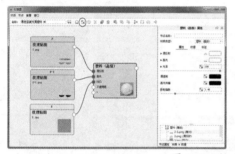
图 9-68　给小块西瓜添加材质贴图

⑩ 同理，给第四个西瓜模型添加相同的材质贴图，如图 9-69 所示。

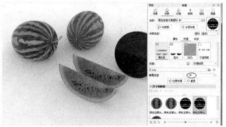
图 9-69　给第四个西瓜模型添加相同材质贴图

⑪ 最后为第五个西瓜（半个西瓜）模型添加材质贴图，如图 9-70 所示。

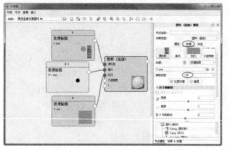
图 9-70　给第五个西瓜模型添加材质贴图

3. 添加场景

添加场景的目的是让场景中的各种光线在西瓜模型的表面反射，增加真实效果。

① 在左侧的【环境】库中，双击【Interior】工作室中【zbyg】场景下的【Dosch-Apartment_2k】场景，将其添加到窗口中。然后在右侧的【环境】选项卡中，选中【地面】选项组中相应的复选框，如图 9-71 所示。

图 9-71　添加场景并设置地面

② 在右侧的【环境】选项卡中，选中【背景】选项组中相应的单选按钮，如图 9-72 所示。

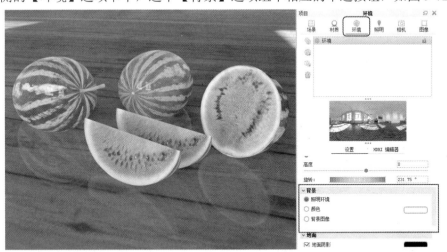

图 9-72　设置背景

4. 设置渲染

① 在窗口下方单击【渲染】按钮，打开【渲染】对话框。在【输出】设置界面中，输入图片名称，设置输出【格式】为【JPEG】，设置文件的保存路径为默认路径。其余选项保持默认设置，如图 9-73 所示。

② 【选项】设置界面中的设置如图 9-74 所示。

工程点拨

测试渲染有两种方式：第一种为视图硬件渲染（也是实时渲染），即将视图最大化后等待 KeyShot 将视图内的文件慢慢渲染出来，随后使用【截屏】按钮 ，将视图内的图像截屏保存。第二种方式为在【渲染】对话框中单击【渲染】按钮，将图像渲染出来。第二种方式较第一种方式的效果更好，但渲染时间较长。

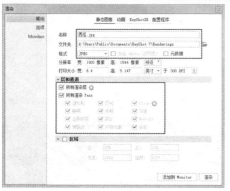
图 9-73　输出设置

图 9-74　选项设置

③　通过测试渲染，反复调整模型材质、环境等贴图参数，调整完毕后便可以进行模型的最终渲染出图。最终的渲染参数设置与测试渲染设置方法一样，不同的是根据效果图的需要可以将【格式】设置为 TIFF 并选中【包含 alpha（透明度）】复选框，这样能够为后期效果图修正提供极大的方便，同时将渲染品质设置为良好即可。

④　单击【渲染】按钮，即可渲染出最终的效果图，如图 9-75 所示。在新渲染窗口中要单击【关闭】按钮 ，才能保存渲染结果。

图 9-75　最终渲染图

10

SolidWorks 产品结构设计

产品设计是指从确定产品设计任务书起，到确定产品结构为止的一系列技术工作的准备和管理，是产品开发的重要环节，是产品生产过程的开始。

本章通过两个产品结构设计实例来讲解使用 SolidWorks 2018 设计产品的过程。

 项目分解

☑ SolidWorks 2018 软件介绍

☑ 电吹风造型设计

☑ 洗发露瓶造型设计

扫码看视频

SolidWorks

10.1 SolidWorks 2018 软件介绍

SolidWorks 软件是世界上第一个基于 Windows 开发的三维 CAD 系统。SolidWorks 2018 是一款工业产品结构设计软件，如图 10-1 所示为 SolidWorks 2018 的工作界面。

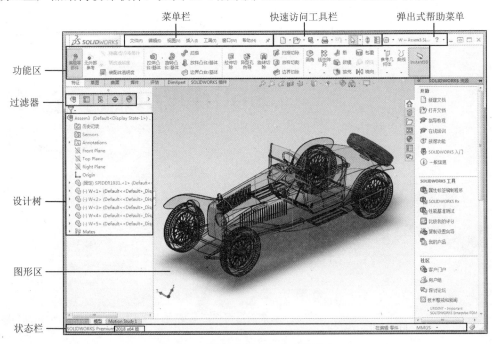

图 10-1 SolidWorks 2018 工作界面

SolidWorks 2018 工作界面中包括菜单栏、功能区、设计树、过滤器、图形区、状态栏、前导功能区、任务窗格及弹出式帮助菜单等。

1. 菜单栏

菜单栏中几乎包括 SolidWorks 2018 的所有命令，如图 10-2 所示。

图 10-2 菜单栏

菜单栏中的命令，可以根据活动的文档类型和工作流程来调用，菜单栏中的许多命令也可通过功能区中的命令选项卡、快捷菜单和任务窗格进行调用。

2. 功能区

功能区包括 SolidWorks 大部分工具以及插件需使用的命令。命令选项卡中的工具可以帮助用户进行特定的设计任务，如应用曲面或工程图曲线等。由于命令选项卡中的命令显示在功能区中，并占用了大部分功能区，其余工具条一般情况下默认是关闭的。要显示其余 SolidWorks 工具条，则可通过选择右键快捷菜单中的命令，将 SolidWorks 工具条调出来，如图 10-3 所示。

3. 令选项卡

命令选项卡是一个上下文相关工具选项卡，它可以根据用户要使用的工具条进行动态更新。默认情况下，它根据文档类型嵌入相应的工具条，例如，导入的文件是实体模型，【特征】功能区中将显示用于创建特征的所有命令，如图 10-4 所示。

若用户需要使用其他命令选项卡中的命令，可单击相应的选项卡名称，功能区则显示该选项卡中的工具。例如，选择【草图】选项卡，将在功能区显示草图工具，如图 10-5 所示。

> 💡 **技术要点**
>
> 在选项卡区域单击鼠标右键，选择快捷菜单中的【使用带有文本的大按钮】命令，命令选项卡中将不显示工具命令的文本。

图 10-3　调出 SolidWorks 工具条

图 10-4　【特征】选项卡

图 10-5　【草图】选项卡

4. 设计树

SolidWorks 工作界面左边的设计树提供激活零件、装配体或工程图的大纲视图。用户通过设计树可以使观察模型设计状态或装配体是如何建造的，以及检查工程图中的各个图纸和视图变得更加容易。设计树包括 FeatureManager（特征管理器）、PropertyManager（属性管理器）、ConfigurationManager（配置管理器）和 DimXpertManager（尺寸管理器）等，如图 10-6 所示。FeatureManager 设计树如图 10-7 所示。

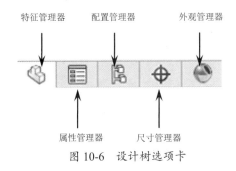

图 10-6　设计树选项卡

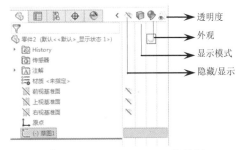

图 10-7　FeatureManager 设计树

5. 状态栏

状态栏是设计人员与计算机进行信息交互的主要窗口之一，很多系统信息都在这里显示，包括操作提示、各种警告信息、出错信息等，所以设计人员在操作过程中要养成随时浏览状态栏的习惯。状态栏如图 10-8 所示。

SOLIDWORKS Premium 2018 x64 版　　　　在编辑 零件　　MMGS ▲

图 10-8　状态栏

6. 前导视图工具条

图形区是用户设计、编辑及查看模型的区域。图形区中的前导视图工具条为用户提供了模型外观编辑、视图操作工具，包括【整屏显示全图】、【局部放大】、【上一视图】、【剖面视图】、【视图定向】、【显示样式】、【隐藏/显示项目】、【编辑外观】、【应用布景】及【视图设定】等视图工具，如图 10-9 所示。

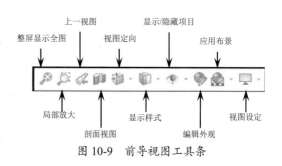

图 10-9　前导视图工具条

10.2　电吹风造型设计

本节的电吹风造型只设计电吹风的外观形状，不涉及内部结构。电吹风造型设计分 3 个部分进行：壳体造型、附件设计、电源线与插头。电吹风完整造型如图 10-10 所示。

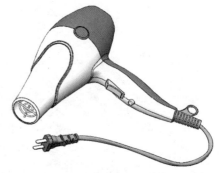

图 10-10　电吹风造型

案例 ——壳体造型

完成整个壳体造型包括机身和手柄的曲面建模、抽壳、圆角等步骤，下面详细讲解。

① 新建零件文件。

② 在前视基准面上绘制如图 10-11 所示的草图 1。

③ 在右视基准面上先绘制如图 10-12 所示的两个同心圆和正六边形，然后继续绘制如图 10-13 所示的样条曲线（草图 2），完成后退出草图环境。

④ 在前视基准面上，参考草图 1，利用【等距实体】命令绘制出草图 3，如图 10-14 所示。

🔆 技术要点

为什么要创建辅助线？这是因为在创建扫描曲面时，草图 2 中的样条曲线将被用作引导线，草图 3 作为轮廓，引导线必须与轮廓或轮廓草图中的点重合，否则不能创建扫描曲面。

⑤ 利用【扫描曲面】工具，打开【曲面-扫描 1】属性面板。首先选择草图 3 作为扫描轮廓，如图 10-15 所示。

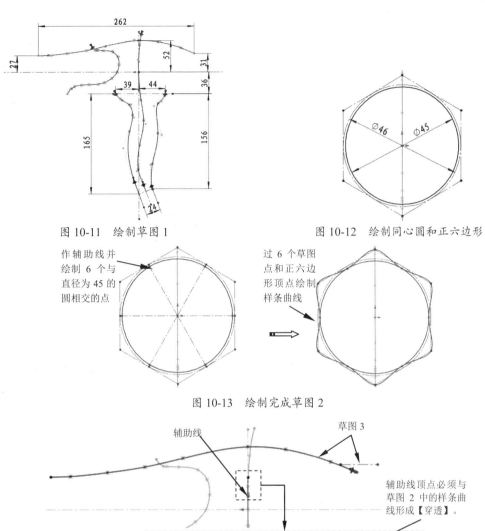

图 10-11　绘制草图 1

图 10-12　绘制同心圆和正六边形

作辅助线并绘制 6 个与直径为 45 的圆相交的点

过 6 个草图点和正六边形顶点绘制样条曲线

图 10-13　绘制完成草图 2

辅助线

草图 3

辅助线顶点必须与草图 2 中的样条曲线形成【穿透】。

辅助线

图 10-14　绘制草图 3

⑥　然后选择路径。选择的方法是：在 （路径）收集框里单击鼠标右键，再选择快捷菜单中的【Selection Manager（B）】命令，打开选择管理器面板。单击面板上的【选择封闭】按钮 ，接着选择草图 2 中直径为 45 的圆，如图 10-16 所示。

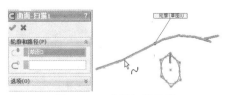

图 10-15　选择扫描轮廓

技术要点

　　由于草图 2 中包含两个图形：圆和样条曲线，所以选择路径或引导线时，需要利用选择过滤器（选择管理器）中的相关工具来辅助选择，否则不能正确创建此扫描特征。

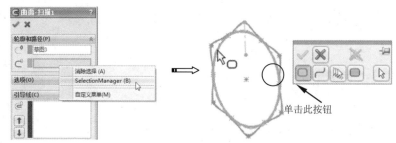

图 10-16 选择路径的方法

⑦ 选择圆后，再单击选择管理器面板中的【确定】按钮✓，完成路径的选取。随后即可预览
  扫描曲面，如图 10-17 所示。

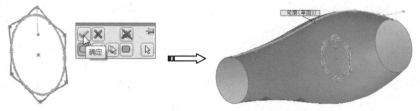

图 10-17 选择路径后预览扫描曲面

⑧ 选择引导线。在【引导线】选项组激活收集框，然后按选择路径的方法来选择引导线，如
  图 10-18 所示。

⑨ 最后单击属性面板中的【确定】按钮✓，完成扫描曲面的创建。

⑩ 利用【等距曲面】工具，创建扫描曲面的等距偏移曲面，如图 10-19 所示。

图 10-18 选择引导线   图 10-19 创建等距偏移曲面

⑪ 在前视基准面上，参考草图 1 中的样条曲线来绘制草图 4，如图 10-20 所示。

⑫ 利用【剪裁曲面】工具，用草图 4 来修剪扫描曲面，如图 10-21 所示。

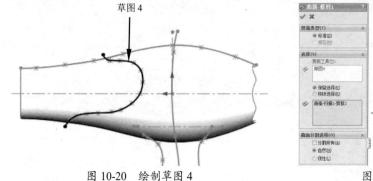

图 10-20 绘制草图 4   图 10-21 修剪扫描曲面

⑬ 在前视基准面上，参考草图 4，利用【等距实体】命令来等距偏移出草图曲线 5，如图 10-22
  所示。

⑭ 利用【剪裁曲面】工具，用草图 5 来修剪等距曲面，如图 10-23 所示。

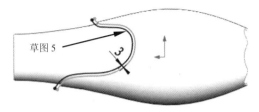

图 10-22 绘制草图 5　　　　　　　　　图 10-23 修剪等距曲面

⑮ 利用【放样曲面】工具，打开【曲面-放样 1】属性面板，选择草图 5 和草图 4 作为放样轮廓，设置【开始约束】为【与面相切】，其余保持默认，单击【确定】按钮完成放样曲面的创建，如图 10-24 所示。

技术要点

　　设置【开始约束】或【结束约束】为【与面相切】，与所选择的轮廓顺序有关。

⑯ 利用【基准面】工具，创建基准面 1，如图 10-25 所示。

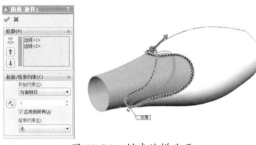

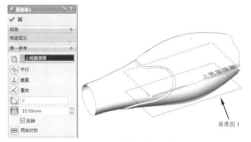

图 10-24 创建放样曲面　　　　　　　　图 10-25 创建基准面 1

⑰ 在前视基准面上绘制草图 6，如图 10-26 所示。然后利用【拉伸曲面】工具将草图 6 拉伸成曲面，如图 10-27 所示。

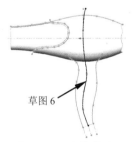

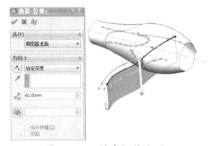

图 10-26 绘制草图 6　　　　　　　　　图 10-27 创建拉伸曲面 1

⑱ 在前视基准面上绘制草图 7，如图 10-28 所示。然后利用【拉伸曲面】工具将草图 7 拉伸成曲面，如图 10-29 所示。

⑲ 进入 3D 草图环境，利用【曲面上的样条曲线】命令，在拉伸曲面 1 上绘制样条曲线（3D 草图 1），如图 10-30 所示。

⑳ 利用【剪裁曲面】工具，用 3D 样条曲线去修剪拉伸曲面 1，修剪结果如图 10-31 所示。

㉑ 进入 3D 草图环境，利用【转换实体引用】命令，选取修剪拉伸曲面 1 后的边来创建 3D 草图曲线（3D 草图 2），如图 10-32 所示。

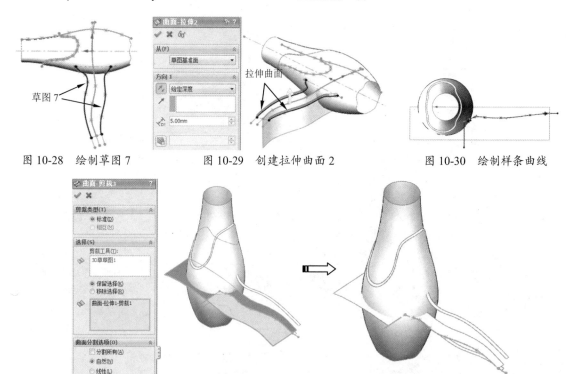

图 10-28　绘制草图 7　　　　图 10-29　创建拉伸曲面 2　　　　图 10-30　绘制样条曲线

图 10-31　修剪拉伸曲面 1

㉒　然后利用【拉伸曲面】命令，选择 3D 草图 2 进行拉伸，如图 10-33 所示。

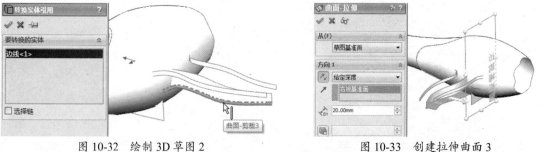

图 10-32　绘制 3D 草图 2　　　　　　　　图 10-33　创建拉伸曲面 3

㉓　暂时隐藏拉伸曲面 1，利用【放样曲面】工具创建如图 10-34 所示的放样曲面 2。

㉔　使用相同的方法，利用【放样曲面】工具创建放样曲面 3，如图 10-35 所示。

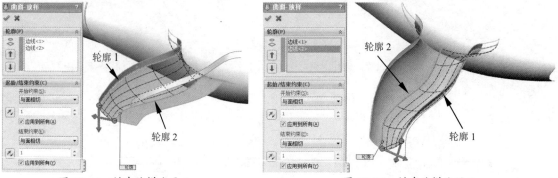

图 10-34　创建放样曲面 2　　　　　　　　图 10-35　创建放样曲面 3

☀ **技术要点**

在选取轮廓 2 时，可以将拉伸曲面 3 暂时隐藏，避免将拉伸曲面的边作为放样轮廓，否则不会创建所需的放样曲面。

㉕ 利用【镜像】工具，将放样曲面 2 和放样曲面 3 镜像复制至前视基准面的另一侧，如图 10-36 所示。

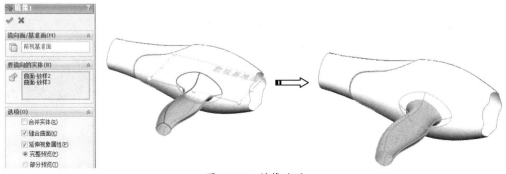

图 10-36 镜像曲面

㉖ 在前视基准面上绘制如图 10-37 所示的草图 8。

㉗ 再利用【旋转曲面】工具创建旋转曲面，如图 10-38 所示。

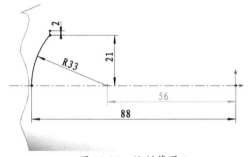

图 10-37 绘制草图 8

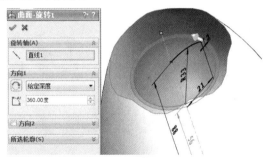

图 10-38 创建旋转曲面

㉘ 利用【放样曲面】工具创建放样曲面 4，如图 10-39 所示。

㉙ 利用【缝合】工具缝合手柄上的几个曲面，如图 10-40 所示。

㉚ 利用【剪裁曲面】工具对手柄和机身进行剪裁，如图 10-41 所示。

㉛ 利用【填充曲面】工具，在手柄曲面上创建填充曲面，如图 10-42 所示。再利用【平面区域】工具，在吹风口位置创建平面，如图 10-43 所示。

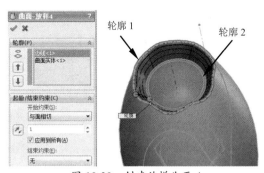

图 10-39 创建放样曲面 4

㉜ 最后利用【缝合曲面】工具，缝合所有曲面并形成实体，如图 10-44 所示。

㉝ 利用【圆角】命令，对缝合的实体分别进行圆角处理，并且各圆角半径不一致，如图 10-45 所示。

图 10-40　缝合手柄曲面

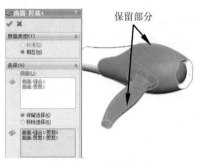

图 10-41　剪裁曲面

图 10-42　创建填充曲面

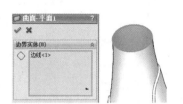

图 10-43　创建平面

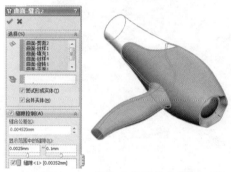

图 10-44　缝合曲面并形成实体

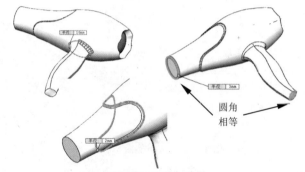

图 10-45　创建圆角

㉞　利用【特征】选项卡中的【抽壳】工具，选择吹风口的平面，将其移除，以此创建出抽壳特征，如图 10-46 所示。

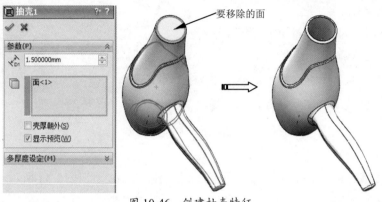

图 10-46　创建抽壳特征

案例 ——吹风机附件设计

电吹风的附件包括电线输出接头、通风口网罩、按钮、散热窗等。具体设计过程如下。

1. 电线输出接头

① 选择草图 6,利用【分割线】工具将其投影到机身曲面上,并对机身曲面进行分割,如图 10-47 所示。

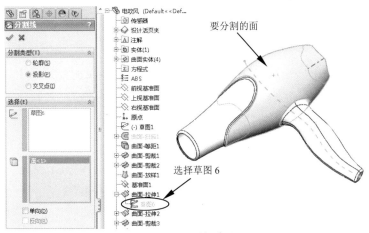

图 10-47 分割机身曲面

② 在前视基准面上绘制草图 9,如图 10-48 所示。

③ 利用【拉伸】命令,将草图 9 的曲线拉伸成曲面,如图 10-49 所示。

图 10-48 绘制草图 9　　　　　　　图 10-49 创建拉伸曲面 4

④ 在拉伸曲面 4 的其中两个平面上先后绘制草图 10 和草图 11,如图 10-50 所示。

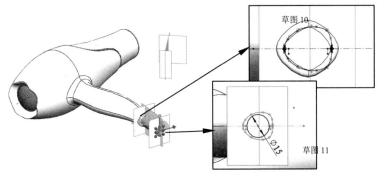

图 10-50 绘制草图 10 和草图 11

⑤ 利用【放样凸台/基体】工具，创建放样实体特征，如图 10-51 所示。

⑥ 利用【拉伸凸台/基体】工具，在前视基准面上绘制草图 12 并创建拉伸特征 1，如图 10-52 所示。

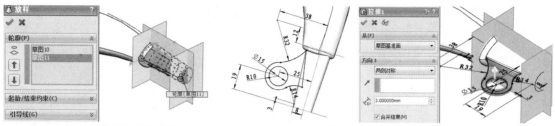

图 10-51　创建放样实体特征　　　　　　　图 10-52　创建拉伸特征 1

⑦ 利用【圆角】工具为拉伸特征 1 创建圆角特征，如图 10-53 所示。

⑧ 利用【拉伸切除】工具，在拉伸曲面 4 的其中一个平面上绘制草图 13，并创建拉伸切除特征 1，如图 10-54 所示。

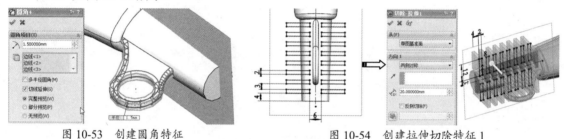

图 10-53　创建圆角特征　　　　　　　　　图 10-54　创建拉伸切除特征 1

2. 开关按钮设计

① 利用【拉伸凸台/基体】工具，在前视基准面上绘制草图 14，并创建拉伸特征 2，如图 10-55 所示。

② 利用【圆角】工具，在拉伸特征 2 上创建圆角特征，如图 10-56 所示。

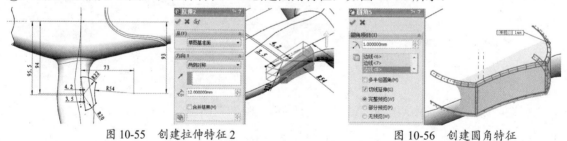

图 10-55　创建拉伸特征 2　　　　　　　　图 10-56　创建圆角特征

③ 利用【等距曲面】工具，选择拉伸特征 2 上的几个曲面进行等距偏移，如图 10-57 所示。

④ 利用【曲面切除】工具，使用等距曲面来切除手柄实体，如图 10-58 所示。

⑤ 利用【旋转切除】工具，在前视基准面上绘制草图 15，并完成旋转切除，结果如图 10-59 所示。

⑥ 再利用【旋转凸台/基体】工具，创建出旋转特征 1，如图 10-60 所示，然后再创建半径为 1 的圆角特征，如图 10-61 所示。

图 10-57 等距偏移曲面

图 10-58 切除手柄实体

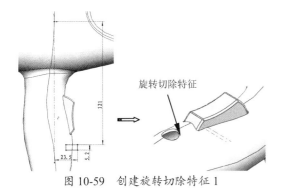

图 10-59 创建旋转切除特征 1

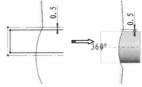

图 10-60 创建旋转特征

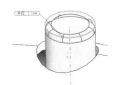

图 10-61 创建圆角特征

3. 吹风机散热窗

① 利用【拉伸切除】工具，先在右视基准面上绘制草图 17，然后再创建拉伸切除特征 2，如图 10-62 所示。

② 利用【圆周阵列】工具，将拉伸切除特征 2 进行圆周阵列，如图 10-63 所示。

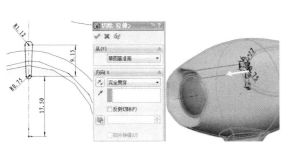

图 10-62 创建拉伸切除特征 2

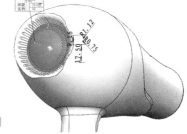

图 10-63 圆周阵列拉伸切除特征 2

③ 同理，利用【拉伸切除】工具，在右视基准面上绘制草图 21，再创建拉伸切除特征 3，如图 10-64 所示。

④ 利用【圆周阵列】工具，将拉伸切除特征 3 进行圆周阵列，如图 10-65 所示。

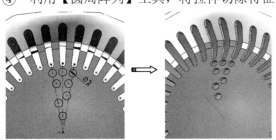

图 10-64 创建拉伸切除特征 3

图 10-65 圆周阵列拉伸切除特征 3

4. 通风口网罩

① 利用【旋转凸台/基体】工具，在前视基准面上绘制旋转截面——草图 19，然后完成旋转特征 2 的创建，如图 10-66 所示。

② 继续在前视基准面上绘制草图 21，并创建拉伸特征 3，如图 10-67 所示。

③ 利用【旋转凸台/基体】工具，在前视基准面上绘制草图 21，并创建如图 10-68 所示的旋转特征 3。

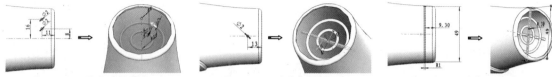

图 10-66 创建旋转特征 2   图 10-67 创建拉伸特征 3   图 10-68 创建旋转特征 3

④ 利用【拉伸凸台/基体】工具，在前视基准面上绘制草图 22，并创建拉伸特征 4（双侧拉伸，深度为 105），如图 10-69 所示。

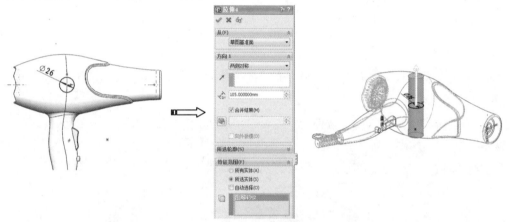

图 10-69 创建拉伸特征 4

⑤ 随后利用【圆角】工具创建圆角特征，如图 10-70 所示。

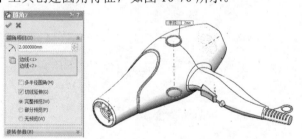

图 10-70 创建圆角特征

案例 ——电源线与插头设计

① 在拉伸曲面 4 的其中一个平面上，绘制草图 23，如图 10-71 所示。

② 在前视基准面上绘制草图 24，如图 10-72 所示。

③ 利用【扫描】工具，创建扫描实体特征 1，如图
10-73 所示。

④ 利用【拉伸凸台/基体】工具，在拉伸曲面 4 的
其中一个平面上，绘制草图 25，然后创建如图
10-74 所示的深度为 8 的拉伸特征 5。

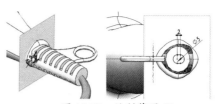

图 10-71 绘制草图 23

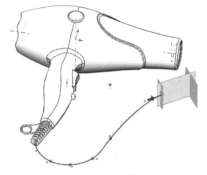

图 10-72 绘制草图 24

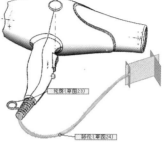

图 10-73 创建扫描实体特征 1

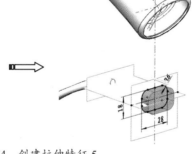

图 10-74 创建拉伸特征 5

⑤ 用同样的方法，依次在拉伸曲面 4 的其中 3 个平面上，绘制草图 26、草图 27、草图 28，
如图 10-75 所示。

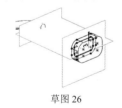

草图 26

草图 27

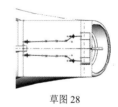

草图 28

图 10-75 绘制草图 26、草图 27 和草图 28

⑥ 利用【放样凸台/基体】工具，创建放样特征 2，如图 10-76 所示。

⑦ 在拉伸特征 5 上创建圆角特征，如图 10-77 所示。

⑧ 利用【拉伸凸台/基体】工具，在前视基准面上绘制草图 29，如图 10-78 所示。

⑨ 退出草图环境后，完成拉伸特征 6 的创建，如图 10-79 所示。

⑩ 随后对拉伸特征 6 创建圆角特征，如图 10-80 所示。

⑪ 利用【拉伸切除】工具，在拉伸曲面 4 的一个平面上绘制草图 30，然后创建拉伸切除特征
4，如图 10-81 所示。

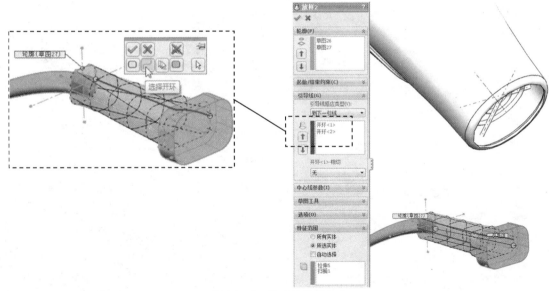

图 10-76　创建放样特征 2

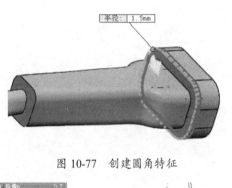

图 10-77　创建圆角特征

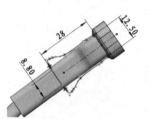

图 10-78　绘制草图 29

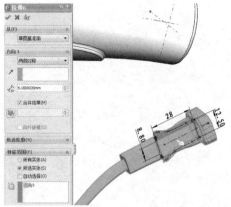

图 10-79　创建拉伸特征 6

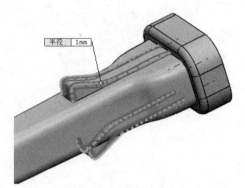

图 10-80　创建圆角特征

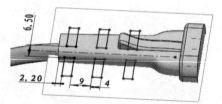

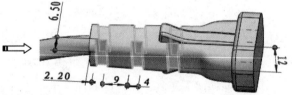

图 10-81　创建拉伸切除特征 4

⑫ 利用【拉伸切除】工具，在前视基准面上绘制草图 31，然后创建拉伸切除特征 5，如图 10-82 所示。

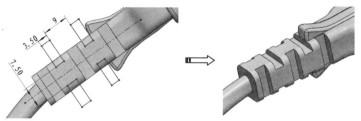

图 10-82　创建拉伸切除特征 5

⑬ 利用【拉伸凸台/基体】工具，在插头端面绘制草图 32，然后创建拉伸深度为 20 的拉伸特征 7（即插针），如图 10-83 所示。

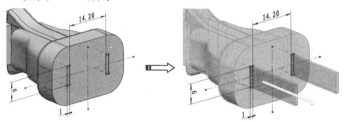

图 10-83　创建拉伸特征 7

⑭ 最后对插针进行圆角处理，如图 10-84 所示。

⑮ 至此，完成了整个电吹风的造型设计，最终结果如图 10-85 所示。最后将结果保存。

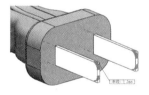

图 10-84　创建圆角特征

图 10-85　完成的电吹风造型

10.3　洗发露瓶造型设计

下面通过一个洗发露瓶的造型设计案例来说明 SolidWorks 的建模技巧。

使用【平面区域】、【放样曲面】、【拉伸曲面】、【剪裁曲面】、【旋转曲面】和【扫描曲面】工具就可以完成洗发露瓶的创建。完成后的洗发露瓶造型如图 10-86 所示。

案例　——瓶身结构设计

① 启动 SolidWorks 2018，新建零件，并将其命名为"洗发露瓶"。

② 在【草图】选项卡中单击【圆】按钮 ◉，选择上视基准面作为草绘 图 10-86　洗发露瓶造型

平面，绘制如图 10-87 所示的草图。

图 10-87　绘制草图

③　在【曲面】选项卡中单击【平面区域】按钮，创建一个平面区域，创建过程如图 10-88
　　所示。

选择交界实体　　　　　　【曲面-基准面 1】属性设置　　　　　完成平面区域

图 10-88　创建平面区域

④　选择前视基准面作为草绘平面，单击【草图】选项卡中的【中心线】
　　按钮，绘制一条构造线，如图 10-89（a）所示，单击【3 点圆弧】
　　按钮，绘制一段圆弧，如图 10-89（b）所示。

⑤　在【曲面】选项卡中单击【填充曲面】按钮，填充创建的平面区
　　域中间空的地方，填充的过程如图 10-90 所示。

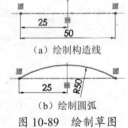

（a）绘制构造线

（b）绘制圆弧

图 10-89　绘制草图

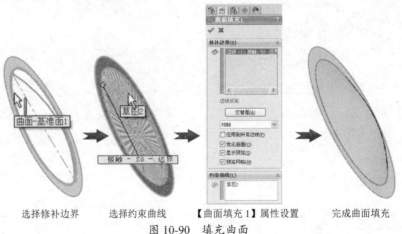

选择修补边界　　选择约束曲线　　【曲面填充 1】属性设置　　完成曲面填充

图 10-90　填充曲面

⑥　选择上视基准面作为参考，单击【参考几何体】下拉列表中的【基准面】按钮，在【基
　　准面】面板中的【偏移距离】文本框中输入距离值 100，创建基准面 1，完成结果如图 10-91

所示。

⑦ 用同样的方法创建基准面 2、基准面 3 和基准面 4，其偏移距离分别为 107.5、125 和 140，完成结果如图 10-92 所示。

⑧ 选择基准面 1 作为草绘平面，单击【草图】选项卡中的【圆】按钮◎，绘制如图 10-93 所示的草图。

图 10-91 创建基准面 1

图 10-92 创建基准面 2、3、4

图 10-93 绘制直径为 60 的圆

⑨ 选择基准面 2 作为草绘平面，单击【草图】选项卡中的【圆】按钮◎，绘制如图 10-94 所示的草图。

⑩ 选择基准面 3 作为草绘平面，单击【草图】选项卡中的【圆】按钮◎，绘制如图 10-95 所示的草图。

⑪ 选择基准面 4 作为草绘平面，单击【草图】选项卡中的【圆】按钮◎，绘制如图 10-96 所示的草图。

图 10-94 绘制直径为 56 的圆

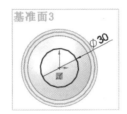
图 10-95 绘制直径为 30 的圆

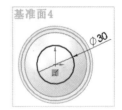
图 10-96 绘制直径为 30 的圆

⑫ 在【曲面】选项卡中单击【放样曲面】按钮◎，创建放样曲面，放样过程如图 10-97 所示。

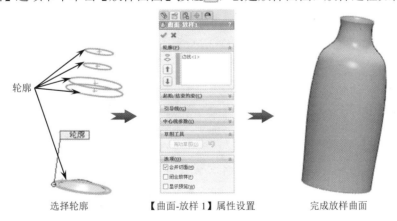
图 10-97 放样曲面

⑬ 在【曲面】选项卡中单击【平面区域】按钮◎，创建一个平面区域，创建过程如图 10-98 所示。

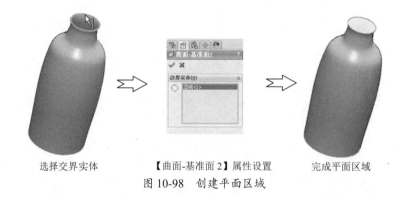

选择交界实体　　　　　【曲面-基准面 2】属性设置　　　　完成平面区域

图 10-98　创建平面区域

⑭ 以刚创建好的平面区域为基准，在【曲面】选项卡中单击【拉伸曲面】按钮，创建拉伸曲面，其操作过程如图 10-99 所示。

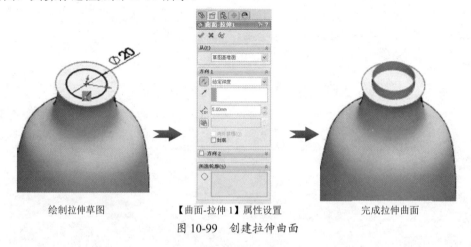

绘制拉伸草图　　　　　【曲面-拉伸 1】属性设置　　　　完成拉伸曲面

图 10-99　创建拉伸曲面

⑮ 在【曲面】选项卡中单击【剪裁曲面】按钮，对第二次创建的平面区域进行剪裁，剪裁的过程如图 10-100 所示。至此，完成了瓶身设计。

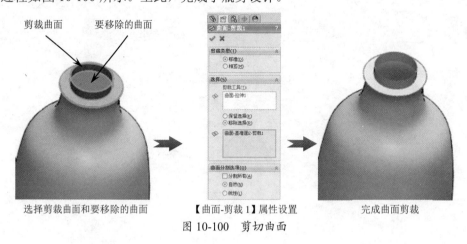

选择剪裁曲面和要移除的曲面　　　【曲面-剪裁 1】属性设置　　　　完成曲面剪裁

图 10-100　剪切曲面

案例——喷嘴结构设计

① 选择前视基准面，在【曲面】选项卡中单击【旋转曲面】按钮，进入草图绘制界面，绘

制好旋转曲面的草图，再创建旋转曲面，其创建过程如图 10-101 所示。

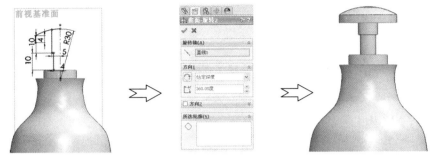

绘制选择草图　　　　　　【曲面-旋转 2】属性设置　　　　　　完成旋转曲面

图 10-101　创建旋转曲面

② 选择前视基准面，在【草图】选项卡中单击【草图绘制】按钮，进入草图绘制界面，绘制扫描曲面的路径，如图 10-102（a）所示；选择前视基准面，在【草图】选项卡中单击【草图绘制】按钮，进入草图绘制界面，绘制扫描曲面的轮廓，如图 10-102（b）所示。

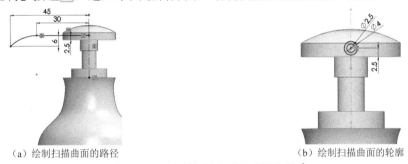

（a）绘制扫描曲面的路径　　　　　　　　（b）绘制扫描曲面的轮廓

图 10-102　绘制扫描曲面的路径和轮廓

③ 在【曲面】选项卡中单击【扫描曲面】按钮，创建扫描曲面，其创建过程如图 10-103 所示。

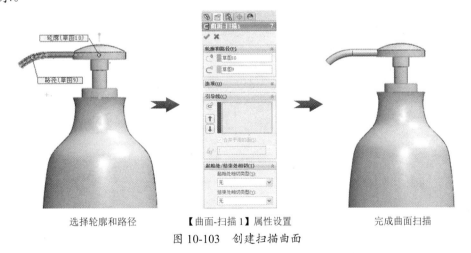

选择轮廓和路径　　　　　　【曲面-扫描 1】属性设置　　　　　　完成曲面扫描

图 10-103　创建扫描曲面

④ 在【曲面】选项卡中单击【平面区域】按钮，创建一个平面区域，创建过程如图 10-104 所示。

选择交界实体　　　　　【曲面-基准面 3】属性设置　　　　完成平面区域

图 10-104　创建平面区域

⑤　单击【保存】按钮将完成的喷嘴保存。至此，整个洗发露瓶的创建已完成，其结果如图 10-105 所示。

图 10-105　洗发露瓶最终效果图

11

SolidWorks 产品装配设计

本章主要介绍使用 SolidWorks 2018 进行产品装配设计的全流程。通过本章的学习，读者应熟练掌握装配体的设计方法和操作过程，能将已经设计好的零件模型按要求装配在一起，生成装配体模型，直观、逼真地表现零件之间的配合关系，并为随后生成装配体工程图做好准备。

 项目分解

☑   SolidWorks 产品装配设计概述

☑   案例——自上而下的装配设计

☑   案例——自下而上的装配设计

扫码看视频

SolidWorks

11.1 SolidWorks 产品装配设计概述

装配是根据技术要求将若干零件接合成部件，或将若干个零件和部件接合成产品的劳动过程。装配是整个产品制造过程中的后期工作，各部件需正确地装配，才能形成最终产品。如何从零部件装配成产品并达到设计要求的装配精度，是装配工艺要解决的问题。

11.1.1 计算机辅助装配

计算机辅助装配工艺设计是用计算机模拟装配人员编制装配工艺，自动生成装配工艺文件。因此它可以缩短编制装配工艺的时间，减少劳动量，同时也提高了装配工艺的规范化程度，并能对装配工艺进行评价和优化。

1. 产品装配建模

产品装配建模是一个能完整、正确地传递不同装配体的设计参数、装配层次和装配信息的产品模型。它是产品设计过程中数据管理的核心，是开发产品和支持设计灵活变动的强有力的工具。

产品装配建模不仅描述了零部件本身的信息，而且还描述了产品零部件之间的层次关系、装配关系，以及不同层次装配体中装配设计参数的约束和传递关系。

建立产品装配模型的目的在于建立完整的产品装配信息表达，一方面使系统对产品设计进行全面支持；另一方面它可以为 CAD 系统中的装配自动化和装配工艺规划提供信息源，并对设计进行分析和评价。如图 11-1 所示为基于 CAD 系统进行装配的产品零部件。

图 11-1　基于 CAD 系统进行装配的产品零部件

2. 装配特征的定义与分类

应用角度不同，装配特征也不同。零件的装配性能不仅取决于零件本身的几何特性（如轴孔配合有无倒角），还有一部分取决于零件的非几何特征（如零件的重量、精度等）和装配操作的相关特征（如零件的装配方向、装配方法以及装配力的大小等）。

根据以上所述，装配特征的完整定义即：与零件装配相关的几何、非几何信息以及装配操作过程等信息。装配特征可分为几何装配特征、物理装配特征和装配操作 3 种类型。

- 几何装配特征：几何装配特征包括"配合特征几何元素""配合特征几何元素的位置""配合类型"和"零件位置"等属性。

- 物理装配特征：与零件装配有关的物理装配特征属性。包括零件的体积、重量、配合面粗糙度、刚性以及黏性等。

● 装配操作特征：指装配操作过程中零件的装配方向、装配过程中的阻力、抓拿性、对
称性、有无定向与定位特征、装配轨迹以及装配方法等属性。

11.1.2　了解 SolidWorks 装配术语

在利用 SolidWorks 进行装配建模之前，初学者必须先了解一些装配术语，这有助于后面章
节的学习。

1. 零部件

在 SolidWorks 中，零部件就是装配体中的一个组件（即组成部件）。零部件可以是单个部
件（即零件），也可以是一个子装配。零部件是由装配体引用的，而不是复制到装配体中的。

2. 子装配体

组成装配体的零件称为子装配体。当一个装配体成为另一个装配体的零部件时，这个装配
体也可称为子装配体。

3. 装配体

装配体是由多个零部件或其他子装配体所组成的一个组合体。装配体文件的扩展名
为.sldasm。

装配体文件中保存了两方面的内容：一是装配体中各零件的路径，二是各零件之间的配合
关系。当将一个零件放入装配体中时，这个零件文件会与装配体文件产生链接关系。在打开装
配体文件时，SolidWorks 要根据各零件的存放路径找出零件，并将其调入装配体环境。所以装
配体文件不能单独存在，要和零件文件一起存在才有意义。

4. "自下而上" 装配

"自下而上" 装配，是指在设计过程中，先设计单个零部件，在此基础上进行装配生成总
体设计。这种装配建模需要设计人员交互地给定配合构件之间的配合约束关系，然后由
SolidWorks 系统自动计算构件的转移矩阵，并实现虚拟装配。

5. "自上而下" 装配

"自上而下" 装配，是指在装配级中创建与其他零部件相关的零部件模型，是在装配部件
的顶级向下产生子装配和部件（即零件）的装配方法。即先由产品的大致形状特征对整体进行
设计，然后根据装配情况对零部件进行详细的设计。

6. 混合装配

混合装配是将 "自上而下" 装配和 "自下而上" 装配两种方式结合使用的装配方式。例如，
先创建几个主要的零部件模型，再将其装配在一起，然后在装配中设计其他零部件。在实际设
计中，可根据需要选择使用相应的装配方式。

7. 配合

配合是指在装配体零部件之间生成几何关系。当零部件被调入配体中时，除了第一个调入的，其他的都没有添加配合，位置处于"浮动"的状态。在装配环境中，处于"浮动"状态的零部件可以分别沿 3 个坐标轴移动，也可以分别绕 3 个坐标轴转动，即共有 6 个自由度。

8. 关联特征

关联特征是用来在当前零部件中，通过在其他零部件中的几何体上绘制草图、进行投影或偏移、加入尺寸来创建几何体的。关联特征也是带有外部参考的特征。

11.1.3 装配环境的进入

进入装配体环境有两种方法：第一种是新建文件时，在弹出的【新建 SOLIDWORKS 文件】对话框中选择【装配体】模板，单击【确定】按钮，即可新建一个装配体文件，并进入装配环境，如图 11-2 所示。第二种则是在零件环境中，在菜单栏中选择【文件】|【从零件制作装配体】命令，切换到装配环境。

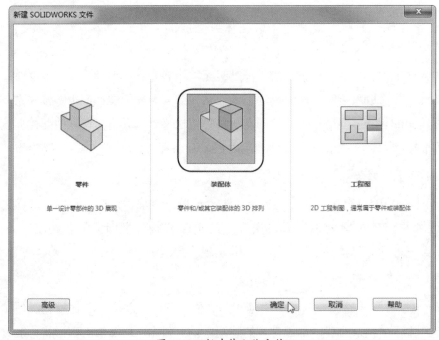

图 11-2　新建装配体文件

当新建一个装配体文件或打开一个装配体文件时，即进入 SolidWorks 装配环境。SolidWorks 装配操作界面有菜单栏、选项卡、设计树、控制区和零部件显示区。在左侧的控制区中列出了组成该装配体的所有零部件。在设计树最底端还有一个【配合】文件夹，包含所有零部件之间的配合关系，如图 11-3 所示。

由于 SolidWorks 提供了用户自己定制界面功能，装配操作界面可能与读者实际应用时有所不同，但大部分界面是一致的。

图 11-3　SolidWorks 装配操作界面

11.2　案例——自上而下的装配设计

　　活动脚轮是工业产品，它由固定板、支承架、塑胶轮、轮轴及螺母构成。活动脚轮也就人们所说的万向轮，它可以 360°旋转。

　　活动脚轮的装配设计方式是自上而下，即在总装配体结构下，依次构建出各零部件模型。装配设计完成的活动脚轮如图 11-4 所示。

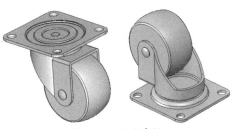

图 11-4　活动脚轮

1. 创建固定板零部件

① 新建装配体文件，进入装配环境，并关闭属性管理器中的【开始装配体】面板。

② 在【装配体】选项卡中单击【插入零部件】下方的下三角按钮 ▾，然后选择【插入新零件】命令，随后建立一个新零件文件，然后将该零件文件重命名为 (固定) [固定板`装配体1，如图 11-5 所示。

③ 选择该零部件，然后在【装配体】选项卡中单击【编辑装配体】按钮 🗐，进入零部件设计环境。

④ 在零部件设计环境中，使用【拉伸凸台/基体】工具，选择前视基准面作为草绘平面，进入草图模式，绘制出如图 11-6 所示的草图。

⑤ 在【凸台-拉伸】面板中重新选择轮廓草图，按如图 11-7 所示设置拉伸参数后完成圆形实体的创建。

⑥ 再使用【拉伸凸台/基体】工具，选择余下的草图曲线来创建实体特征，如图 11-8 所示。

图 11-5　新建零件文件并重命名

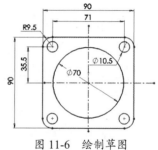

图 11-6　绘制草图

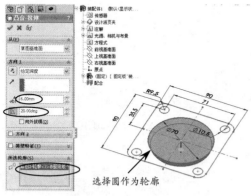

图 11-7　创建圆形实体

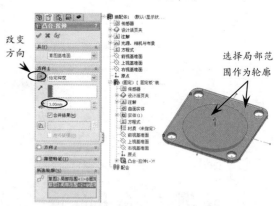

图 11-8　创建由其余草图曲线作为轮廓的实体

💡 技术要点

　　创建拉伸实体后，余下的草图曲线被自动隐藏，此时需要显示草图。

⑦　使用【旋转切除】工具，选择上视基准面作为草绘平面,然后绘制如图 11-9 所示的草图。

⑧　退出草图模式后，以默认的旋转切除参数来创建旋转切除特征，如图 11-10 所示。

⑨　最后使用【圆角】工具，对实体创建半径分别为 5、1 和 0.5 的圆角特征，如图 11-11 所示。

图 11-9　绘制旋转实体的草图

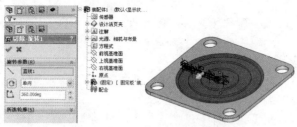

图 11-10　创建旋转切除特征

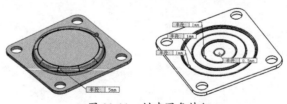

图 11-11　创建圆角特征

⑩ 在选项卡中单击【编辑零部件】按钮🔲，完成固定板零部件的创建。

2. 创建支承架零部件

① 在装配环境中插入第二个新零件文件，作为支承架零件。

② 选择支承架零部件，然后单击【编辑零部件】按钮🔲，进入零部件设计环境。

③ 使用【拉伸凸台/基体】工具，选择固定板零部件的圆形表面作为草绘平面，然后绘制如图 11-12 所示的草图。

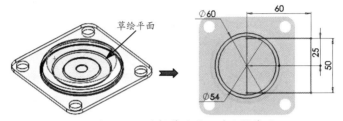

图 11-12　选择草绘平面并绘制草图

④ 退出草图模式后，在【凸台-拉伸 1】面板中重新选择拉伸轮廓（直径为 54 的圆），并输入拉伸深度值 3，如图 11-13 所示，最后关闭面板，完成拉伸实体的创建。

⑤ 再使用【拉伸凸台/基体】工具，选择上一个草图中的圆（直径为 60）来创建深度为 80 的实体，如图 11-14 所示。

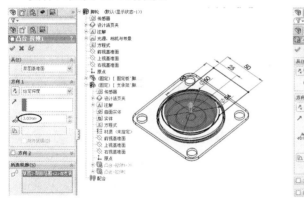

图 11-13　创建拉伸实体

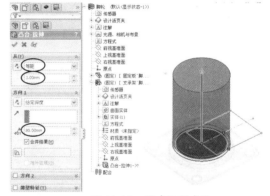

图 11-14　创建圆形实体

⑥ 使用同样的方法，选择【拉伸凸台/基体】工具，再选择矩形来创建实体，如图 11-15 所示。

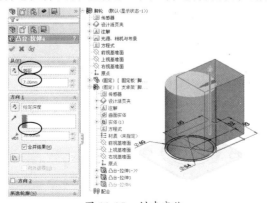

图 11-15　创建实体

⑦ 使用【拉伸切除】工具，选择上视基准面作为草绘平面，绘制轮廓草图后再创建如图 11-16 所示的拉伸切除特征。

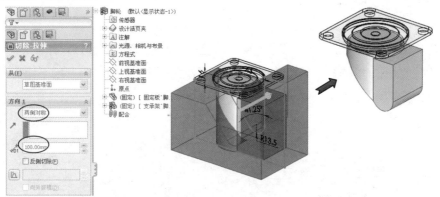

图 11-16 创建拉伸切除特征

⑧ 使用【圆角】工具，在实体中创建半径为 3 的圆角特征，如图 11-17 所示。

⑨ 使用【抽壳】工具，选择如图 11-18 所示的面来创建厚度为 3 的抽壳特征。

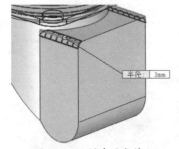

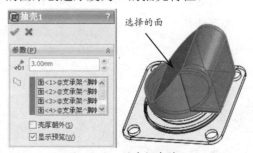

图 11-17 创建圆角特征　　　　　　　图 11-18 创建抽壳特征

⑩ 创建抽壳特征后，即完成了支承架零部件的创建，如图 11-19 所示。

⑪ 使用【拉伸切除】工具，在上视基准面中创建支承架的孔，如图 11-20 所示。

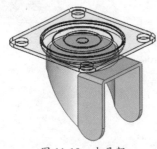

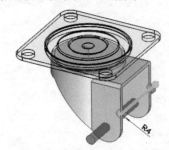

图 11-19 支承架　　　　　　　　图 11-20 创建支承架上的孔

⑫ 完成支承架零部件的创建后，单击【编辑零部件】按钮，退出零部件设计环境。

3. 创建塑胶轮、轮轴及螺帽零部件

① 在装配环境下插入新零件，并作为塑胶轮零件。

② 进入零部件设计环境中，编辑塑胶轮零件。使用【点】工具，在支承架的孔中心创建一个参考点，如图 11-21 所示。

③ 使用【基准面】工具，选择右视基准面作为第一参考，选择上一步的参考点作为第二参考，然后创建一个参考基准面，如图 11-22 所示。

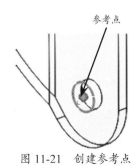

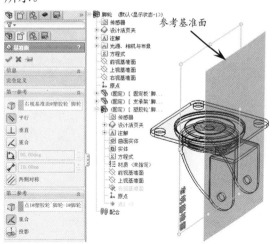

图 11-21 创建参考点

图 11-22 创建参考基准面

技术要点

在选择第二参考时，是看不见参考点的，这时需要展开图形区中的特征管理器设计树，然后再选择参考点。

④ 使用【旋转凸台/基体】工具，选择参考基准面作为草绘平面，绘制如图 11-23 所示的草图，完成旋转实体的创建，此旋转实体即为塑胶轮零件。

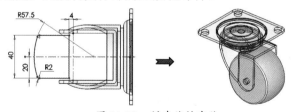

图 11-23 创建旋转实体

⑤ 单击【编辑零部件】按钮 ，退出零部件设计环境。

⑥ 在装配环境下插入新零件作为轮轴零件。

⑦ 进入零部件设计环境编辑轮轴零件。使用【旋转凸台/基体】工具，选择塑胶轮零部件中的参考基准面作为草绘平面，然后创建如图 11-24 所示的旋转实体，此旋转实体即为轮轴零件。

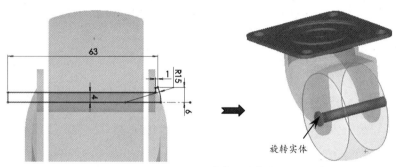

图 11-24 创建旋转实体

⑧ 单击【编辑零部件】按钮 🗗，退出零部件设计环境。

⑨ 在装配环境下插入新零件作为螺母零件。

⑩ 使用【拉伸凸台/基体】工具，选择支承架侧面作为草绘平面，然后绘制如图 11-25 所示的草图。

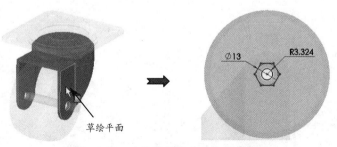

图 11-25　选择草绘平面并绘制草图

⑪ 退出草图模式后，创建深度为 7.9 的拉伸实体，如图 11-26 所示。

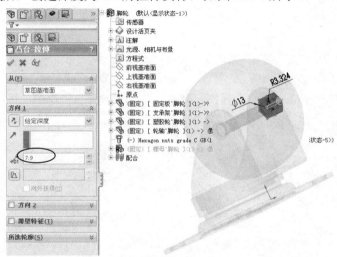

图 11-26　创建拉伸实体

⑫ 使用【旋转切除】工具，选择塑胶轮零件中的参考基准面作为草绘平面，进入草图模式后，绘制如图 11-27 所示的草图，退出草图模式后，创建旋转切除特征。

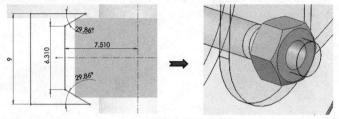

图 11-27　创建旋转切除特征

⑬ 单击【编辑零部件】按钮 🗗，退出零部件设计环境。

⑭ 至此，活动脚轮装配体中的零部件已全部设计完成。最后将装配体文件保存，并重命名为"脚轮"。

11.3　案例——自下而上的装配设计

台虎钳是装置在工作台上用于夹稳加工工件的工具。

台虎钳主要由两大部分构成：固定钳身和活动钳身。本节将利用自下而上的装配设计方法来装配台虎钳。台虎钳装配体如图 11-28 所示。

1. 装配活动钳身子装配体

① 新建装配体文件，进入装配环境。

② 在属性管理器的【开始装配体】面板中单击【浏览】
按钮，然后将本例的【活动钳口.sldprt】零部件文件插入到装配环境中，如图 11-29 所示。

图 11-28　台虎钳装配体

③ 在【装配体】选项卡中单击【插入零部件】按钮，属性管理器显示【插入零部件】面板。在该面板中单击【浏览】按钮，将【钳口板.sldprt】零部件文件插入到装配环境中并任意放置，如图 11-30 所示。

图 11-29　插入零部件到装配环境中

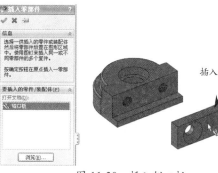

图 11-30　插入钳口板

④ 同理，依次将【开槽沉头螺钉.sldprt】和【开槽圆柱头螺钉.sldprt】零部件插入到装配环境中，如图 11-31 所示。

⑤ 在【装配体】选项卡中单击【配合】按钮，属性管理器中显示【配合】面板。然后在图形区中选择钳口板的孔边线和活动钳口中的孔边线作为要配合的实体，如图 11-32 所示。

图 11-31　插入的零部件

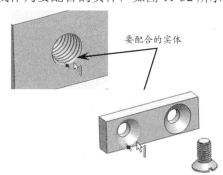

图 11-32　选择要配合的实体

⑥ 随后钳口板自动与活动钳口孔对齐，并弹出【标准配合】选项卡。在该选项卡中单击【添

加/完成配合】按钮✅，完成【同轴心】配合，如图 11-33 所示。

⑦ 接着在钳口板和活动钳口零部件上各选择一个面作为要配合的面，随后钳口板自动与活动钳口完成【重合】配合，在【标准配合】选项卡中单击【添加/完成配合】按钮✅，完成配合，如图 11-34 所示。

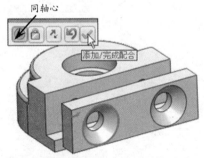

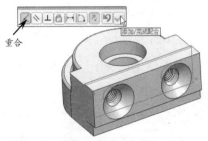

图 11-33　零部件的【同轴心】配合 1　　　图 11-34　零部件的【重合】配合 1

⑧ 选择活动钳口顶部的孔边线与开槽圆柱头螺钉的边线作为要配合的边线，并完成【同轴心】配合，如图 11-35 所示。

💡 技术要点

　　一般情况下，有孔的零部件将使用【同轴心】配合与【重合】配合或【对齐】配合。无孔的零部件可用除【同轴心】之外的配合来配合。

⑨ 选择活动钳口顶部的孔台阶面与开槽沉头螺钉的台阶面作为要配合的部位，并完成【重合】配合，如图 11-36 所示。

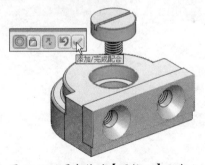

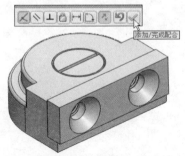

图 11-35　零部件的【同轴心】配合 2　　　图 11-36　零部件的【重合】配合 2

⑩ 同理，对开槽沉头螺钉与活动钳口使用【同轴心】配合和【重合】配合，结果如图 11-37 所示。

⑪ 在【装配体】选项卡中单击【线性零部件阵列】按钮🔛，属性管理器中显示【线性阵列】面板。然后在钳口板上选择一条边线作为阵列参考方向，如图 11-38 所示。

⑫ 选择开槽沉头螺钉作为要阵列的零部件，在输入阵列距离及阵列数量后，单击面板中的【确定】按钮✅，完成零部件的阵列，如图 11-39 所示。

⑬ 至此，活动钳身装配体设计完成，最后将装配体文件另存为【活动钳身.sldasm】，关闭窗口。

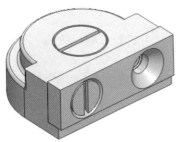

图 11-37　配合开槽沉头螺钉

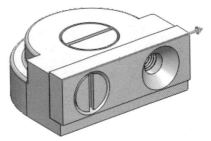

图 11-38　选择阵列参考方向

2. 装配固定钳身

① 新建装配体文件，进入装配环境。

② 在属性管理器的【开始装配体】面板中单击【浏览】
按钮，然后将【钳座.sldprt】零部件文件插入到装
配环境中，以此作为固定零部件，如图 11-40 所示。

③ 同理，单击【装配体】选项卡中的【插入零部件】
按钮，依次将丝杠、钳口板、螺母、方块螺母和开槽沉头螺钉等零部件插入到装配环境中，
如图 11-41 所示。

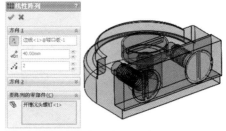

图 11-39　线性阵列开槽沉头螺钉

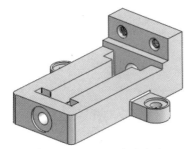

图 11-40　插入固定零部件

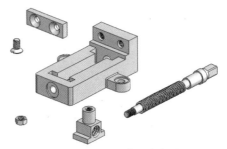

图 11-41　插入其他零部件

④ 首先装配丝杠到钳身。使用【配合】工具，选择丝杠圆形部分的边线与钳座孔边线作为要
配合的部位，使用【同轴心】配合。再选择丝杠圆形台阶面和钳座孔台阶面作为要配合的
部位，使用【重合】配合，配合的结果如图 11-42 所示。

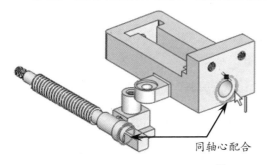

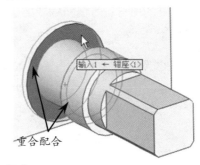

图 11-42　配合丝杠与钳座

⑤ 装配螺母到丝杠。螺母与丝杠的配合也使用【同轴心】配合和【重合】配合，如图 11-43
所示。

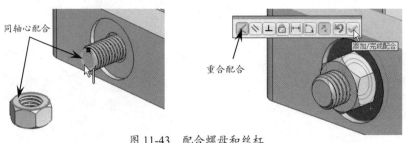

图 11-43　配合螺母和丝杠

⑥　将钳口板装配到钳身。装配钳口板时要使用【同轴心】配合和【重合】配合，如图 11-44 所示。

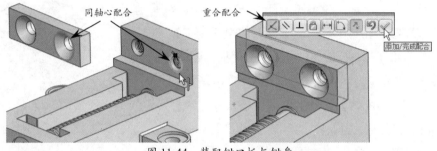

图 11-44　装配钳口板与钳身

⑦　将开槽沉头螺钉装配到钳口板。装配钳口板时要使用【同轴心】配合和【重合】配合，如图 11-45 所示。

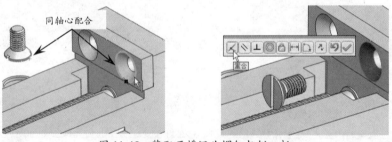

图 11-45　装配开槽沉头螺钉与钳口板

⑧　将方块螺母装配到丝杠。装配方块螺母时会使用【距离】配合和【同轴心】配合。选择方块螺母上的面与钳身面作为要配合的实体，方块螺母会自动与钳身的侧面对齐，如图 11-46 所示。此时，在标准配合选项卡中单击【距离】按钮，然后在距离文本框输入70，再单击【添加/完成配合】按钮，完成距离配合，如图 11-47 所示。

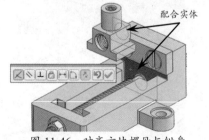

图 11-46　对齐方块螺母与钳身

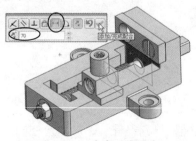

图 11-47　完成距离配合

⑨ 接着再对方块螺母和钳身使用【同轴心】配合，配合完成的结果如图 11-48 所示。配合完成后，关闭【配合】面板。

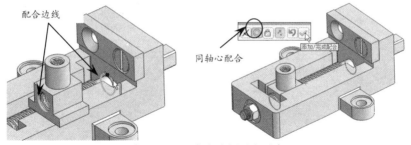

图 11-48　配合方块螺母与丝杠

⑩ 使用【线性阵列】工具，阵列开槽沉头螺钉，如图 11-49 所示。

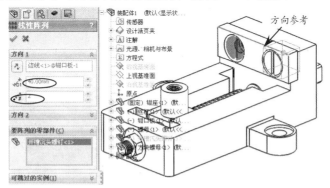

图 11-49　线性阵列开槽沉头螺钉

3. 插入子装配体

① 在【装配体】选项卡中单击【插入零部件】按钮，显示【插入零部件】属性管理器。

② 单击【浏览】按钮，然后在【打开】对话框中将之前另存的"活动钳身"装配体文件打开，如图 11-50 所示。

> **技术要点**
>
> 在【打开】对话框中，必须先将【文件类型】设置为【装配体（*.asm;*.sldasm）】，才可选择子装配体文件。

③ 打开装配体文件后，将其插入到装配环境中。

④ 添加配合关系，将活动钳身装配到方块螺母上。装配活动钳身时，先使用【重合】配合和【角度】配合将活动钳身的方位调整好，如图 11-51 所示。

⑤ 再使用【同轴心】配合，使活动钳身与方块螺母完全地同轴配合在一起，如图 11-52 所示。完成配合后关闭【配合】面板。

⑥ 至此，台虎钳的装配设计工作已全部完成。最后将结果另存为"台虎钳.sldasm"装配体文件。

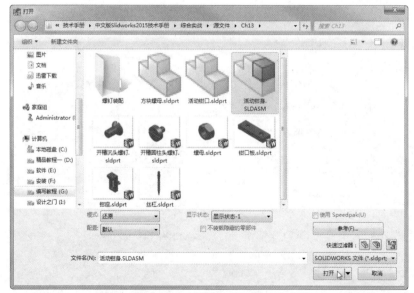

图 11-50 打开"活动钳身"装配体文件

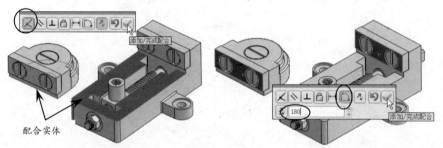

配合实体

图 11-51 使用【重合】配合和【角度】配合定位活动钳身

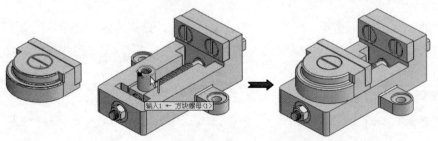

图 11-52 使用【同轴心】配合完成活动钳身的装配

12

AutoCAD 工程制图

机械工程制图是一门探讨机械产品图样绘制理论、方法和技术的基础课程。本章将以机械类产品为主,介绍机械制图的相关知识和 AutoCAD 2016 在机械制图中的应用。

 项目分解

- ☑ 零件轴测图的绘制
- ☑ 机械产品零件图的绘制
- ☑ 机械产品装配图的绘制

扫码看视频

AutoCAD

12.1　零件轴测图的绘制

　　轴测图是将物体连同其参考直角坐标系，沿不平行于任一坐标面的方向，用平行投影法将其投射在单一投影面上所得到的具有立体感的三维图形。该投影面称为轴测投影面，物体的长、宽、高 3 个方向的坐标轴 OX、OY、OZ，在轴测图中的投影 O_1X_1、O_1Y_1、O_1Z_1 称为轴测轴。

　　轴测图根据投射线方向与轴测投影面的位置不同，可分为正轴测图（如图12-1 所示）和斜轴测图（如图 12-2 所示）两大类，每类根据轴向变形系数不同又分为 5 种，即正等轴测图、正二轴测图、正三轴测图、斜等轴测图、斜二轴测图和斜三轴测图。

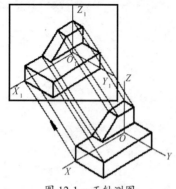

图 12-1　正轴测图

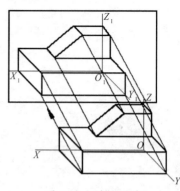

图 12-2　斜轴测图

绘制轴测图一般可采用坐标法、切割法和组合法 3 种方法。

- 坐标法：对于完整的立体图形，可采用沿坐标轴方向测量，按坐标轴画出各顶点位置之后，再连线绘图，这种绘制轴测图的方法称为坐标法。
- 切割法：对于不完整的立体图形，可先画出完整的轴测图，再利用切割的方法画出不完整的部分。
- 组合法：对于复杂的图形，可将其分成若干个基本形状，在相应位置逐个画出基本形状之后，再将各部分组合起来。

　　虽然正投影图能够完整、准确地表示实体的形状和大小，是实际工程中主要的表现图，但由于其缺乏立体感，从而使读图有一定的难度。而轴测图正好弥补了正投影图的不足，能够反映实体的立体形状。轴测图不能对实体进行完全的表现，也不能反映实体各个面的实形。在 AutoCAD 中绘制的轴测图并非真正意义上的三维立体图形，不能在三维空间中进行观察，它只是在二维空间中绘制的立体图形。

12.1.1　设置绘图环境

　　在 AutoCAD 2016 中绘制轴测图，需要对制图环境进行设置，以便能更好地绘图。绘图环境的设置主要是轴测捕捉设置、极轴追踪设置和轴测平面的设置。

1. 轴测捕捉设置

在 AutoCAD 2016 的【草图与注释】工作空间中，在菜单栏中选择【工具】|【绘图设置】命令，弹出【草图设置】对话框。

在该对话框的【捕捉和栅格】选项卡中，设置【捕捉类型】为【等轴测捕捉】，然后设定栅格的 Y 轴间距为 10，显示捕捉光标，如图 12-3 所示。

单击【草图设置】对话框中的【确定】按钮，完成轴测捕捉设置。设置后光标的形状也发生了变换，如图 12-4 所示。

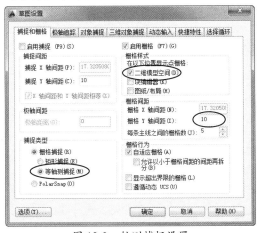

图 12-3 轴测捕捉设置

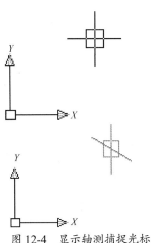

图 12-4 显示轴测捕捉光标

2. 极轴追踪设置

在【草图设置】对话框中的【极轴追踪】选项卡中，选中【启用极轴追踪】复选框，在【增量角】下拉列表中选择 30 选项，完成后单击【确定】按钮，如图 12-5 所示。

3. 轴测平面的切换

在实际的轴测图绘制过程中，常会在轴测图的不同轴测平面上绘制所需要的图线，因此就需要在轴测图的不同轴测平面中进行切换。例如，使用 ISOPLANE 命令或按 F5 键就可以切换设置，如图 12-6 所示的轴测平面。

图 12-5 启用极轴追踪

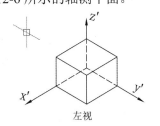

左视

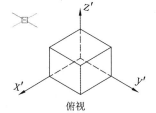

俯视

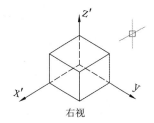

右视

图 12-6 正等轴测图的轴测平面变换

🔆 技术要点
在绘制轴测图时，还可以打开【正交】模式来控制绘图精度。

12.1.2　绘制轴测图

在 AutoCAD 中，用户可使用多种绘制方法来绘制正等轴测图的图元。如利用坐标或【正交】模式绘制直线、定位轴测图中的实体、在轴测平面内画平行线、投影轴测圆、书写文本、标注尺寸等。

1. 直线的绘制

直线的绘制可利用输入坐标的方式来完成，也可打开【正交】模式来完成。

输入坐标的方式有以下 3 种。

● 绘制与 X 轴平行且长 50 的直线，极坐标角度为 30°，如输入@50<30。

● 绘制与 Y 轴平行且长 50 的直线，极坐标角度为 150°，如输入@50<150。

● 绘制与 Z 轴平行且长 50 的直线，极坐标角度为 90°，如输入@50<90。

所有不与轴测轴平行的线，必须先找出直线上的两个点，然后连线，如图 12-7 所示。

例如，在轴测模式下，在状态栏打开【正交】模式，然后绘制一个长度为 10 的立方体。

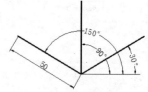

图 12-7　确定直点的两点并连线

案例——绘制立方体

① 启用轴测捕捉模式。然后在状态栏单击【正交】模式按钮└┘，默认情况下，当前轴测平面为左视平面。

② 在命令行输入 LINE 命令，接着在图形区指定直线起点，然后按命令行提示（如下）进行操作，绘制的矩形如图 12-8 所示。

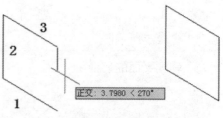

图 12-8　在左视平面中绘制矩形

```
命令_line 指定第一点：                                    //指定直线起点
指定下一点或 [放弃(U)]：<正交 开> <等轴测平面 左视>：10✓    //输入第 1 条直线的长度
指定下一点或 [放弃(U)]：10✓                               //输入第 2 条直线的长度
指定下一点或 [闭合(C)//放弃(U)]：10✓                      //输入第 3 条直线的长度
指定下一点或 [闭合(C)//放弃(U)]：c✓
```

🔆 技术要点
在直接输入直线长度时，需要先指定直线方向。例如，绘制水平方向的直线，先在水平方向上移动鼠标指针，并确定好直线延伸方向，再输入直线长度。

③ 按 F5 键切换到俯视平面。使用 LINE 命令，指定矩形右上角的顶点作为起点，并按命令行的提示来操作。绘制的矩形如图 12-9 所示。

```
命令: _line 指定第一点: <等轴测平面 俯视>        //指定起点
指定下一点或 [放弃(U)]: 10↙                    //输入第 1 条直线的长度
指定下一点或 [放弃(U)]: 10↙                    //输入第 2 条直线的长度
指定下一点或 [闭合(C) //放弃(U)]: 10↙          //输入第 3 条直线的长度
指定下一点或 [闭合(C) //放弃(U)]: c
```

④ 再按 F5 键切换到右视平面。使用 LINE 命令，指定矩形上面的右侧顶点作为起点，并按命令行的提示来操作。绘制完成的立方体如图 12-10 所示。

```
命令: _line 指定第一点: <等轴测平面 右视>        //指定起点
指定下一点或 [放弃(U)]: 10↙                    //输入第 1 条直线长度
指定下一点或 [放弃(U)]: 10↙                    //输入第 2 条直线长度
指定下一点或 [闭合(C) //放弃(U)]: 10↙          //输入第 3 条直线长度
指定下一点或 [闭合(C) //放弃(U)]: c
```

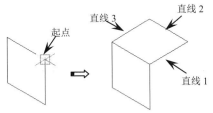

图 12-9　在俯视平面中绘制矩形

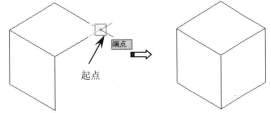

图 12-10　在右视平面中绘制矩形

2. 定位轴测图中的实体

如果在轴测图中定位其他已知图元，必须启用【极轴追踪】，并将角度增量设定为 30°，才能从已知对象开始沿 30°、90° 或 150° 方向追踪。

案例 ——定位轴测图中的实体

① 首先选择 L 命令，在立方体轴测图的底边选取一点作为矩形起点，如图 12-11 所示。
② 启用【极轴追踪】，然后绘制长度为 5 的直线，如图 12-12 所示。
③ 然后依次绘制 3 条直线，完成矩形的绘制，如图 12-13 所示。

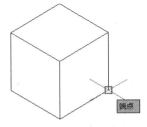

图 12-11　选取点

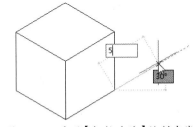

图 12-12　启用【极轴追踪】绘制直线

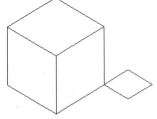

图 12-13　绘制完成的矩形

3. 轴测图面内的平行线

在轴测面内绘制平行线，不能直接用【偏移】命令，因为偏移的距离是两线之间的垂直距离，而沿 30° 方向偏移的距离却不等于垂直距离。

为了避免错误，在轴测面内画平行线，一般使用【复制】（COPY）命令或【偏移】命令中的 T 选项（通过）；也可以结合自动捕捉、自动追踪及【正交】模式来作图，这样可以保证所画直线与轴测轴的方向一致，如图 12-14 所示。

4. 轴测圆的投影

圆的轴测投影是椭圆，当圆位于不同的轴测面时，投影椭圆的长、短轴位置是不相同的。绘制轴测圆的方法与步骤如下：

① 打开轴测捕捉模式。

② 选择画圆的投影面，如左视平面、右视平面或俯视平面。

③ 选择绘制椭圆的【轴，端点】命令，并选择【等轴测图】选项。

④ 指定圆心或半径，完成轴测圆的创建。

> 💡 **技术要点**
>
> 绘制圆之前一定要利用轴测面转换工具，切换到与圆所在平面对应的轴测面，这样才能使椭圆看起来像在轴测面内，否则将显示不正确。

在轴测图中经常要画线与线之间的圆滑过渡，如倒圆角，此时过渡圆弧也要变为椭圆弧。方法是：在相应的位置画一个完整的椭圆，然后使用修剪工具剪掉多余的线段，如图 12-15 所示。

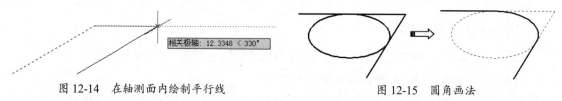

相关极轴：12.3348 〈 330°

图 12-14　在轴测面内绘制平行线　　　　　　　图 12-15　圆角画法

5. 书写轴测图中的文字

为了使用某个轴测面中的文字看起来像是在该轴测面内，必须根据各轴测面的位置特点将文字倾斜某个角度，以使它们的外观与轴测图协调起来，否则立体感不强。

比如，新建文字样式，将文字的倾斜角度设为 30°或-30°。

在轴测面上各文字的倾斜规律如下：

● 在左轴测面上，文字需采用-30°倾斜角，同时旋转-30°。

● 在右轴测面上，文字需采用 30°倾斜角，同时旋转 30°。

● 在顶轴测面上，当文字平行于 *X* 轴时，需采用-30°倾斜角，旋转角度为 30°；当文字平行于 *Y* 轴时，需采用 30°倾斜角，旋转角度为-30°。

> 💡 **技术要点**
>
> 文字的倾斜角与文字的旋转角是两个不同的概念，前者在水平方向左倾（0～-90°）或右倾（0～90°），后者是以文字起点为原点进行 0～360° 的旋转，也就是在文字所在的轴测面内旋转。

12.1.3　轴测图的尺寸标注

为了让某个轴测面内的尺寸标注看起来像在这个轴测面中，就需要将尺寸线、尺寸界线倾斜某个角度，以使它们与相应的轴测面平行。同时，标注文字也必须设置成倾斜某一角度的形式，才能使用文字的外观具有立体感。

下面介绍几种轴测图尺寸标注的方法。

1. 倾斜 30°的文字样式的设置方法

打开【文字样式】对话框，然后按如图 12-16 所示来设置文字样式。

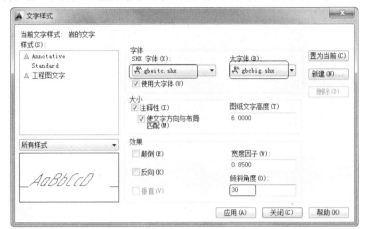

图 12-16　设置倾斜 30°的文字样式

① 单击【新建】按钮，创建名称为【工程图文字】的新样式。

② 然后在【字体】下拉列表中选择 gbeitc.shx 字体，选中【使用大字体】复选框，再选择 gbcbig.shx 大字体，在下方的【倾斜角度】文本框中输入 30。

③ 最后单击【应用】按钮，即可创建倾斜 30°的文字样式，倾斜-30°的文字样式设置方法与此相同。

2. 调整尺寸界线与尺寸线的夹角

一般轴测图的标注需要调整文字与标注的倾斜角度。在标注轴测图时，首先使用【对齐】工具来对齐标注。

- 当尺寸界线与 X 轴平行时，倾斜角度为 30°。
- 当尺寸界线与 Y 轴平行时，倾斜角度为-30°。
- 当尺寸界线与 Z 轴平行时，倾斜角度为 90°。

如图 12-17 所示，首先使用【对齐】工具来标注 30°和-30°的轴侧尺寸（垂直角度则使用【线性标注】工具标注）；然后再使用【编辑标注】工具设置标注的倾斜角度。将标注尺寸 30 倾斜 30°，将标注尺寸 40 倾斜-30°，即可得如图 12-18 所示的结果。

3. 圆和圆弧的正等轴测图尺寸标注

圆和圆弧的正等轴测图为椭圆和椭圆弧，不能直接用半径或直径标注命令完成标注，可先画圆，然后标注圆的直径或半径，再修改尺寸，以达到标注椭圆直径或椭圆弧半径的目的，如图 12-19 所示。

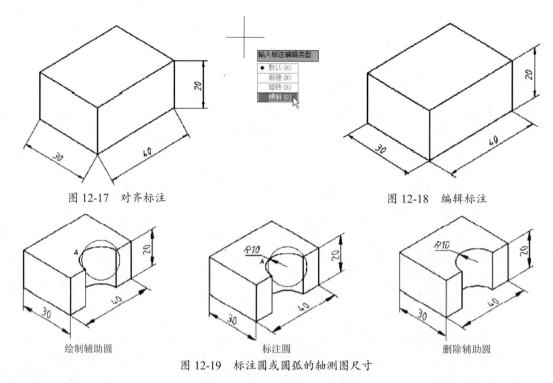

图 12-17　对齐标注　　　　　　　　　　　　　　　图 12-18　编辑标注

绘制辅助圆　　　　　　　　　　　标注圆　　　　　　　　　　　删除辅助圆

图 12-19　标注圆或圆弧的轴测图尺寸

案例 ——绘制固定座零件轴测图

固定座零件的零件视图与轴测图如图 12-20 所示。轴测图的图形尺寸将参考零件视图来画出。

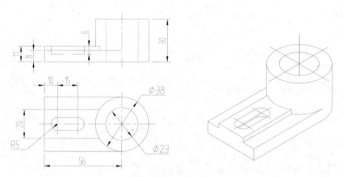

图 12-20　零件视图与轴测图

固定座零件是一个组合体，绘制轴测图可采用堆叠法，即从下往上叠加绘制。因此，先绘制下面的长方体，接着绘制有槽的小长方体，最后绘制中空的圆柱体部分。

① 打开【固定座零件图.dwg】源文件。

② 启用轴测捕捉模式。然后在状态栏中单击【正交】模式按钮，默认情况下，当前轴测平面为左视平面。

☀ 技术要点

轴测图的绘图环境设置参考前面章节介绍的方法来操作，此处就不再重复讲解了。

③ 切换轴测平面至俯视平面，在状态栏中打开【正交】模式。然后使用【直线】命令在图形窗口中绘制长 56、宽 38 的矩形，如图 12-21 所示，命令行操作提示如下：

```
命令：_line 指定第一点：                              //指定直线起点，即第 1 点
指定下一点或 [放弃(U)]：56✓                           //输入第 2 点，在第 1 点的 X 正方向
指定下一点或 [放弃(U)]：38✓                           //输入第 3 点，在第 2 点的 Y 正方向
指定下一点或 [闭合(C)//放弃(U)]：56✓                  //输入第 4 点，在第 3 点的 X 负方向
指定下一点或 [闭合(C)//放弃(U)]：c✓                   //输入 C，闭合直线
```

④ 切换轴测平面至左视或右视平面。使用【复制】命令，复制矩形并向 Z 轴正方向移动，距离为 8，如图 12-22 所示，命令行操作提示如下：

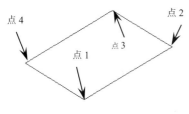

图 12-21　绘制矩形

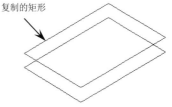

图 12-22　复制矩形

```
命令：_copy
选择对象：指定对角点：找到 4 个✓                      //框选矩形
选择对象：
当前设置：复制模式= 单个
指定基点或 [位移(D)//模式(O)//多个(M)] <位移>：✓    //指定移动基点
指定第二个点或 <使用第一个点作为位移>：8✓            //输入移动距离
```

技术要点

　　在绘制直线时，一定要让光标在极轴追踪的捕捉线上，并确定直线延伸的方向。以此输入直线长度值，才能得到想要的直线。

⑤ 使用【直线】命令，绘制 3 条直线连接两个矩形，如图 12-23 所示。

⑥ 切换轴测平面至俯视平面。使用【直线】命令在复制的矩形上绘制一条中心线，长为 50。然后使用【复制】命令，在中心线两侧复制出移动距离为 10 的直线，如图 12-24 所示。

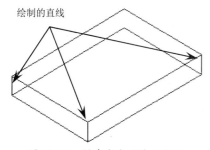

图 12-23　创建直线以连接矩形

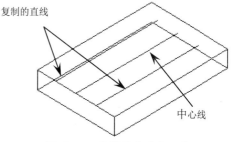

图 12-24　复制并移动中心线

⑦ 继续使用【复制】命令，将上矩形左侧边向右复制出两条直线，移动距离分别为 10 和 25。此两直线为槽的圆弧中心线，如图 12-25 所示。

⑧ 使用椭圆工具的【轴，端点】命令，以中心线的交点为圆心绘制等轴测圆（仍然在俯视平面内），如图 12-26 所示，命令行操作提示如下：

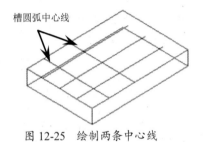

图 12-25　绘制两条中心线

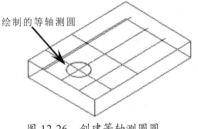

图 12-26　创建等轴测圆圆

```
命令：ellipse
指定椭圆轴的端点或 [圆弧(A)//中心点(C)//等轴测圆(I)]：I✓        //输入 I 选项
指定等轴测圆的圆心：                                      //指定圆心
指定等轴测圆的半径或 [直径(D)]：5✓                        //输入半径值
```

⑨　同理，过另一个交点绘制半径相同的等轴测圆，如图 12-27 所示。

⑩　使用【修剪】命令，将多余的线剪掉，修剪结果如图 12-28 所示。

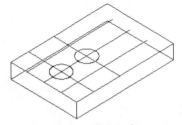

图 12-27　绘制第二个等轴测圆

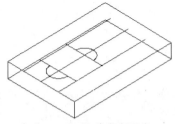

图 12-28　修剪多余图线

⑪　使用【直线】命令，连接等轴侧圆的圆弧，如图 12-29 所示。

⑫　切换轴测平面至左视平面。使用【移动】命令，将连接起来的圆弧、复制线及中心线向 Z 轴的正方向移动 3mm。再使用【复制】命令，仅将连接的圆弧向 Z 轴负方向移动 6mm，并使用【修剪】命令修剪多余图线，结果如图 12-30 所示。

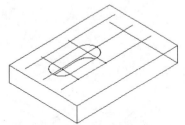

图 12-29　连接等轴测圆的圆弧

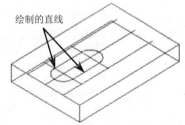

图 12-30　复制等轴测圆的圆弧并修剪图线

⑬　切换轴测平面至俯视平面。使用【直线】命令，在左侧绘制 4 条直线段以连接复制的直线，并修剪多余图线，如图 12-31 所示。

⑭　使用【直线】命令，过下矩形的右边中点绘制长度为 50 的直线，此直线为大椭圆的中心线，如图 12-32 所示。

⑮　使用【轴，端点】命令，并选择 I（等轴测圆）选项，过如图 12-33 的中心线与边线交点上绘制半径为 19 的等轴测圆。

⑯　切换轴测平面至左视平面。使用【复制】命令，将大等轴测圆和中心线向 Z 轴正方向移动 30，如图 12-34 所示。

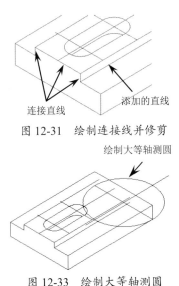

图 12-31　绘制连接线并修剪

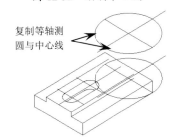

图 12-32　绘制中心线

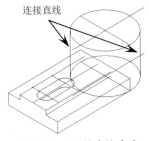

图 12-33　绘制大等轴测圆

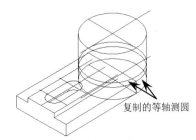

图 12-34　复制大等轴测圆与中心线

⑰　使用【直线】命令，在等轴测圆的象限点上绘制两条直线以连接大等轴测圆，如图 12-35 所示。

⑱　再使用【复制】命令，将下方的大等轴测圆向 Z 轴正方向分别移动距离为 8 和 11，并得到两个复制的大等轴测圆，如图 12-36 所示

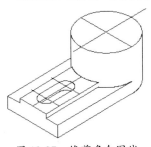

图 12-35　绘制连接直线

图 12-36　复制大等轴测圆

⑲　使用【修剪】命令，将图形中多余的图线修剪掉，结果如图 12-37 所示。

⑳　使用【直线】命令，在修剪后的圆弧上绘制一直线垂直连接两段等轴测圆弧。切换轴测平面至俯视平面，然后使用【轴，端点】命令，过最上方的中心线交点绘制半径为 11.5 的等轴测圆，如图 12-38 所示。

㉑　使用夹点调整中心线的长度，然后将中心线的线型设为 CENTER，再将其余实线加粗 0.3mm。至此，轴测图绘制完成，结果如图 12-39 所示。

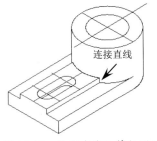

图 12-37　修剪多余图线　　　　图 12-38　绘制直线和等轴测圆

图 12-39　固定座零件轴测图

12.2 机械产品零件图的绘制

表达零件的图样称为零件工作图，简称零件图，它是制造和检验零件的重要技术文件。在机械设计、制造过程中，人们经常使用机械零件的零件工程图来辅助制造、检验生产流程，作为测量零件尺寸的参考。

12.2.1 零件图的内容

作为生产基本技术文件的零件图，可以提供生产零件所需的全部技术资料，如结构形式、尺寸大小、质量要求、材料及热处理等，以便生产、管理部门据以组织生产和检验成品质量。

一张完整的零件图应包括下列基本内容。

- 一组图形：用视图、断面及其他规定画法来正确、完整、清晰地表达零件的各部分形状和结构。
- 尺寸：正确、完整、清晰、合理地标注零件的全部尺寸。
- 技术要求：用符号或文字来说明零件在制造、检验等过程中应达到的一些技术要求，如表面粗糙度、尺寸公差、形状和位置公差、热处理要求等。技术要求的文字一般注写在标题栏上方图纸空白处。
- 标题栏：标题栏位于图纸的右下角，应填写零件的名称、材料、数量、图的比例和设计、描图、审核人的签字、日期等各项内容。

完整的零件图如图 12-40 所示。

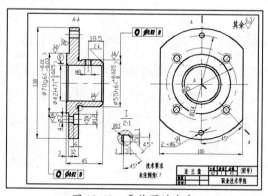

图 12-40 零件图的内容

12.2.2 零件图的技术要求

现代化的机械工业，要求机械零件具有互换性，因此必须合理地保证零件的表面粗糙度、尺寸精度，以及形状和位置精度。为此，我国制定了相应的国家标准，在生产中必须严格选择和遵守。下面分别介绍国家标准《表面粗糙度》《公差与配合》《形状和位置公差》的基本内容。

1. 表面粗糙度

表面具有较小间距和峰谷所组成的微观几何形状的特征，称为表面粗糙度。评定零件表面粗糙度的主要评定参数是轮廓算术平均偏差，用 Ra 来表示。

（1）表面粗糙度的评定参数。

表面粗糙度是衡量零件质量的标准之一，它对零件的配合、耐磨性、抗腐蚀性、接触刚度、抗疲劳强度、密封性和外观都有影响。目前，在生产中评定零件表面质量的主要参数是轮廓算术平均偏差。表面粗糙度是在取样长度 l 内，轮廓偏距 y 绝对值的算术平均值，用 Ra 表示，如图 12-41 所示。

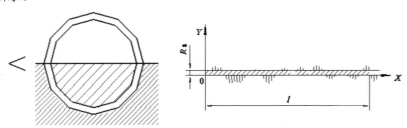

图 12-41   表面粗糙度

用公式可表示为：

$$Ra = \frac{1}{l}\int_0^l |y(x)|dx \qquad 或 \qquad Ra \approx \frac{1}{n}\sum_{i=l}^{n}|y_i|$$

（2）表面粗糙度符号。

表面粗糙度的符号及其意义如表 12-1 所示。

表 12-1   表面粗糙度符号

符号	意义	符号尺寸
	基本符号，单独使用这符号是没有意义的	
	基本符号上加一短横，表示是用去除材料的方法获得表面粗糙度的。 例如：车、铣、钻、磨、剪切、抛光腐蚀、电火花加工等	
	基本符号上加一小圆，表示表面粗糙度是用不去除材料的方法获得的。 例如：锻、铸、冲压、变形、热扎、冷扎、粉末冶金等或是用于保持原供应状态的表面	

（3）表面粗糙度的标注。

在图样上每个表面一般只标注一次；符号的尖端必须从材料外指向表面，一般在可见轮廓线、尺寸界线、引出线或它们的延长线上；代号中数字方向应与国标规定的尺寸数字方向相同。当位置狭小或不便标注时，代号可以引出标注，如图 12-42 所示。

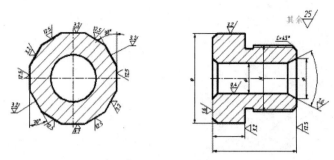

图 12-42　表面粗糙度符号的标注方法

在特殊情况下，键槽、倒角、圆角的表面粗糙度符号，可以简化标注，如图 12-43 所示。

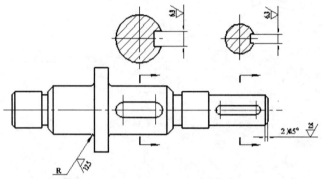

图 12-43　键槽、倒角、圆角表面粗糙度的标注

2. 极限与配合

极限与配合是尺寸标注中的一项重要内容。根据加工制造的需要，要给尺寸一个允许变动的范围，这是需要极限与配合的原因之一。

（1）零件的互换性概念。

在同一批规格大小相同的零件中，任取其中一件，而不需要加工就能装配到机器上去，并能保证使用要求，这种性质称为互换性。

（2）极限与配合。

制造零件大多会产生误差，为了使零件具有互换性，人们对零件的实际尺寸规定了一个允许的变动范围，这个范围要保证相互配合的零件之间形成一定的关系，以满足不同的使用要求，这就形成了"极限与配合"的概念。

（3）极限与配合的术语及定义。

在加工过程中，人们不可能把零件的尺寸做得绝对准确。为了保证互换性，必须将零件尺寸的加工误差限制在一定的范围内，规定加工尺寸的可变动量。公差的有关术语如图 12-44 所示。

图中公差各相关术语的定义如下。

● 　基本尺寸：根据零件强度、结构和工艺性要求，设计确定的尺寸。

● 　实际尺寸：通过测量得到的尺寸。

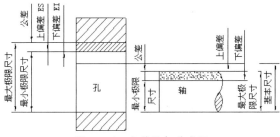

图 12-44 公差的相关术语

- 极限尺寸：允许尺寸变化的两个界限值。它以基本尺寸为基数来确定。两个界限值中，较大的一个称为最大极限尺寸，较小的一个称为最小极限尺寸。
- 尺寸偏差（简称偏差）：某一尺寸减去相应的基本尺寸所得的代数差。
- 尺寸公差（简称公差）：允许实际尺寸的变动量。

💡 **要点提示**

尺寸公差=最大极限尺寸-最小极限尺寸=上偏差-下偏差

- 公差带和公差带图：公差带表示公差大小和相对零线位置的一个区域。零线是确定偏差的一条基准线，通常以零线表示基本尺寸。为了便于分析，一般将尺寸公差与基本尺寸的关系，按放大比例画成简图，称为公差带图。公差带图可以直观地表示出公差的大小及公差带相对零线的位置，如图 12-45 所示。
- 公差等级：确定尺寸精确程度的等级。国家标准将公差等级分为 20 级：IT01、IT0、IT1～IT18。【IT】表示标准公差，公差等级的代号用阿拉伯数字表示，IT01～IT18 的精度等级依次降低。
- 标准公差：用于确定公差带大小的任一公差。标准公差是基本尺寸的函数。对于一定的基本尺寸，公差等级愈高，标准公差值愈小，尺寸的精确程度愈高。基本尺寸和公差等级相同的孔与轴，它们的标准公差值相等。
- 基本偏差：用于确定公差带相对零线位置的上偏差或下偏差。一般是指靠近零线的那个偏差，如图 12-46 所示。

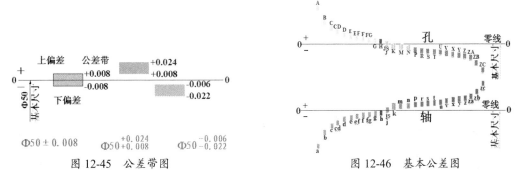

图 12-45 公差带图　　　　　图 12-46 基本公差图

- 孔、轴的公差带代号：由基本偏差与公差等级代号组成，并且要用同一字母书写。
- 配合制。

基本尺寸相同、相互结合的孔和轴公差带之间的关系，称为配合。配合分以下 3 种类型。

- 间隙配合：具有间隙（包括最小间隙为 0）的配合。
- 过盈配合：具有间隙（包括最小过盈为 0）的配合。
- 过渡配合：可能具有间隙或过盈的配合。
- 国家标准规定了两种配合制：基孔制和基轴制。

基孔制配合是基本偏差为一定的孔的公差带与不同基本偏差的轴的公差带形成各种配合的一种制度。基孔制配合中的孔为基准孔，代号为 H。基准孔的下偏差为零，只有上偏差，如图 12-47 所示。

基轴制配合是基本偏差为一定的轴的公差带与不同基本偏差孔的公差带形成各种配合的一种制度。基轴制配合中的轴为基准轴，代号为 h。基准轴的上偏差为零，只有下偏差，如图 12-48 所示。

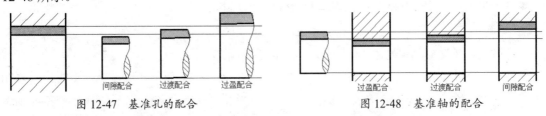

图 12-47　基准孔的配合　　　　图 12-48　基准轴的配合

- 极限与配合的标注。

在零件图中，极限与配合的标注方法如图 12-49 所示。

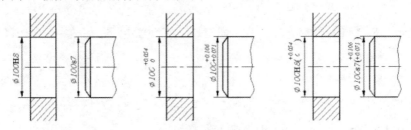

图 12-49　零件图中极限与配合的标注方法

在装配图中，极限与配合的标注方法如图 12-50 所示。

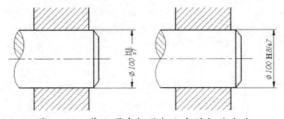

图 12-50　装配图中极限与配合的标注方法

3. 形位公差

在加工零件时，不仅会产生尺寸误差，还会产生形状和位置误差。零件表面的实际形状对其理想形状所允许的变动量，称为形状误差。零件表面的实际位置对其理想位置所允许的变动量，称为位置误差。形状和位置公差简称形位公差。

● 　形位公差代号。

形位公差代号和基准代号如图 12-51 所示。若无法用代号标注，允许在技术要求中用文字说明。

图 12-51　形位公差代号和基准代号

● 　形位公差的标注。

当标注形状公差和位置公差时，标准中规定用框格标注。公差框格用细实线画出，可画成水平的或垂直的，框格高度是图样中尺寸数字高度的两倍，它的长度视需要而定。框格中的数字、字母、符号与图样中的数字等高，如图 12-52 所示给出了形状公差和位置公差的框格形式。

当基准或被测要素为轴线、球心或中心平面时，基准符号、箭头应与相应要素的尺寸线对齐，如图 12-53 所示。

①—形状公差符号；②—公差值；③—位置公差符号；
④—位置公差带的形状及公差值；⑤—基准

图 12-52　形状公差和位置公差的框格形式

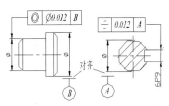

图 12-53　形位公差的标注形式

用带基准符号的指引线将基准要素与公差框格的另一端相连，如图 12-54（a）所示。当标注不方便时，基准代号也可由基准符号、圆圈、连线和字母组成。基准符号用加粗的短线表示；圆圈和连线用细实线绘制，连线必须与基准要素垂直。基准符号靠近的部位，有以下几种情况：

● 　当基准要素为素线或表面时，基准符号应靠近该要素的轮廓线或引出线标注，并应明显地与尺寸线箭头错开，如图 12-54（a）所示。

● 　当基准要素为轴线、球心或中心平面时，基准符号应与该要素的尺寸线箭头对齐，如图 12-54（b）所示。

● 　当基准要素为整体轴线或公共中心面时，基准符号可直接靠近公共轴线（或公共中心线）标注，如图 12-54（c）所示。

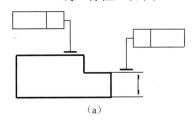

(a)

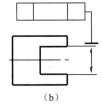

(b)

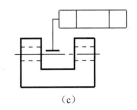

(c)

图 12-54　形位公差的标注

● 　形位公差的标注实例。

如图 12-55 所示是在一张零件图上标注形位公差和位置公差的实例。

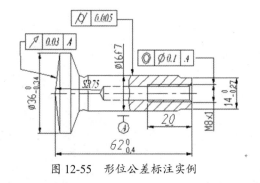

图 12-55　形位公差标注实例

案例 ——绘制齿轮零件图

齿轮类零件主要包括圆柱和圆锥两种形状的齿轮，其中直齿圆柱齿轮是应用非常广泛的齿轮，它常用于传递动力、改变转速和运动方向，如图 12-56 所示为直齿圆柱齿轮的零件图，图纸幅面为 A3（420，297），按 1:1 比例进行绘制。

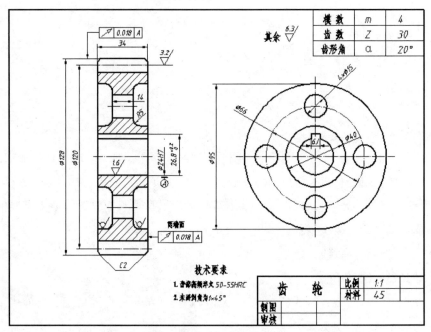

图 12-56　直齿圆柱齿轮零件图

对于标准的直齿圆柱齿轮的画法，按照国家标准规定：在剖视图中，齿顶线、齿根线用粗实线绘制，分度线用点画线绘制。

1. 齿轮零件图的绘制

① 打开【A3 横向.dwg】样板文件。

② 将【中心线】层置为当前层，选择【直线】命令，绘制中心线。选择【偏移】命令，指定偏移距离为 60，绘制分度线。选择【圆】命令，绘制定位圆 $\phi 66$，如图 12-57 所示。

③ 将【粗实线】层置为当前层，选择【圆】命令，绘制齿轮的结构圆，如图 12-58 所示。

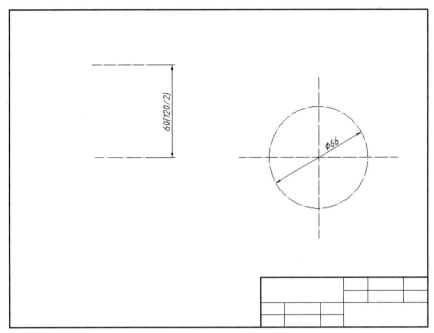

图 12-57 绘制齿轮的基准线、分度线

④ 选择【直线】命令，绘制键槽结构，选择【修剪】命令，修剪多余的图线，效果如图 12-59 所示。

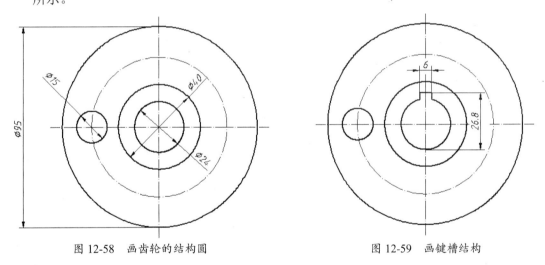

图 12-58 画齿轮的结构圆   图 12-59 画键槽结构

⑤ 选择【复制】命令，利用【对象捕捉】中的捕捉【交点】功能捕捉圆孔的位置（中心线与定位圆的交点），绘制另外 3 个尺寸为 $\phi15$ 的圆孔，如图 12-60 所示。

⑥ 选择【直线】命令，在轴线上指定起点，按尺寸绘制齿轮轮齿部分图形的上半部分，如图 12-61 所示。

⑦ 利用【对象捕捉】和【极轴】功能，在主视图上按尺寸绘制结构圆的投影，如图 12-62 所示，完成后的效果如图 12-63 所示。

⑧ 选择【圆角】命令，绘制 $R5$ 的圆角；选择【倒角】命令，绘制 $2 \times 45°$ 的倒角，如图 12-64 所示。

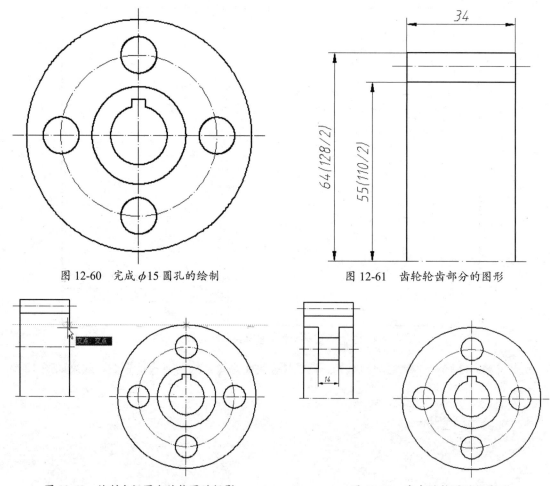

图 12-60　完成 $\phi 15$ 圆孔的绘制

图 12-61　齿轮轮齿部分的图形

图 12-62　绘制主视图上结构圆的投影

图 12-63　完成结构圆的投影

⑨　重复选择【圆角】和【倒角】命令，完成圆角和倒角的绘制。

⑩　选择【镜像】命令，通过镜像操作，得到对称的下半部分图形，如图 12-65 所示。

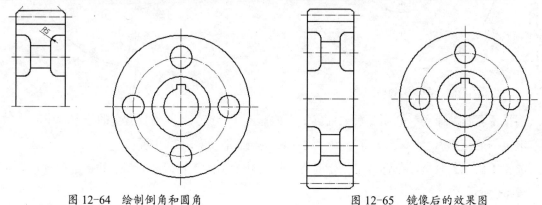

图 12-64　绘制倒角和圆角

图 12-65　镜像后的效果图

⑪　选择【直线】命令，利用【对象捕捉】功能，绘制轴孔和键槽在主视图上的投影，如图 12-66 所示。

⑫　选择【图案填充】命令，弹出【图案填充创建】对话框，选择填充图案【ANSI31】，绘制

出主视图的剖面线，如图 12-67 所示。

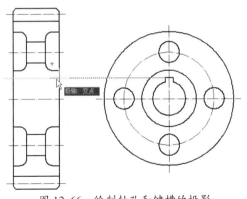

图 12-66 绘制轴孔和键槽的投影

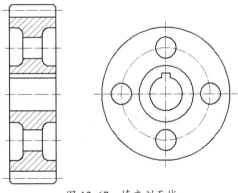

图 12-67 填充剖面线

2. 标注尺寸和注写文本

① 在【标柱】工具栏的【样式名】下拉列表框中，将【直线】标柱样式置为当前样式，使用【标注】工具栏上的【直径】工具，标注尺寸 $\phi95$、$\phi66$、$\phi40$、$\phi15$，使用【标注】工具栏上的【半径】工具，标注尺寸 $R15$。

② 使用【标注】工具栏上的【线性】工具，标注出线性尺寸。

③ 使用替代标注样式的方法，标注带公差的尺寸。

④ 使用定义属性并创建块的方法，标注表面粗糙度。不去除材料方法的表面粗糙度符号可单独画出。

⑤ 标注倒角尺寸。根据国家标准规定：45°倒角用字母"C"表示，标注形式如"C2"。

⑥ 使用【快速引线】命令（qleader）的方法，标注形位公差的尺寸。

⑦ 齿轮的零件图，不仅要用图形来表达，而且要把与齿轮相关的一些参数用列表的形式注写在图纸的右上角，用【汉字】文本样式进行文本注写。

💡 技术要点

零件图中的齿轮参数只是需要注写的一部分，用户可根据国家标准规定进行绘制。

⑧ 用【汉字】文本样式注写技术要求并填写标题栏，完成齿轮零件图的绘制。

12.3 机械产品装配图的绘制

表示机器或部件的图样称为装配图。表示一台完整机器的装配图称为总装配图，表示机器某个部件的装配图称为部件装配图。总装配图一般只表示各部件之间的相对关系和机器（设备）的整体情况。装配图可以用投影图或轴测图表示。如图 12-68 所示为球阀的总装配结构图。

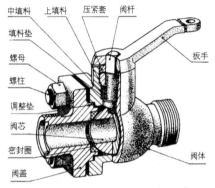

图 12-68 球阀装配结构图

12.3.1　装配图的作用及内容

装配图是机器设计中设计意图的反映，是机器设计、制造过程中的重要技术依据。装配图的作用有以下几方面：

- 进行机器或部件设计时，首先要根据设计要求画出装配图，表示机器或部件的结构和工作原理。
- 在生产、检验产品时，依据装配图将零件装成产品，并按照图样的技术要求检验产品。
- 在使用、维修产品时，要根据装配图了解产品的结构、性能、传动路线、工作原理等，从而决定操作、保养和维修的方法。
- 在进行技术交流时，装配图也是不可缺少的资料。因此，装配图是设计、制造和使用机器或部件的重要技术文件。

从球阀的装配结构图中可知装配图应包括以下内容。

- 一组视图：表达各组成零件的相互位置、装配关系和连接方式，以及部件（或机器）的工作原理和结构特点等。
- 必要的尺寸：包括部件或机器的规格（性能）尺寸、零件之间的配合尺寸、外形尺寸、部件或机器的安装尺寸和其他重要尺寸等。
- 技术要求：说明部件或机器的性能、装配、安装、检验、调整或运转的技术要求，一般用文字写出。
- 标题栏、零部件序号和明细栏：同零件图一样，无法用图形或不便用图形表示的内容需要用技术要求加以说明。例如，有关零件或部件在装配、安装、检验、调试以及正常工作中应当达到的技术要求，常用符号或文字进行标注。

例如，在装配球阀时，在装配前必须将各密封件用油浸透；装配滚动轴承允许采用机油加热进行组装，油的温度不得超过 100℃；在装配零件前必须将其清洗干净；装配后应按设计和工艺规定进行空载试验。试验时不应有冲击、噪声，温升和渗漏不得超过有关标准规定；装配齿轮后，齿面的接触斑点和侧隙应符合 GB 10095 和 GB 11365 的规定等。球阀的装配图如图12-69所示。

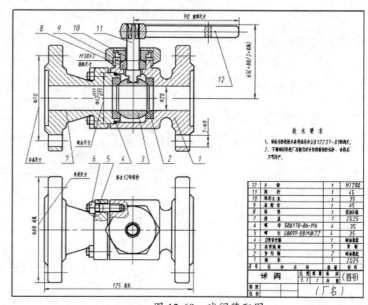

图 12-69　球阀装配图

12.3.2 装配图的尺寸标注

装配图上的尺寸标注应清晰、合理，不一定要将零件上的尺寸全部标出，只需标注与装配有关的几种尺寸。一般标注的有性能（规格）尺寸、装配尺寸、安装尺寸、外形尺寸，以及其他重要尺寸等。

1. 性能（规格）尺寸

规格尺寸或性能尺寸是设计机器或部件时要求必须标注的尺寸，如图 12-69 中的尺寸"ϕ20"，它关系到阀体的流量、压力和流速。

2. 装配尺寸

装配尺寸包括保证有关零件间配合性质的尺寸、保证零件间相对位置的尺寸、装配时进行加工的尺寸，如图 12-70 所示的装配剖视图中，ϕ13F8/h6 表明转子与轴的配合为间隙配合，采用的是基轴制。

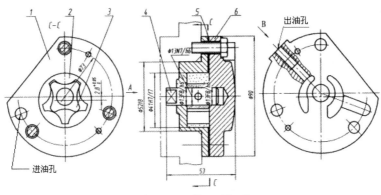

图 12-70 装配剖视图

3. 安装尺寸

安装尺寸是指将机器或部件安装到基础或其他设备上时的尺寸，如图 12-69 中的尺寸"M38×2"，它是阀与其他零件的连接尺寸。

4. 外形尺寸

外形尺寸是指机器或部件整体的总长、总高、总宽。它是运输、包装和安装必须提供的尺寸，如厂房建设、包装箱的设计制造、运输车辆的选用等，都涉及机器的外形尺寸。外形尺寸也是用户选购产品的重要数据之一。

5. 其他重要尺寸

其他重要尺寸是指在设计中经过计算确定的尺寸，如运动零件的极限位置尺寸、主要零件的重要尺寸等。

上述五种尺寸在一张装配图上不一定同时都有，有的一个尺寸也可能包含几种含义，应根据机器或部件的具体情况和装配图的作用具体分析，从而合理地标注出装配图的尺寸。

案例 ——绘制千斤顶装配图

千斤顶结构比较简单，包括固定座、顶杆、顶杆套和旋转杆 4 个部件。本例将利用 Windows 的复制、粘贴功能来绘制千斤顶的装配图。绘制步骤与前面装配图的绘制步骤相同。

1. 绘制零件图

由于千斤顶的零件较少，可以将零件绘制在一张图纸中，如图 12-71 所示。

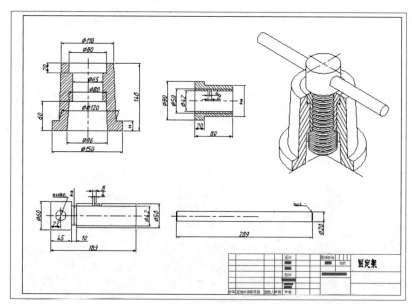

图 12-71　千斤顶零件图

2. 利用 Windows 剪贴板复制、粘贴对象

利用 Windows 剪贴板复制、粘贴功能来绘制装配图的过程：首先将零件图中的主视图复制到粘贴板，然后选择创建好的样板文件并打开，最后将剪贴板上的图形用【粘贴为块】工具，粘贴到装配图中。

① 打开本例的光盘源文件。

② 在打开的零件图形中，按 Ctrl+C 组合键将固定座视图的图线完全复制（尺寸不复制）。

③ 在快速访问工具栏中单击【新建】按钮，在打开的【选择样板】对话框中选择用户自定义的【A4 竖放】文件，将其打开。

> **技术要点**
>
> 图纸样板文件在本书附赠的【\动手操练\源文件\第 18 章】文件夹中。

④ 在新图形文件窗口中，单击鼠标右键，选择右键快捷菜单中的【粘贴为块】工具，如图 12-72 所示。

⑤ 然后在图纸中指定一个合适的位置来放置固定座图形，如图 12-73 所示。

> **技术要点**
>
> 在图纸中可任意放置零件图形，使用【移动】命令将图形移至图纸中的合适位置即可。

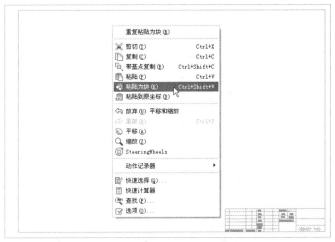

图 12-72　选择【粘贴为块】命令

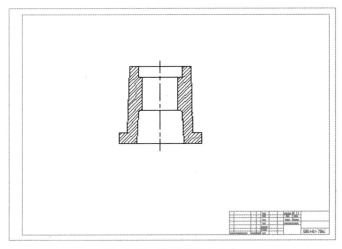

图 12-73　将图形插入为块

⑥ 同理，通过菜单栏上的【窗口】菜单，将千斤顶零件图打开，并复制其他的零件图到剪贴板中，再利用【粘贴为块】命令，任意放置在图纸中，如图 12-74 所示。

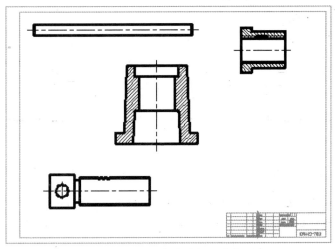

图 12-74　任意放置粘贴的块

⑦　使用【旋转】、【移动】工具，将其余零件移动到固定座零件上，完成结果如图 12-75 所示。

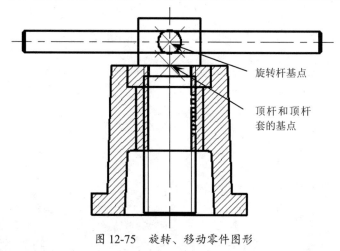

旋转杆基点

顶杆和顶杆
套的基点

图 12-75　旋转、移动零件图形

💡 技术要点

在移动零件图形时，移动基点与插入块基点是相同的。

3. 修改图形和填充图案

在装配图中，外部零件的图线遮挡了内部零件图形，需要使用【修剪】工具将其修剪。顶杆和顶杆套螺纹配合部分的线型也要进行修改。另外，装配图中剖面符号的填充方向一致，也要进行修改。

①　使用【分解】工具，将装配图中所有的图块分解成单个图形元素。

②　使用【修剪】工具，修剪后面装配图形与前面装配图形重叠部分的图线，修剪结果如图 12-76 所示。

③　将顶杆套的填充图案删除，然后使用【样条曲线】工具，在顶杆的螺纹结构上绘制样条曲线，并重新填充【ANSI31】图案，如图 12-77 所示。

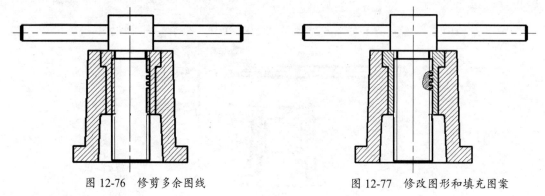

图 12-76　修剪多余图线　　　　　　图 12-77　修改图形和填充图案

4. 编写零件序号和标注尺寸

本例千斤顶装配图的零件序号编写与机座装配图是完全一样的，因此详细过程就不过多介绍了。编写的零件序号和完成标注尺寸的千斤顶装配图如图 12-78 所示。

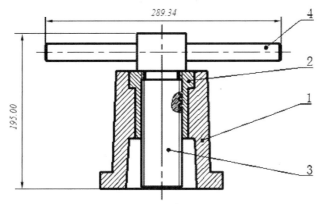

图 12-78　编写零件序号和标注尺寸

5. 填写明细栏和标题栏

创建明细栏表格，在表格中填写零件的编号、零件名称、数量、材料及备注等。绘制明细栏后，为装配图中的图线指定图层，最后再填写标题栏及技术要求。完成的结果如图 12-79 所示。

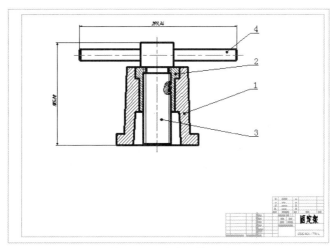

图 12-79　千斤顶装配图